高等职业教育土建类BIM应用型教材
高等职业教育土建类新形态一体化教材

BIM建模基础

主 编 朱庆利

·北京·

内 容 提 要

本书重点介绍了 Revit 2021 中文版在建筑设计中的应用方法与技巧。全书共 26 章，主要包括绪论，Revit Architecture 概述和基础操作，标高和轴网，墙体，门窗与幕墙，楼板屋顶和天花板，扶手、楼梯、坡道与洞口，主体放样与构件，结构布置，场地与场地构件，房间和面积报告，设计表现，概念设计，项目位置与阴影、日光设置，对象管理及视图控制，应用注释，剖面图深化及详图设计，明细表统计，图纸布置与打印，使用组与部件，使用设计选项，协同工作，工程阶段化，族与项目样板，水工建筑物建模示例等内容。

本书可作为高等职业院校土建类建筑工程设计专业课程教材，也可用作职业培训、职业教育的教材，还可作为相关专业人员和自学者的参考用书。

本书配有案例的过程图等配套资源，读者可从中国水利水电出版社"行水云课"平台免费下载。

图书在版编目（CIP）数据

BIM建模基础 / 朱庆利主编． -- 北京：中国水利水电出版社，2021.8

高等职业教育土建类BIM应用型教材　高等职业教育土建类新形态一体化教材

ISBN 978-7-5170-9812-6

Ⅰ．①B… Ⅱ．①朱… Ⅲ．①建筑设计－计算机辅助设计－应用软件－高等职业教育－教材 Ⅳ．①TU201.4

中国版本图书馆CIP数据核字(2021)第157305号

书　　名	高等职业教育土建类BIM应用型教材 高等职业教育土建类新形态一体化教材 **BIM 建模基础** BIM JIANMO JICHU
作　　者	主编　朱庆利
出版发行	中国水利水电出版社 （北京市海淀区玉渊潭南路1号D座　100038） 网址：www.waterpub.com.cn E-mail：sales@waterpub.com.cn 电话：(010) 68367658（营销中心）
经　　售	北京科水图书销售中心（零售） 电话：(010) 88383994、63202643、68545874 全国各地新华书店和相关出版物销售网点
排　　版	中国水利水电出版社微机排版中心
印　　刷	清淞永业（天津）印刷有限公司
规　　格	184mm×260mm　16开本　16.25印张　395千字
版　　次	2021年8月第1版　2021年8月第1次印刷
印　　数	0001—2000 册
定　　价	**65.00元**

凡购买我社图书，如有缺页、倒页、脱页的，本社营销中心负责调换

版权所有·侵权必究

前言

随着建筑信息模型（BIM）技术的快速推进与发展，各个建设领域都在顺应时代的步伐，应用新技术、新科技来提高工作效率，感受项目精细化管理的便利和高效。

Revit 系列软件是为建筑信息模型（BIM）而构建的，可帮助建筑设计师设计、建造和维护质量更好、能效更高的建筑。因其界面亲切、操作易上手、互操作性强、构件（或族）种类和数量众多、参数化设计能力较强等优点，Revit 作为主流 BIM 软件之一，在国内外应用都比较广泛。因此，熟练掌握 Revit 软件已经成为建筑从业人员的一项基本技能要求。

为适应我国职业技术教育教学改革的发展趋势、职业资格培训的需求，作者在总结了多年的工程实践基础上编写本书。本书以某综合楼的建模为线索，体现"在做中学"的原则，将 Revit 的基本命令融合到案例中进行讲解，而不是单一地介绍命令，从而避免了理论和实际的脱节。本书还通过大量实例和尽可能详细的描述对难以理解的命令作出总结和分析，操作步骤配有大量真实的屏幕截图，详尽展示了操作过程及效果，从而让读者循序渐进地掌握 Revit 的操作方法和技巧，同时培养工程设计实践能力。

本书在有限的篇幅内涵盖了 Revit 2021 基础操作、模型创建、模型展示以及创建族等方面共 26 章学习内容。为了方便读者学习，本书将案例的过程图等配套学习资料均已整理成素材压缩包可供下载使用。读者可以利用这些素材分阶段自学，教师也可以将案例的过程图作为学生训练的条件图使用。

本书由朱庆利担任主编，并负责全书的统筹；赵新运、边敦典、薛华、尹鸿雁、李华担任副主编。具体分工如下：朱庆利编写第 1～3 章、第 10～11 章、第 14～15 章、第 21～25 章，赵新运编写第 4～5 章，边敦典编写第 6～7 章，薛华编写第 8～9 章、第 12～13 章、第 16～20 章，尹鸿雁编写第 26 章。

由于编者水平有限，书中难免存在不妥之处，恳请专家和广大读者批评指正。

扫码获取配套资源

编者
2021 年 12 月

目录

前言

第1章 绪论 1
1.1 BIM 概述 1
1.2 Revit 软件安装 2
1.3 Revit 入门 2
1.4 快速构建一个简单的 BIM 模型 10

第2章 Revit Architecture 概述 20
2.1 启动与关闭 20
2.2 界面介绍 20
2.3 项目与项目样板 22
2.4 族 22

第3章 Revit Architecture 基础操作 24
3.1 界面操作 24
3.2 图元操作 30

第4章 标高和轴网 37
4.1 创建标高 37
4.2 修改标高 38
4.3 创建轴网 40
4.4 修改轴网对象 44

第5章 墙体 47
5.1 绘制食堂外墙 47
5.2 绘制办公部分 F1 外墙 50
5.3 绘制办公部分 F1 层内墙 56
5.4 绘制办公部分 F2、F3 外墙及女儿墙 58
5.5 绘制办公部分 F2、F3 内墙 61
5.6 添加办公楼部分幕墙 62
5.7 定义并绘制叠层墙 63

5.8	编辑叠层墙轮廓	65
5.9	墙附着与分离	66
5.10	创建复杂形式的墙	67

第 6 章 门窗与幕墙 ... 70
6.1	添加 F1 楼层门	70
6.2	添加 F1 楼层窗	72
6.3	布置其他层门、窗	74
6.4	手动划分幕墙网格	78
6.5	设置幕墙嵌板	79
6.6	添加幕墙竖梃	79
6.7	自动修改幕墙	80
6.8	使用匹配类型属性工具	82

第 7 章 楼板屋顶和天花板 ... 84
7.1	添加室内楼板	84
7.2	创建室外楼板	86
7.3	带坡度的楼板与压型板	88
7.4	添加综合楼屋顶	90
7.5	修改子图元	90
7.6	坡屋顶和拉伸屋顶练习	91
7.7	使用坡度箭头	92
7.8	天花板	93

第 8 章 扶手、楼梯、坡道与洞口 ... 95
8.1	创建室外空调栏杆	95
8.2	定义任意形式扶手	96
8.3	使用族定义扶手的结构	98
8.4	添加室内楼梯	100
8.5	使用洞口工具创建楼梯间洞口	101
8.6	其他形式洞口	102
8.7	添加坡道	102

第 9 章 主体放样与构件 ... 104
9.1	添加楼梯间楼板边缘	104
9.2	添加其他位置楼板边梁	105
9.3	室外台阶	106
9.4	添加特殊雨篷	108
9.5	卫生间布置	109

第 10 章 结构布置 ... 111

10.1	布置结构柱	111
10.2	绘制梁	112

第 11 章　场地与场地构件　114

11.1	放置点方式生成地形表面	114
11.2	通过导入 DWG 数据创建地形表面	114
11.3	通过导入测量点数据创建地形表面	117
11.4	添加建筑地坪	117
11.5	创建场地道路	119
11.6	场地平整	120
11.7	场地构件	120

第 12 章　房间和面积报告　123

12.1	创建房间	123
12.2	房间图例	123
12.3	面积分析	125

第 13 章　设计表现　127

13.1	Revit 视觉样式	127
13.2	图形显示选项	128
13.3	赋予墙体材质的渲染外观	129
13.4	贴花	129
13.5	创建相机	130
13.6	室外渲染	131
13.7	室内渲染	132
13.8	漫游动画	133

第 14 章　概念设计　135

14.1	概念体量中定位	135
14.2	创建和编辑曲面	136
14.3	使用 UV 网格分割表面	138
14.4	自定义曲面分割	139
14.5	使用自动表面填充图案	140
14.6	使用自适应构件	141
14.7	半自动布设自适应构件	141
14.8	创建表面填充图案	142
14.9	体量研究	143
14.10	体量转换为建筑设计模型	143

第 15 章　项目位置与阴影、日光设置　145

15.1	项目位置的设定	145

15.2 阴影及日光路径开启 ·· 145

第 16 章　对象管理及视图控制 147
16.1 线型与线宽设置 ·· 147
16.2 对象样式设置 ·· 148
16.3 视图显示属性 ·· 150
16.4 控制视图图元显示 ·· 152
16.5 视图过滤器 ·· 154
16.6 使用视图样板 ·· 156
16.7 创建视图 ·· 156

第 17 章　应用注释 158
17.1 添加尺寸标注 ·· 158
17.2 添加高程点和坡度 ·· 159
17.3 使用符号 ·· 160
17.4 添加门窗标记 ·· 161
17.5 立面施工图 ·· 161
17.6 剖面施工图 ·· 162

第 18 章　剖面图深化及详图设计 163
18.1 处理剖面信息 ·· 163
18.2 生成详图 ·· 165
18.3 绘图视图及 DWG 详图 ··· 170

第 19 章　明细表统计 172
19.1 使用构件明细表 ·· 172
19.2 关键字明细表 ·· 175

第 20 章　图纸布置与打印 178
20.1 图纸布置 ·· 178
20.2 项目信息设置 ·· 179
20.3 图纸的修订及版本控制 ·· 180
20.4 导出为 CAD 文件 ·· 180
20.5 打印 ·· 182

第 21 章　使用组与部件 183
21.1 创建组 ·· 183
21.2 载入组 ·· 186
21.3 创建零件 ·· 188
21.4 创建部件 ·· 191

第 22 章　使用设计选项 193

第23章 协同工作 ·· 197
23.1 使用链接 ·· 197
23.2 管理链接模型 ·· 198
23.3 复制与监视 ·· 199
23.4 项目基点与测量点 ·· 200
23.5 使用共享坐标 ·· 202
23.6 工作集设置 ·· 207
23.7 编辑与共享 ·· 211

第24章 工程阶段化 ·· 218
24.1 对各个图元赋予阶段 ·· 220
24.2 修改视图的"阶段过滤器" ··· 221

第25章 族与项目样板 ··· 224
25.1 门标记族 ··· 224
25.2 创建材质标签 ·· 225
25.3 标题栏与共享参数 ··· 226
25.4 创建坡度符号族 ··· 228
25.5 创建视图符号 ·· 230
25.6 创建矩形结构柱 ··· 231
25.7 创建窗族 ··· 232
25.8 嵌套族 ·· 236
25.9 嵌套族控制 ·· 237
25.10 外部数据驱动 ·· 239
25.11 报告参数 ·· 240

第26章 水工建筑物建模示例 ·· 241
26.1 创建标高和轴网 ··· 241
26.2 创建闸底板 ·· 242
26.3 创建边墩和中墩 ··· 243
26.4 创建胸墙 ··· 245
26.5 创建盖板 ··· 246

第1章 绪 论

1.1 BIM 概 述

1.1.1 BIM 的概念

建筑信息模型（building information modeling，BIM）的概念是 Autodesk 公司于 2002 年提出的，经过十多年的发展，其内涵和外延逐步走向完善，从最初的强调模型到现在更加注重系统性、协同性和信息共享。

BIM 由三个字母组成，如何理解这三个字母的含义？下面进一步拆解。

B 代表 building，含义不仅是建筑，或土建类（或者称为建设领域），而是指一切和水、土、文化有关的基础建设的计划、建造和维修，包括建筑、规划、土木、交通、环境、设备、节能、地下空间、古建筑保护、景观园林、水务、农业、给排水、电气与智能化、工程管理等方方面面。B 代表的是 BIM 的广度，也就是整个建设领域，它可以是建筑的某一具体部分（如水暖电、土方工程等），一个单体建筑，也可以是一个社区，更可以是一座城市。但其核心是一项工程或者一栋建筑。

I 代表 information，也就是信息。虽然美国有种观点认为，I 代表的是 integration，也就是集成，但 information 更能代表 BIM 的本质。I 代表的是 BIM 的深度，也就是基于建设项目全生命周期管理（building lifecycle management，BLM）的信息化过程。关于 I，要分三个层面来理解。

第一个层面是 I 的含义。包含两层意思：一是作为名词的信息，也就是建设领域中所包含的各种信息，如梁的参数、项目的进度、项目的说明等；二是作为动词的信息化，也就是建设领域的方方面面都将会采用信息化的方法和手段，利用计算机、人工智能、互联网、机器人等信息化技术及手段，来实现建设领域的信息化及智能化。

第二个层面是 I 的范围，是基于建设项目（注意是建设项目，不是单体建筑，而是整个建设领域）全生命周期（包括规划、项目建议书、可行性研究、初步设计、招标投标、监理施工、项目运维、更新拆除）的信息化过程。

第三个层面是 I 的趋势性。未来的建设领域，必然是一个高度信息化和智能化的过程。

M 代表 modeling，M 代表的是 BIM 的力度。也需要分三个层面来理解。

首先，modeling 的含义，国内很多人把它翻译成模型，并不是十分恰当。model 才是模型，modeling 所表现的是一个过程，应该译作模拟或建模。

其次，M 也代表了一种 model，只是这种 model 指的不是模型，而是一种工作方式，即 IPD 模式。简单来说，就是项目建设前，业主、设计、施工、材料供应、监理等有关各方一起做出一个 BIM 模型，大家根据这个模型去做实际建设，如果中间建设过程有变动可同步进行模型的修改,从而确保实际完工项目与数字模型的高度一致,这也就是人们常说的"数字孪生"的概念。

最后,M 也可以理解为 my-life,因为有了 BIM,设计会更加合理,古建筑会更好的保护,结构会更加的安全,规划也会更加完善。BIM 终将改变整个行业,乃至改变我们的生活。

1.1.2 BIM 的定义和特点

我国国家标准《建筑信息模型应用统一标准》(GB 51212—2016)和美国国家 BIM 标准均给出了 BIM 的定义,其核心内容就是全生命周期、数字化、协同、共享和信息安全。

BIM 的特点主要包括:可视化、协调性、模拟性、优化性、可出图性。

1.1.3 主流的 BIM 平台

主流的 BIM 平台,包括 Autodesk、Bentley 两家美国厂商的解决方案和法国达索公司的 Catia,也就是业内常说的 ABC。

Autodesk:有较好的推广基础,易于接受,较为平稳的实现从二维到三维的过渡。

Bentley:水利水电行业中专业适应性强,模块化设计功能强大;协同性好;对硬件要求低。

Catia:最初应用于欧洲航天局的大飞机制造项目,国内也有单位将其引进并用于水利水电行业。但其平台投入巨大,动辄千万级别。

目前行业内主要使用的是 Autodesk、Bentley 两个平台。

1.2 Revit 软件安装

Autodesk 为学生和教育工作者提供百余种免费教育版软件,Revit 教育版下载地址:https://www.autodesk.com/education/free-software/revit,下载教育版软件需首先注册一个 Autodesk 账号,见图 1.1。

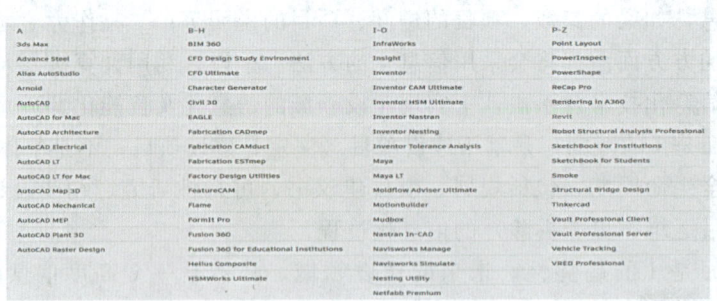

图 1.1 Autodesk 账号

1.3 Revit 入门

1.3.1 Revit 软件界面

如图 1.2 所示,Revit 采用与 Office 类似的 Ribbon 界面,把相关功能的操作组合成

1.3 Revit 入门

不同的工作流，以方便用户使用；并且不再提供 AutoCAD 常用的命令行功能。

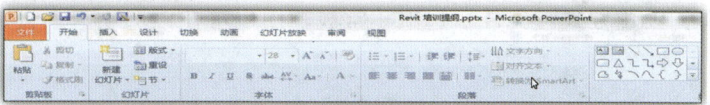

图 1.2 Ribbon 界面

如图 1.3 所示，属性面板和项目浏览器窗口设计为浮动式，用户可根据显示器尺寸或个人习惯，将其放置在屏幕的不同位置。

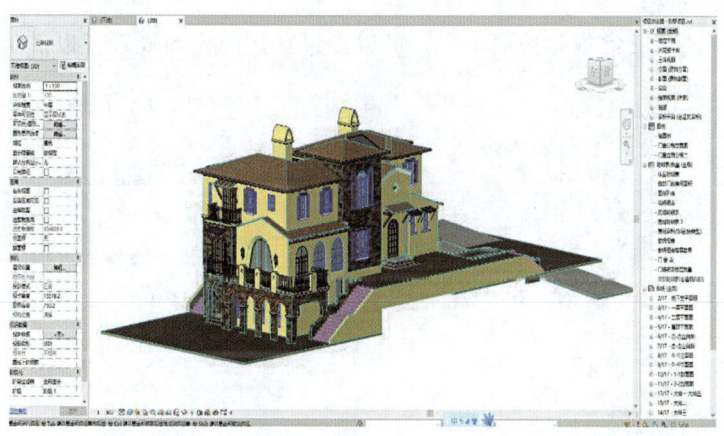

图 1.3 浮动式设计

1.3.2 Revit 对象的组成体系

Revit 在项目中使用 3 种类型的图元：模型图元、基准图元和视图专有图元，见图 1.4。Revit 中的图元也称为族（Family）。族包含图元的几何定义和图元所使用的参数。图元的每个实例都由族定义和控制。

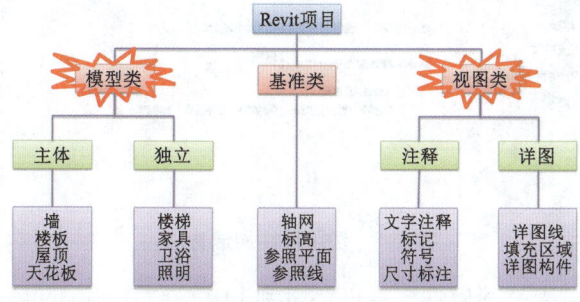

图 1.4 Revit 图元

1.3.3 保存提醒

Revit 平台环境中没有自动保存功能,但用户可设置自动保存提醒,同时会自动生成保存的文件副本。设置方式:文件—选项—常规,用户可在该选项卡中设定保存提醒的间隔,见图 1.5。

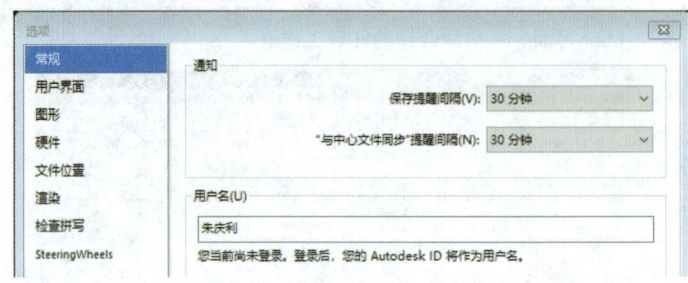

图 1.5 设置保存提醒时间

1.3.4 默认视图规程

在"文件—选项—常规"选项卡中,可以设置默认的视图规程,以满足用户的特定专业方向,见图 1.6。

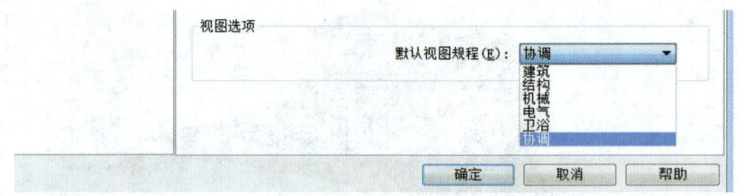

图 1.6 设置默认视图规程

1.3.5 硬件加速

Revit 对硬件要求较高,一般需开启硬件加速。在"文件—选项—硬件"选项卡中,可以开启或关闭硬件加速功能,见图 1.7。

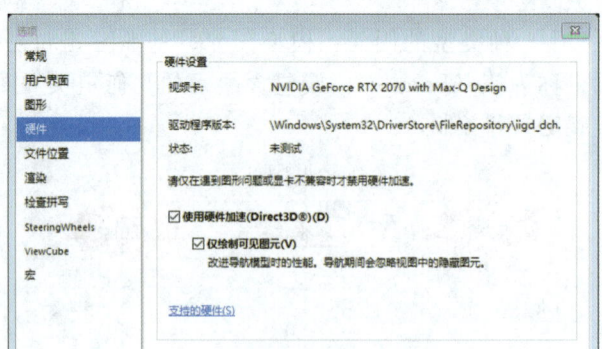

图 1.7 使用硬件加速功能

单击选项卡中的"支持的硬件"可以链接到 https：//knowledge.autodesk.com/zh-hans/certified-graphics-hardware,以查看通过 Autodesk 测试的显卡类型,同时可下载

1.3 Revit 入门

相应类型显卡的驱动程序，见图 1.8。如果后续需要采购工作站用于运行 Revit 软件，可以从通过测试的显卡中选择。

图 1.8 查找经过测试的硬件

1.3.6 临时尺寸大小

在"文件—选项—图形"选项卡中可以调节临时尺寸标注文字的大小，默认大小为 8，可按照实际需要进行调整。

1.3.7 样板路径设定

Revit 样板文件扩展名为".rte"，用户可载入外部的样板文件以完成个性化定制（见配套资源中"配套资源 \ RTE \ 样板 A2021 和样板 B2021）。用户可通过在"文件—选项—文件位置"选项卡指定各种样板；见图 1.9。

1.3.8 快捷键

如图 1.10 所示，在"文件—选项—用户界面"选项卡中，可以查看或自定义各种快捷键，自定义快捷键要求两个或两个以上的字母组合。

通过"导出""导入"可以实现不同工作站之间快捷键定义的传递。

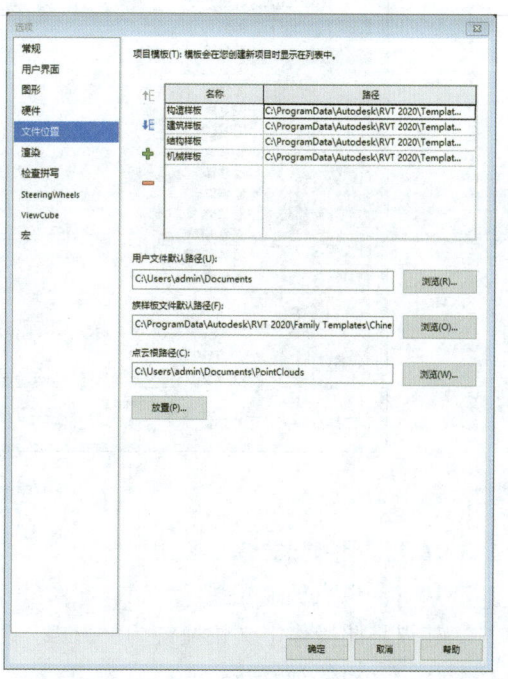

图 1.9 Revit 样板

第1章 绪　　论

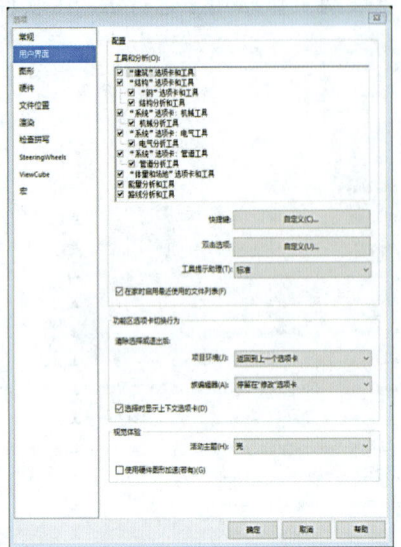 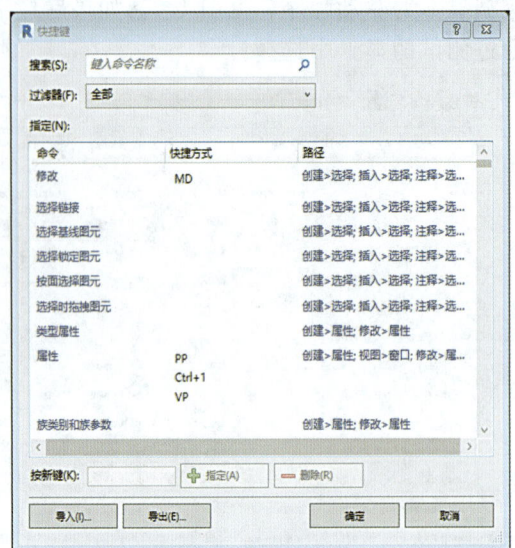

图 1.10　设置快捷键

1.3.9　常用打开位置

在"新建"或"打开"项目时，拖动常用文件夹至左侧的选项栏，即设置了常用的打开位置，从而实现了文件的快速定位，如图 1.11 所示。

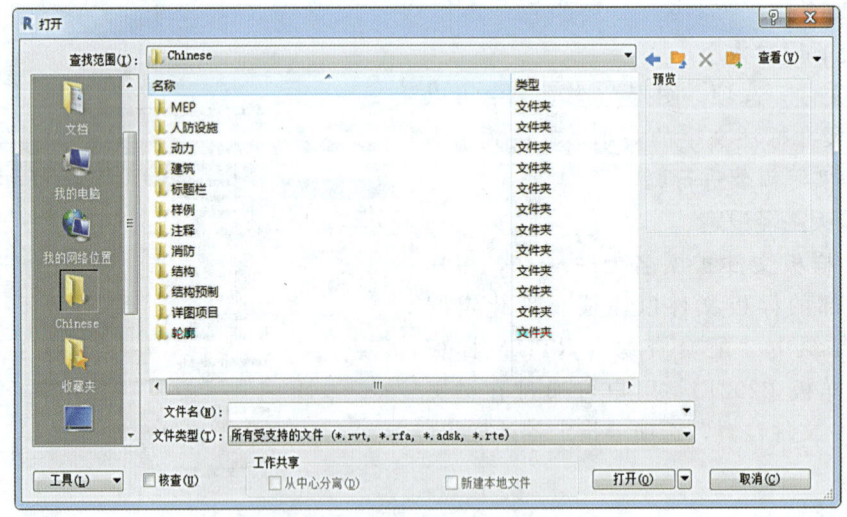

图 1.11　设置常用文件打开位置

1.3.10　常用基础命令

1.3.10.1　切换三维视图

建议将此操作定义快捷键为"3D"，设置方式如前所述。结果见图 1.12。

1.3.10.2　构件过滤器

创建基于不同类别的过滤器，用于控制视图中图元的可见性或图形显示。

1.3 Revit 入门

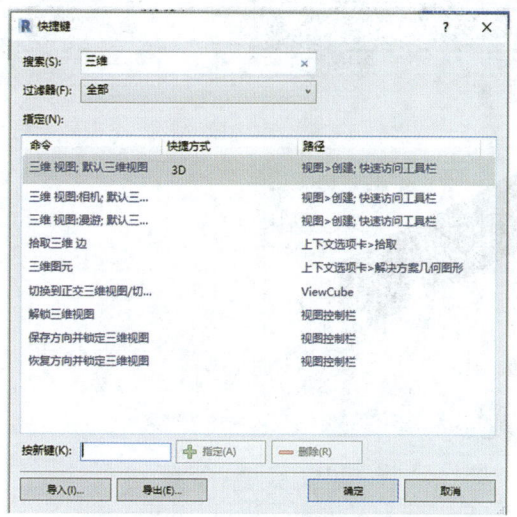

图 1.12　定义切换三维视图快捷键

设置方式：选择图元后，在面板中单击"过滤器"按钮，见图 1.13。从过滤器中选择需要的图元类别，如图 1.14 所示。

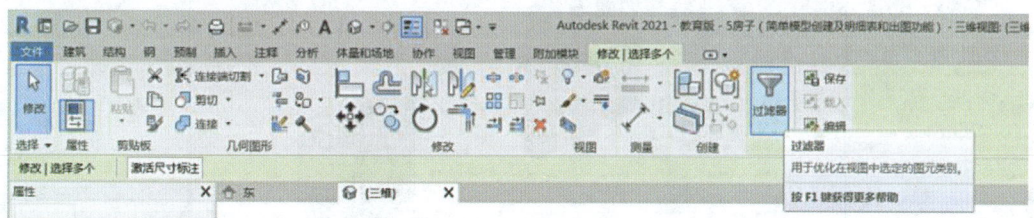

图 1.13　过滤器按钮

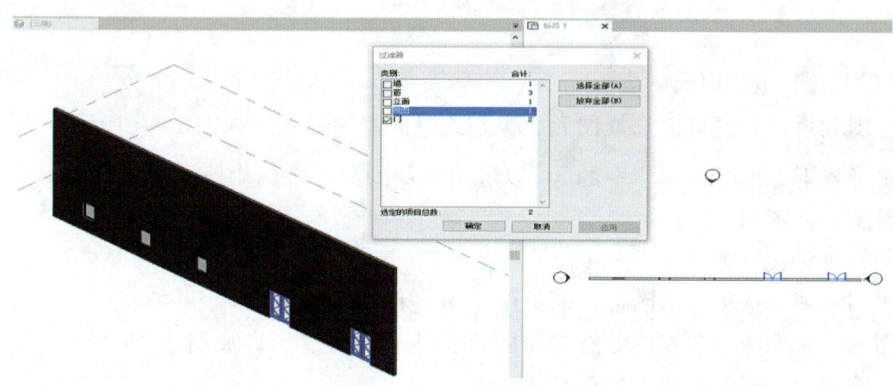

图 1.14　过滤器使用

1.3.10.3　临时隐藏/显示/隔离图元

选中构件后使用快捷键（HH/HR/HI）或屏幕下方视图控制栏上的 按钮实现图元的临时隐藏（图 1.15）或隔离（图 1.16），该命令只对当前视图起作用。

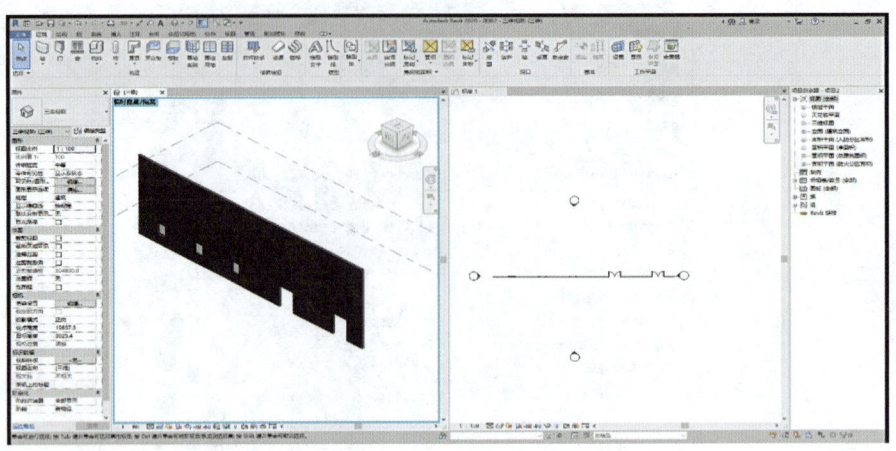

图 1.15 临时隐藏

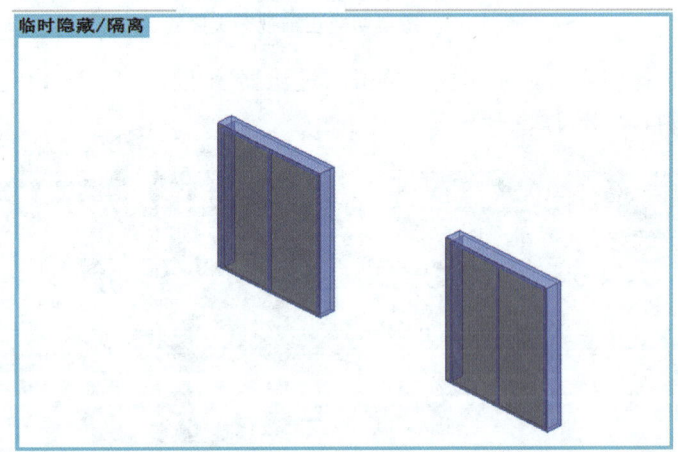

图 1.16 临时隔离

1.3.10.4 隐藏/显示图元、类型

选中图元后，右键可以选择图元、类别或过滤器的隐藏，如图 1.17 所示。

点击屏幕下方视图控制栏中的 💡 可以显示隐藏的图元；选中隐藏的图元后，可通过右键恢复显示，如图 1.18 所示。

1.3.10.5 可见性 (VV/VG)

单击"视图"选项卡"图形"面板中"可见性/图形"按钮，可控制项目中各个视图的模型图元、基准图元和视图专有图元的可见性和图形显示，如图 1.19 所示。注意：该调整只影响类型在当前视图中的可见性。

1.3.10.6 窗口平铺 (WT)

将打开的视图多窗口全部显示，当前激活视图自动显示在最醒目的位置。设置方式：视图—窗口—平铺视图。

也可将平铺视图的方式转换为选项卡视图。设置方式：视图—窗口—选项卡视图。

1.3 Revit 入门

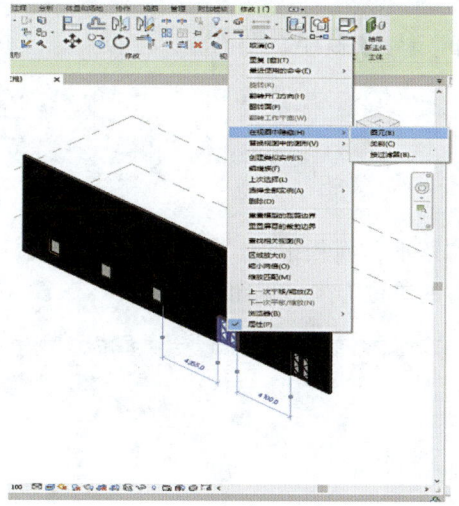

图 1.17 隐藏图元

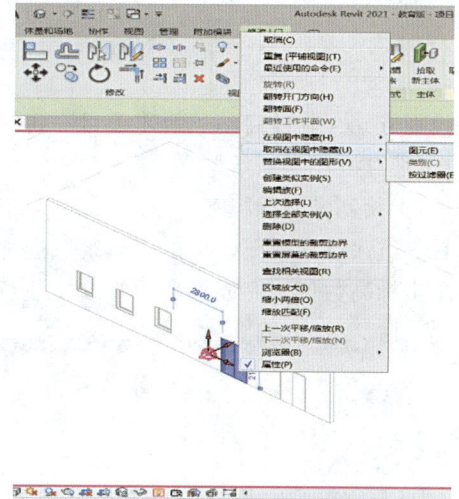

图 1.18 取消隐藏

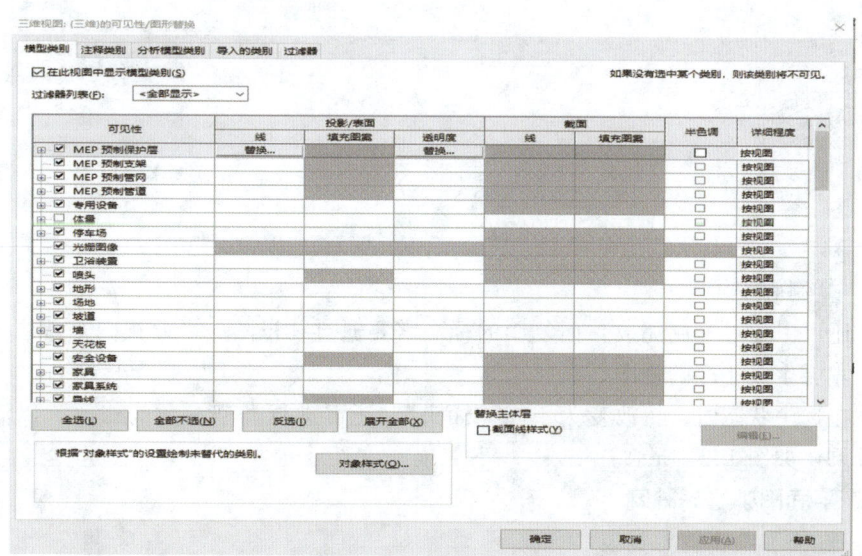

图 1.19 图元可见性设置

1.3.10.7 常用快捷键

命令	快捷键	命令	快捷键	命令	快捷键
对齐	AL	偏移	OF	镜像（拾取轴）	MM
复制	CO（CC）	移动	MV	镜像（绘制轴）	DM
锁定	PN	旋转	RO	延伸/修剪	TR
阵列	AR	标注	DI	拆分图元	SL

1.4 快速构建一个简单的BIM模型

设置方式：软件启动—新建项目—建筑样板。

1.4.1 在立面图中新建标高

1.4.1.1 绘制和修改标高

首先进入立面视图，单击"建筑"选项卡"基准"面板中的"标高"按钮绘制标高。直接单击标高数值，完成标高的修改。注意标高的单位为米，见图1.20。

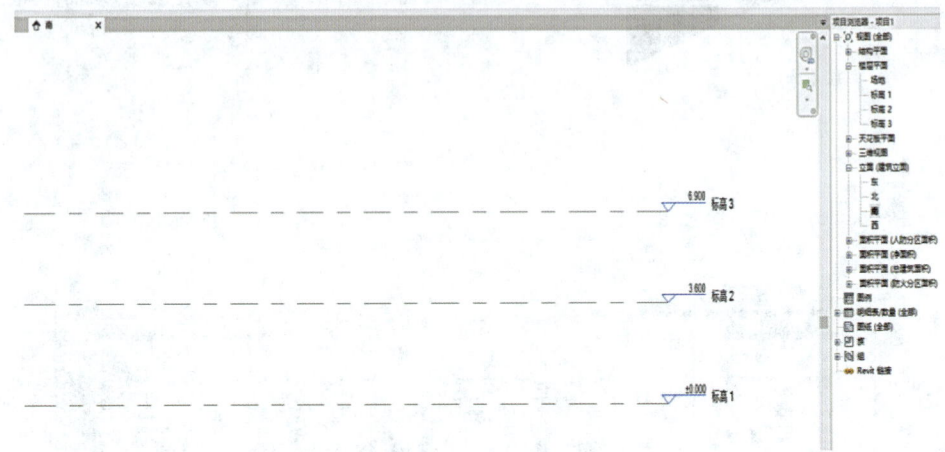

图1.20 创建标高

1.4.1.2 复制和编辑标高

标高还可以通过复制完成，但复制的标高需要通过"视图—平面视图—楼层平面"进行创建，才能生成相应的视图。

标高在选中状态时，可改变为不同"标头"，还可进行类型参数的修改，以满足需要的视图效果，如图1.21所示。

1.4.2 在平面图中绘制轴网

1.4.2.1 选择和编辑轴网类型

进入楼层平面视图，单击"建筑"选项卡"基准"面板中"轴网"按钮绘制轴网。绘制前可以通过左侧"属性"面板进行编辑类型，如图1.22所示。

1.4.2.2 绘制轴网

轴线可以按照实际的轴线间距逐条绘制，也可以复制后调整间距。轴线编号可根据实际修改。

1.4.2.3 注释轴网尺寸

通过"建筑—注释—对齐"进行轴网尺寸的创建，单位为毫米，如图1.23所示。

1.4.2.4 轴网编号与长度显示控制

轴线在选中状态下，通过轴号端点附近复选框的勾选可完成轴线编号的显示控制；轴线解锁后，通过拖动可完成轴线显示长度的调整，结果如图1.24所示。

1.4 快速构建一个简单的BIM模型

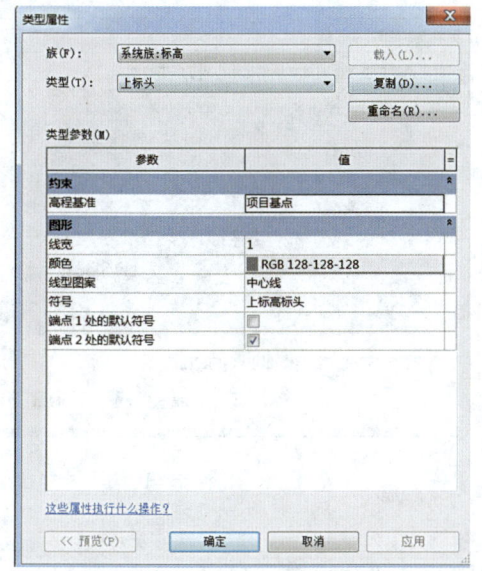

图1.21 编辑标高

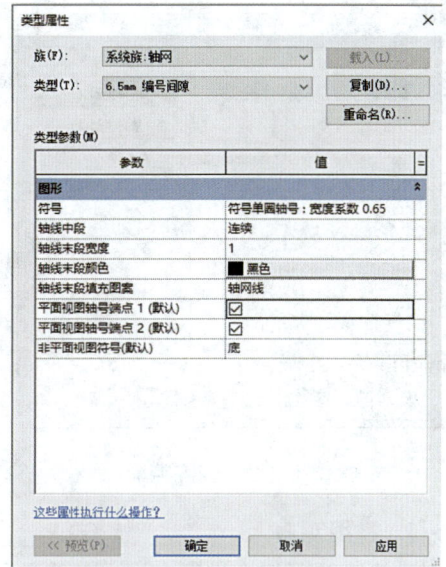

图1.22 轴网类型编辑

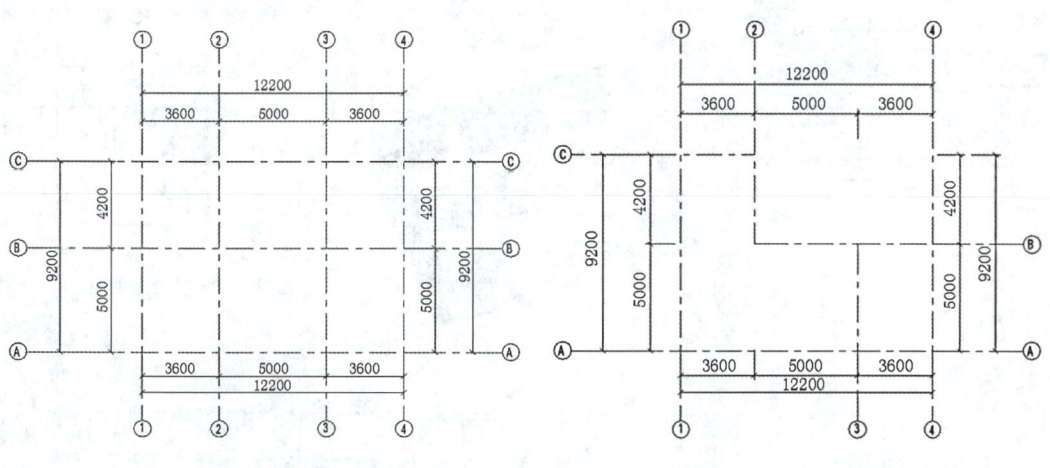

图1.23 轴网尺寸　　　　　　　　　　　图1.24 轴线长度调整

1.4.2.5 设定影响范围

将创建的轴网及其尺寸选中后应用"过滤器"放弃"尺寸标注",见图1.25,单击"基准"面板的"影响基准范围",确定创建轴网的视图范围,见图1.26。

1.4.3 绘制墙体

创建墙体,需要注意"底部约束"与"顶部约束",还要确定其"定位线"。

1.4.3.1 外墙

使用"建筑—墙",首先通过"属性"面板中"类型选择器"确定外墙的基本类型,如图1.27所示。外墙的绘制是有方向的,必须按顺时针方向绘制。

1.4.3.2 内墙

内墙没有方向性。墙体之间可实现自动连接。

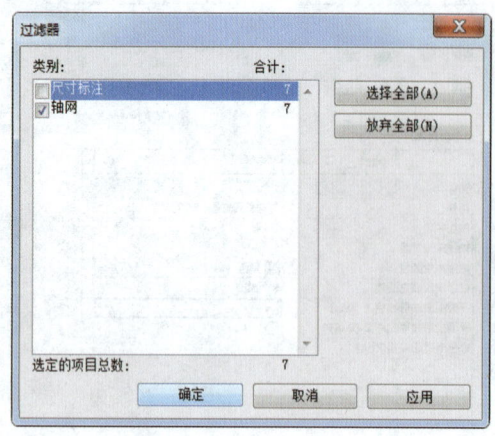

图 1.25　过滤器应用

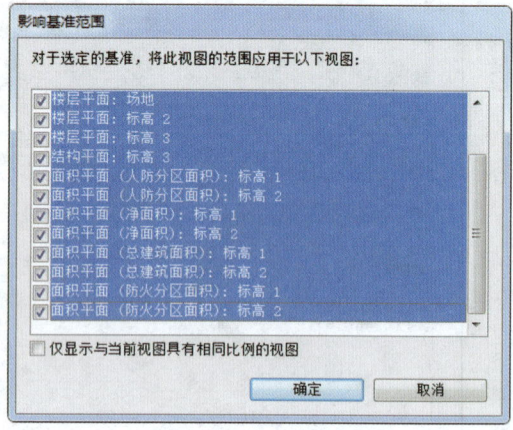

图 1.26　影响范围确定

1.4.3.3　视图观察

创建的墙体可切换进行二维、三维的视图观察，也可通过"视图—窗口—平铺视图"（快捷键 WT）实现多窗口的视图观察，如图 1.28 所示。

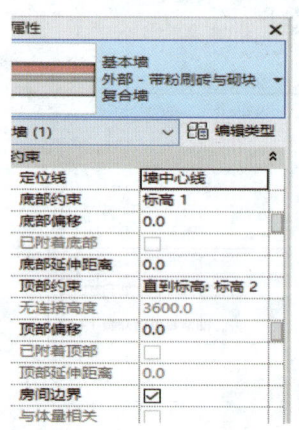

图 1.27　外墙属性设置

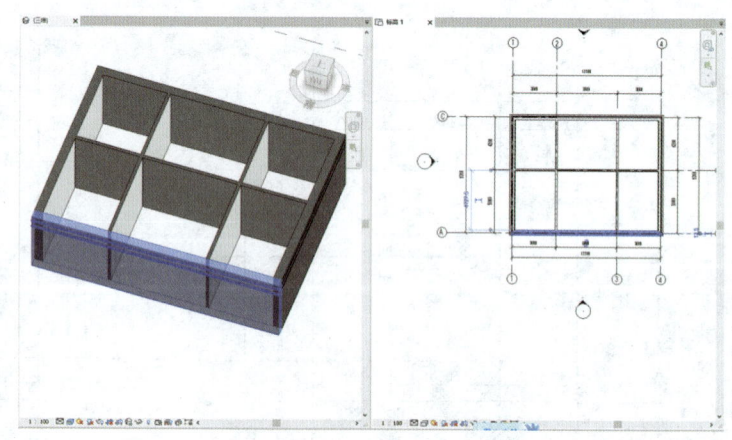

图 1.28　多窗口视图观察墙体

1.4.4　绘制门窗

在墙体上创建门窗，如图 1.29 所示。

1.4.4.1　载入、绘制门

"类型选择器"中的门类型很少，可通过"插入—载入族"，从系统中选择适合的"门族"载入到项目中进行使用。

例如，"载入族：china—建筑—门—普通门—平开门—双扇—双面嵌板格栅门 2"，放置入户门。应用空格键控制门的放置方式。

"载入族：china—建筑—门—普通门—平开门—双扇—双面嵌板镶玻璃门 12"，放置大厅门。

"载入族：china—建筑—门—普通门—平开门—单扇—单嵌板木门 3"，放置房间门。

1.4 快速构建一个简单的 BIM 模型

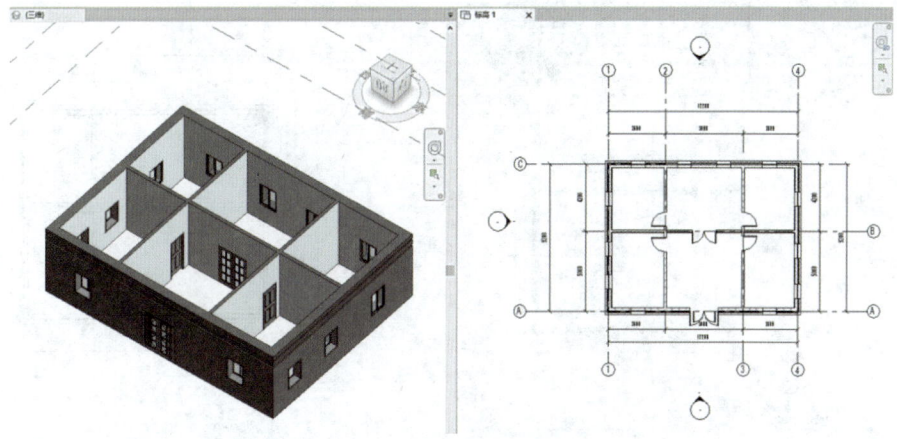

图 1.29 创建门窗目标

"载入族：china—建筑—窗—普通窗—推拉窗—推拉窗 5-带贴面"，放置窗户。

1.4.4.2 门窗的样式与尺寸修改

从"类型选择器"中可直接选择载入的门样式，或单击"属性"面板中"编辑类型"，对该类型的门进行参数修改，如尺寸、材质等，如图 1.30 所示。

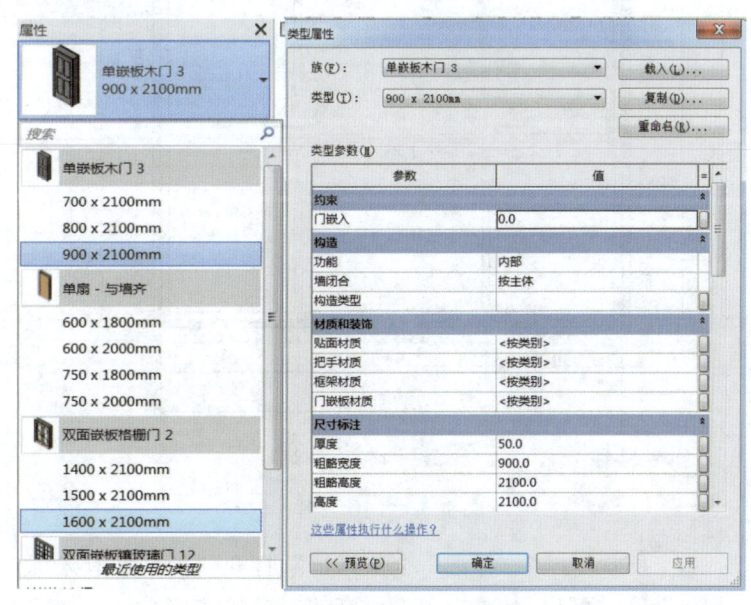

图 1.30 门类型编辑

1.4.4.3 门窗与墙体的位置修改

门窗在选中状态下，会自动显示其位置的临时尺寸标注，单击临时尺寸可完成尺寸修改，以确定门窗的准确位置，如图 1.31 所示。

1.4.4.4 门窗注释

创建的门窗要进行类型注释，见图 1.32。

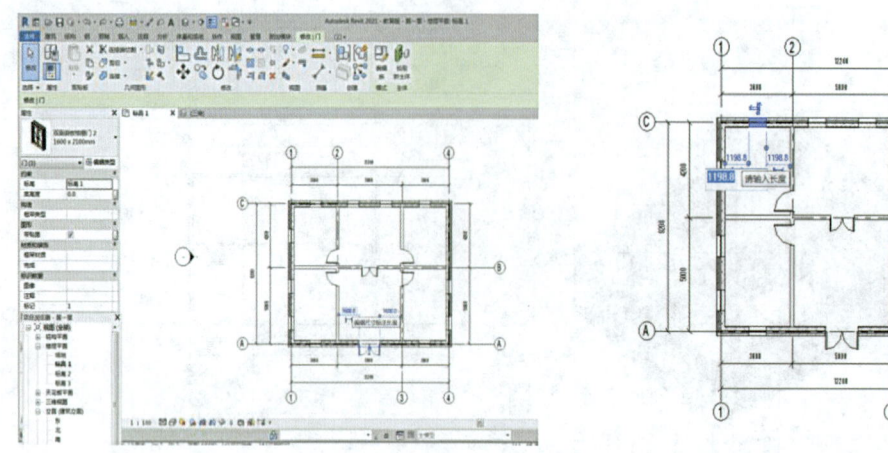

图 1.31 门窗位置修改

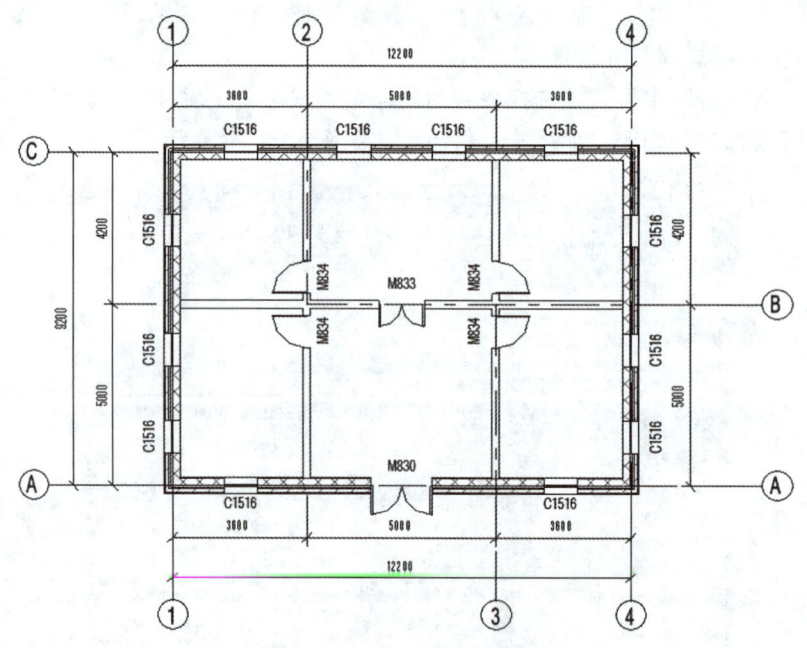

图 1.32 门窗注释

如图 1.33 所示，通过"注释—标记—全部标记"打开"标记所有未标记的对象"对话框，选择"门标记"和"窗标记"，视图中所有的门窗将按照默认的样式进行注释。其中不合适的标记可逐个修改，如标记位置、方向等。

如图 1.34 所示，也可通过"注释—标记—按类别标记"逐个进行注释，边标记、边修改。

1.4.5 绘制底板

在"标高 1"视图中，通过"建筑—楼板—边界线—矩形"绘制底板，如图 1.35 所示。还可通过"属性"面板中"编辑类型"，设置楼板的厚度、结构等。

1.4 快速构建一个简单的 BIM 模型

图 1.33 全部标记

图 1.34 逐个标记

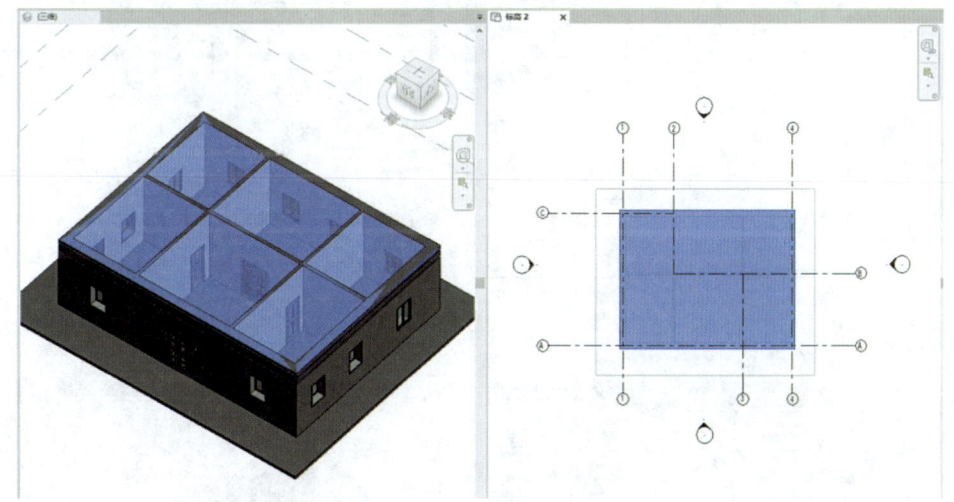

图 1.35 绘制底板

1.4.6 绘制一楼顶板

在"标高 2"视图中，通过"建筑—楼板—边界线—矩形"绘制一楼顶部（二楼地面），如图 1.36 所示。也可通过"属性"面板中"编辑类型"，设置楼板的厚度、结构等。

1.4.7 复制一楼构件粘贴到二楼

框选一楼构件，使用过滤器选择墙、门、窗复制到剪贴板上，粘贴（与选定的标高对齐），如图 1.37 所示，并选择"标高 2"。

删除二楼的入户门，改为窗，结果见图 1.38。

15

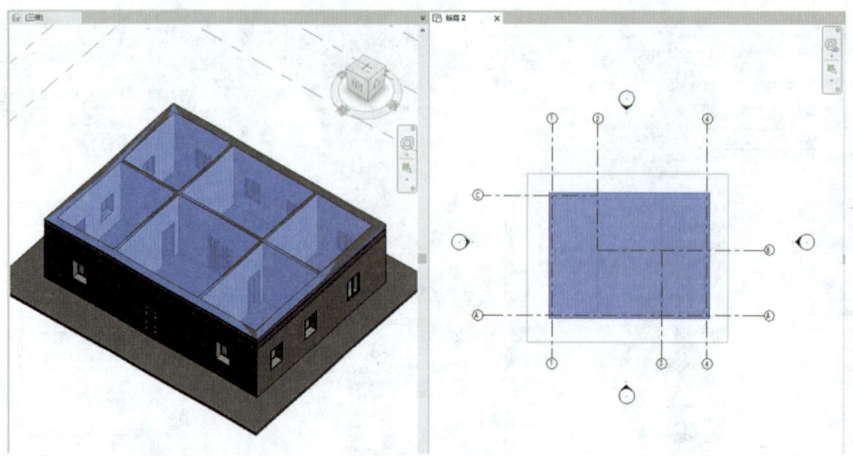

图 1.36 绘制顶板

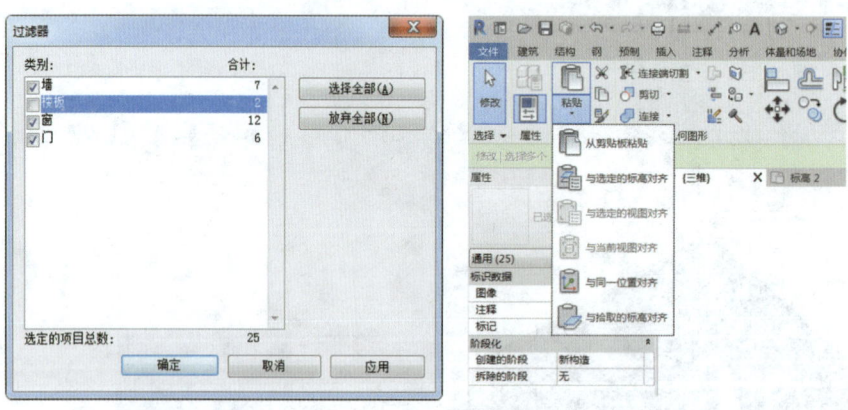

图 1.37 复制粘贴楼板

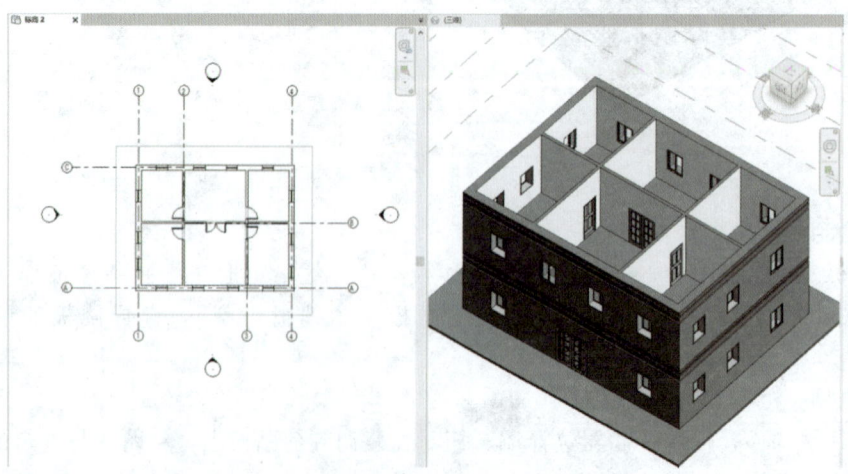

图 1.38 门窗修改

1.4 快速构建一个简单的BIM模型

1.4.8 绘制屋顶

在"标高3"视图中,通过"建筑—屋顶—迹线屋顶—边界线—拾取墙"绘制屋顶。在"选项栏"中设置"悬挑"为300,同时拾取外墙,如图1.39所示。也可通过"属性"面板中"编辑类型",设置屋顶的厚度、结构等。

绘制的屋顶,结果如图1.40所示。注意:在选项栏里勾选"定义坡度",则绘制的屋顶为坡屋顶,默认为30°。

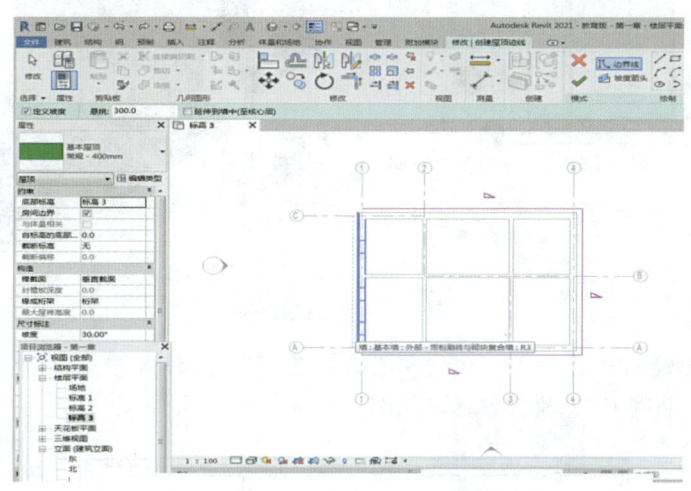

图1.39 拾取墙体为屋顶迹线

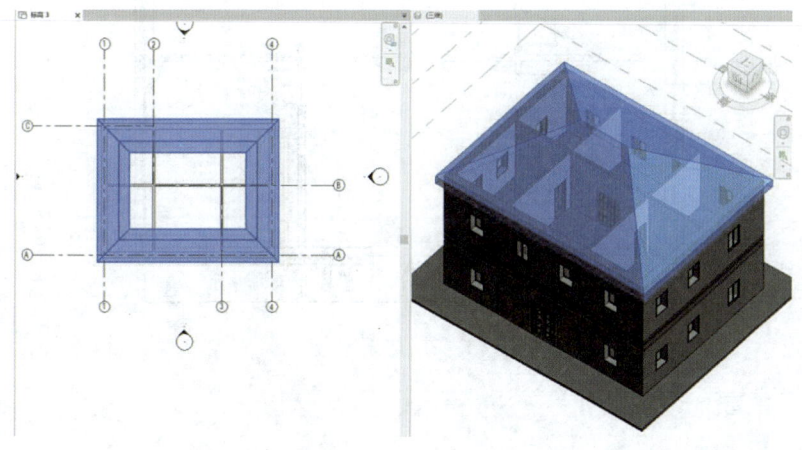

图1.40 屋顶创建

1.4.9 放置构件

在"标高1"视图中,通过"建筑—构件—放置构件",可进行建筑周边环境和内部家具的设置。"类型选择器"中的构件类型很少,可通过"插入—载入族",从系统中选择适合的构件载入到项目中进行使用。

例如,"载入族—建筑—植物—3D—灌木—灌木2 3D,放置灌木",放置植物,结果如图1.41所示。

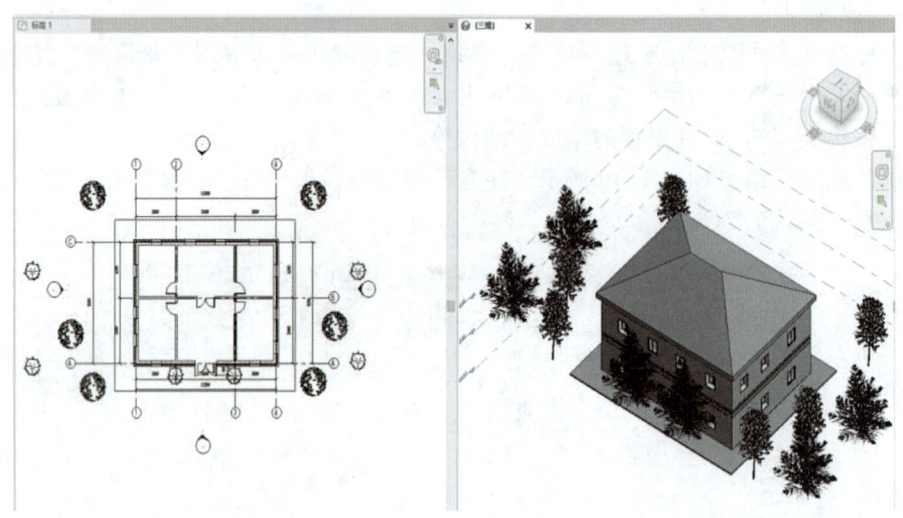

图 1.41 放置植物

"载入族—建筑—家具—3D—沙发—组合沙发 1""载入族—建筑—家具—3D—桌椅—桌子—餐桌-椭圆形",放置家具,如图 1.42 所示。

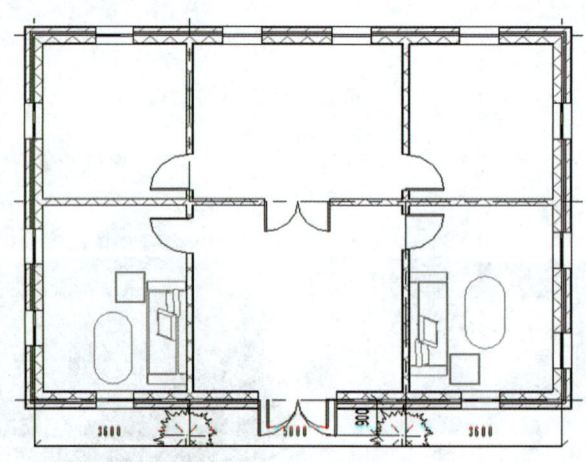

图 1.42 放置家具

1.4.10 细节查看

1.4.10.1 图元隐藏

通过隐藏外围图元,可以查看建筑物内部细节。

如图 1.43 所示,通过隐藏南侧外墙及南侧外墙上的门窗,可以查看室内家具摆放。

1.4.10.2 临时隔离

选择图元,通过快捷键 HH、HI 或单击视图控制栏上 可实现选中图元的临时隐藏或隔离,HR 可解除临时隐藏或隔离状态。

1.4.10.3 剖面框

在"三维"视图中,勾选属性面板上"剖面框"后,效果见图 1.44。

1.4 快速构建一个简单的 BIM 模型

图 1.43 图元隐藏

通过调节剖面框，可以查看不同高度、侧面的内部细节，见图 1.45。

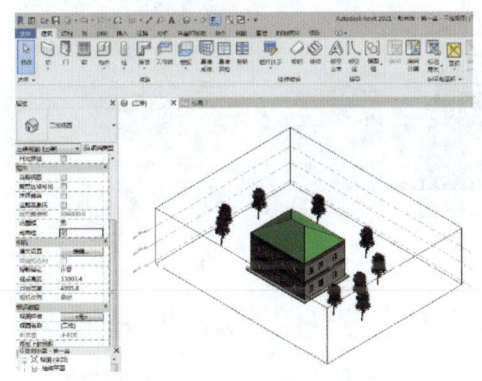

图 1.44 勾选剖面框

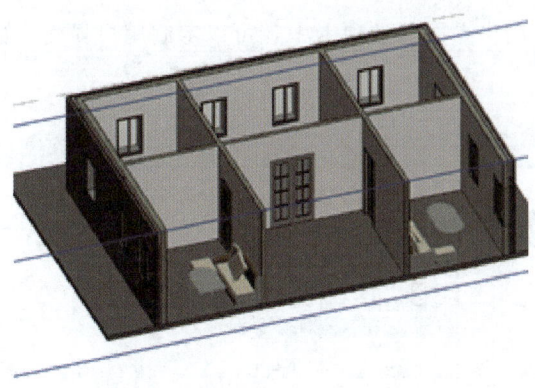

图 1.45 应用剖面框

第2章 Revit Architecture 概述

2.1 启动与关闭

从菜单选择"AutoDesk Revit 2020"或点击桌面上的 Revit 图标,如图 2.1 所示,可以打开 Revit 软件,进入主页,如图 2.2 所示。菜单中还提供了"Revit Viewer 2020",Viewer 只能查看。

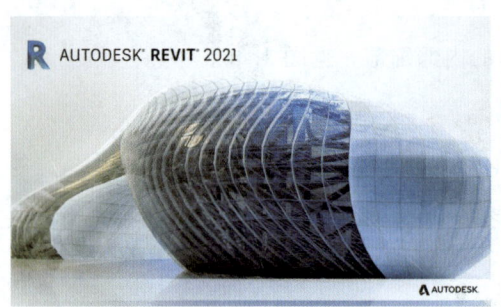

图 2.1 图标

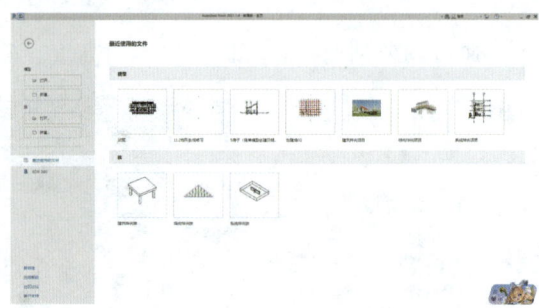

图 2.2 主页

单击"新建"按钮,选择适合的"样板文件"。点击窗口右上角的×按钮,可以退出 Revit。

2.2 界面介绍

在"文件—选项—用户界面"选项卡中,可以定制用户界面,如图 2.3 所示,关闭或显示部分选项卡。

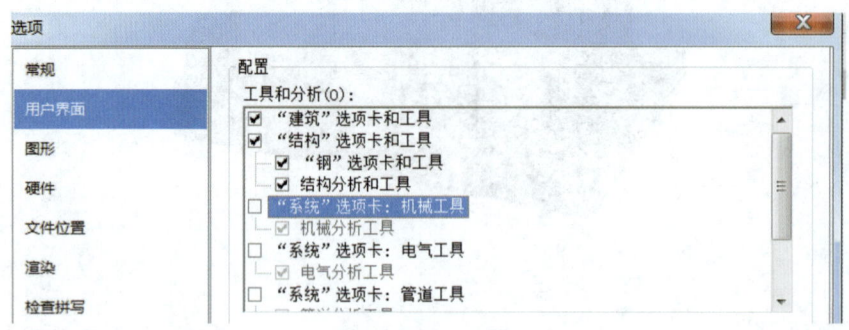

图 2.3 用户界面设置

Revit 中,选中某一图元后,软件会自动关联并显示上下文选项卡,见图 2.4。

2.2 界面介绍

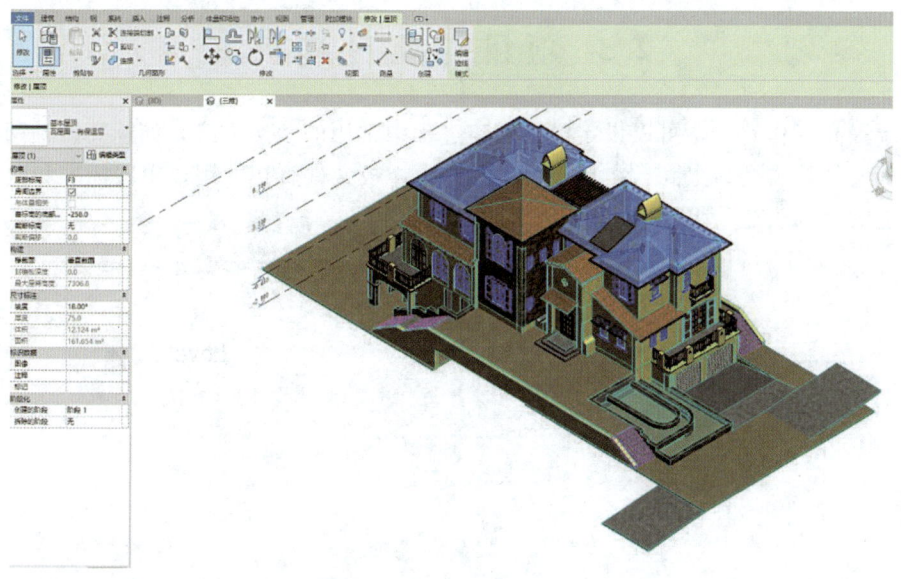

图 2.4　图元关联选项卡

根据绘图需要，属性面板、项目浏览器的位置可进行调整。通过"视图—窗口—用户界面"，可实现属性面板、项目浏览器的打开或关闭；也可在绘图区空白位置单击鼠标右键完成，如图 2.5 所示。此外，使用快捷键"Ctrl+1"可以快速打开或关闭属性面板。

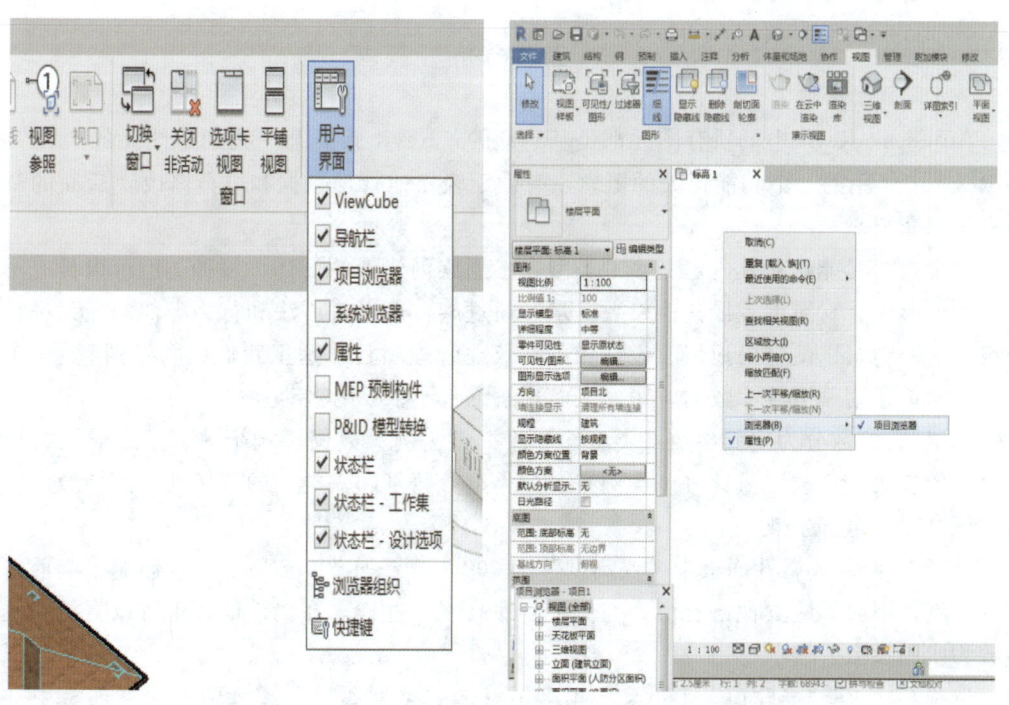

图 2.5　属性面板和项目浏览器设置

2.3 项目与项目样板

为了提高工作效率,可以设定模型创建过程中常用的表达方式,如标高、轴网等,保存为样板文件,类型为 .rte。在新建项目时作为样板文件直接使用。中国标准和欧洲标准使用不同的标高表达,见图 2.6。

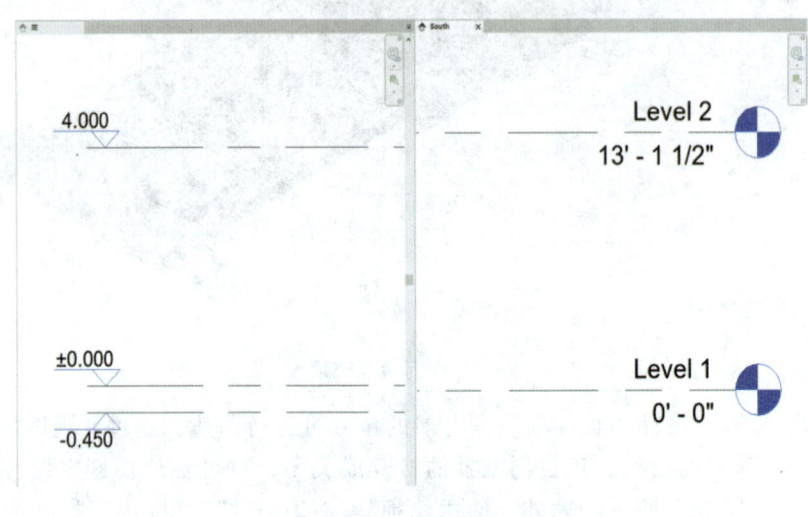

图 2.6　标高样板

2.4 族

Autodesk Revit 中的所有图元都是基于族的,Revit 族是某一类别中图元的类。"族"是 Revit 中使用的一个功能强大的概念,有助于轻松地管理数据和进行修改,后面的章节会有详细介绍。

每个族图元能够在其内定义多种类型,根据族创建者的设计,每种类型可以具有不同的尺寸、形状、材质设置或其他参数变量。通过族,可以对用法和行为类似的图元进行某种级别的控制,以便轻松地修改设计和更高效地管理项目。这里我们以联排别墅中 C1 为例,先简单介绍一下族参数的应用,从而理解 Revit 参数化驱动方式。

Revit 族参数分为实例参数、类型参数两类。实例参数仅影响个体、不影响同类型其他实例的参数,修改后只针对该实例有效;类型参数是同一类型的族所共有的参数,修改后对该类图元全部生效。

选择 C1,修改属性面板中"底高度"为 600,结果如图 2.7 所示,仅影响了当前选择窗的高度,不会影响其他已有窗。类似于"底高度"这样,在属性面板中可以直接修改的参数为实例参数。

选择 C1,在"修改窗"上下文选项卡中点击"类型属性"或者通过属性面板中"编辑类型"打开"类型属性"对话框,修改其中的参数"宽度"为 1500,结果如图 2.8 所

2.4 族

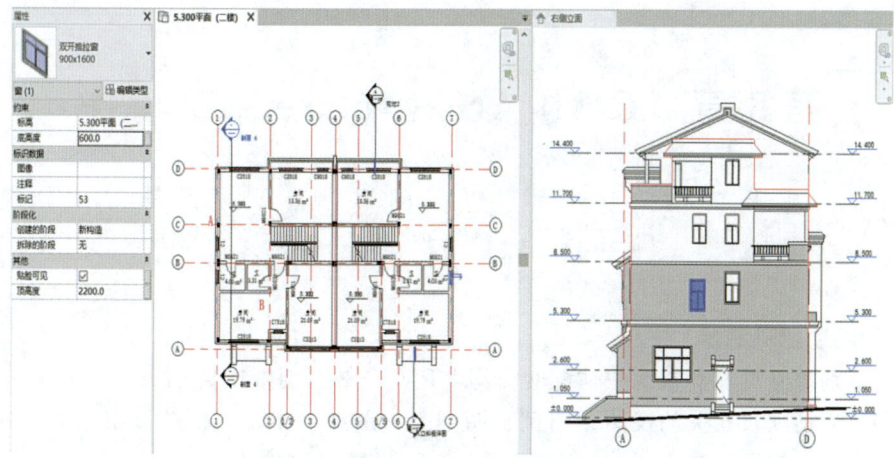

图 2.7 修改实例参数

示,不仅当前选择的窗宽度被修改,所有与 C1 类型相同的窗宽度也全部联动修改。Revit 中各个视图基于同一个模型,因此各视图中该窗的宽度都做出了修改。

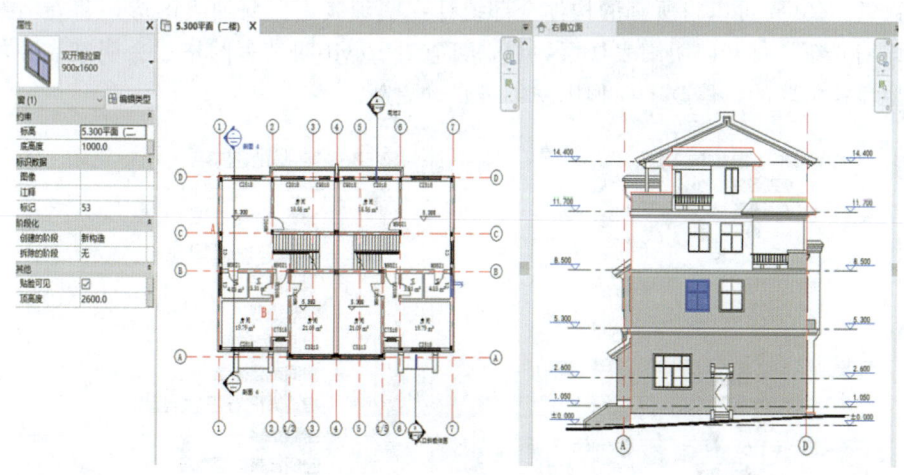

图 2.8 修改类型参数

在模型创建过程中,"实例参数"修改优先。

第3章　Revit Architecture 基础操作

3.1　界　面　操　作

3.1.1　使用项目浏览器

以联排别墅（见配套资源中"配套资源\RVT\2.2别墅项目.rvt"）为例，项目浏览器提供与当前项目相关的视图、图例、明细表、图纸、族、组、链接组织和快速切换。如图3.1所示，视图中包含了楼层平面、天花板平面、三维视图、立面、剖面、详图、渲染等，视图和图纸并不是一一对应关系。创建过程中经常通过项目浏览器切换楼层平面、三维视图、立面视图。

如图3.2所示，在"明细表/数量"中，包含了体量、房间、门窗、面积等类型的明细表和数量。Revit可以将所有的构件全部统计在明细表中。明细表的应用将在后续章节中进行详细介绍，打开门明细表楼层数量，可查看Revit明细表的格式。明细表中的数量是与模型存在关联的，修改了模型则明细表自动更新。

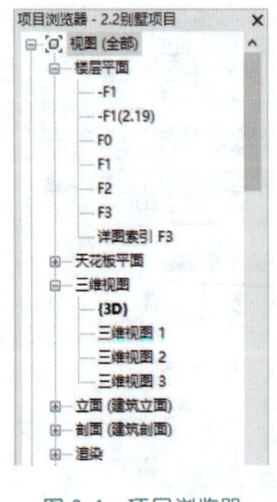

图3.1　项目浏览器

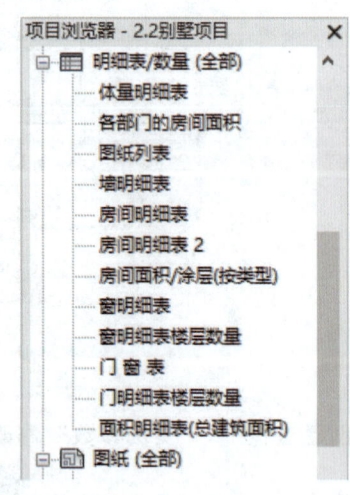

图3.2　明细表

Revit的图纸是一个或多个视图的有序组织，通常包含图框（标题栏）和视图，如图3.3所示。

当打开窗口过多，导致视觉凌乱、系统运行卡顿时，可以用"视图—关闭非活动"关闭除当前活动窗口以外的所有窗口，以节约内存、加快运行速度，见图3.4。最后一个视图被关闭时，当前项目被关闭。

项目浏览器可根据用户需求，进行自定义。通过"视图—用户界面—浏览器组织"或

3.1 界 面 操 作

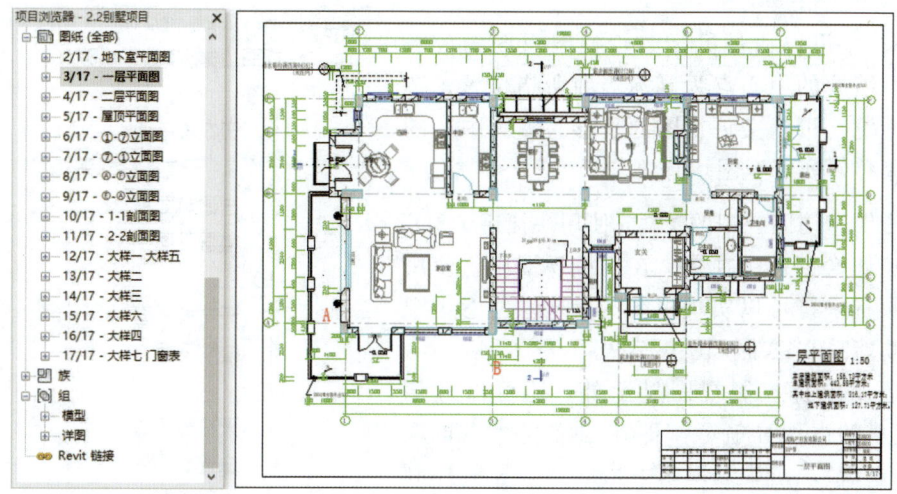

图 3.3 图纸

单击项目浏览器中"视图"右键选择"浏览器组织",会弹出"浏览器组织"对话框。选择"新建",可以自定义浏览器视图。如图 3.5 所示,新建名称为"按标高显示视图",设定成组条件等信息,如图 3.6 所示。选择自定义的浏览器组织方案,点击确定后项目浏览器更新为用户自定义的视图显示方式,如图 3.7 所示。通过自定义浏览器设置,可以更适合用户的作业习惯,方便多人协作。

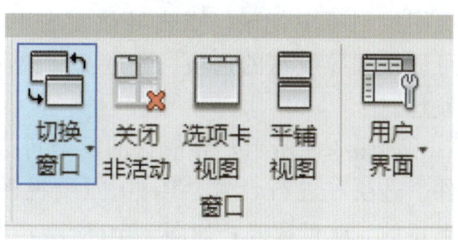

图 3.4 窗口操作

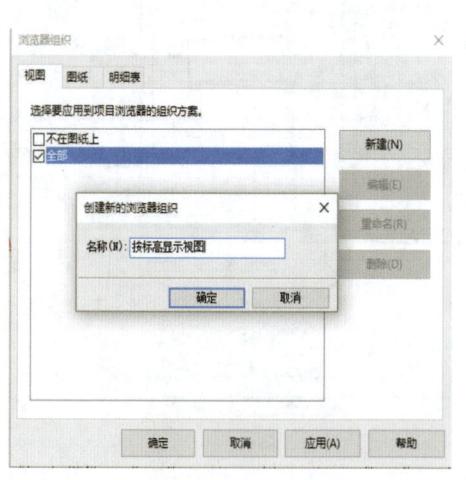

图 3.5 创建浏览器组织

图 3.6 设置浏览器成组条件

25

3.1.2 视图导航

Revit中可以通过鼠标滚轮控制视图的放大和缩小，缩放的中心点为鼠标当前所指位置；按下鼠标中键，可以实现视图的平移。鼠标中键的缩放、平移对所有视图均有效。

点击快速访问栏中的或使用快捷键"3D"可以快速切换到三维视图。在三维视图中，使用Shift＋鼠标中键可以实现视图的旋转。注意，视图旋转功能只在三维视图中有效。

除运用鼠标控制视图显示外，还可以应用Revit提供的视图导航栏（即在二维视图中拾取"二维控制盘"，在三维视图中拾取"全导航控制盘"），通过按住鼠标左键拖动的方式实现视图的控制，见图3.8。其中"回放"选项，可以查看视图控制历史记录。点击导航盘右下角的三角，可以设置导航盘的选项。通过Esc键可以关闭导航盘。

如图3.9所示，导航盘的参数可以通过"文件—选项"进行设置。Revit三维视图中提供了丰富的导航盘模式，如图3.10所示，用户可根据需要选取。"全导航控制盘"除具有二维导航盘的功能外，还可以实现设置旋转中心、向上/向下查看、环视、漫游等功能，如图3.11所示。

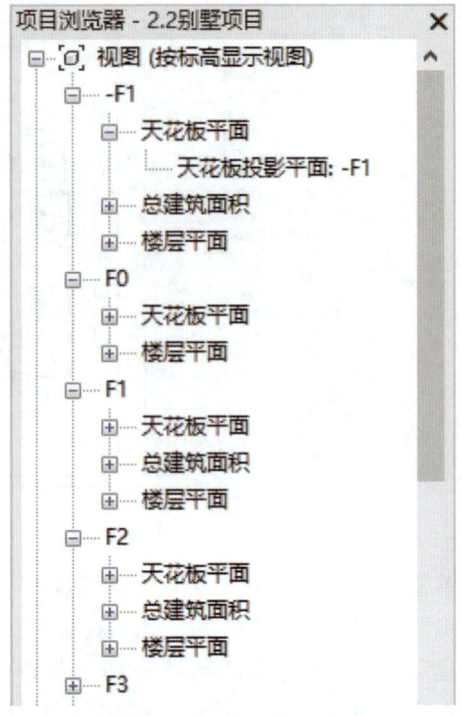

图3.7 应用自定义浏览器

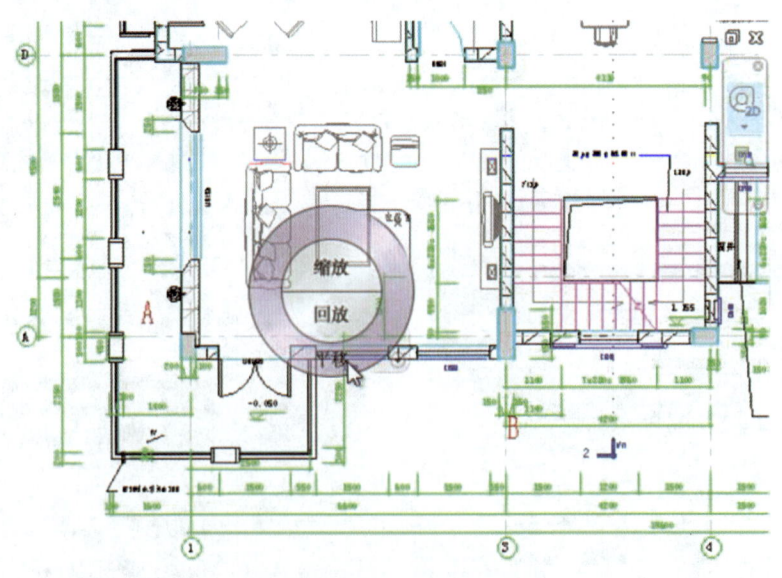

图3.8 平面视图导航

3.1 界面操作

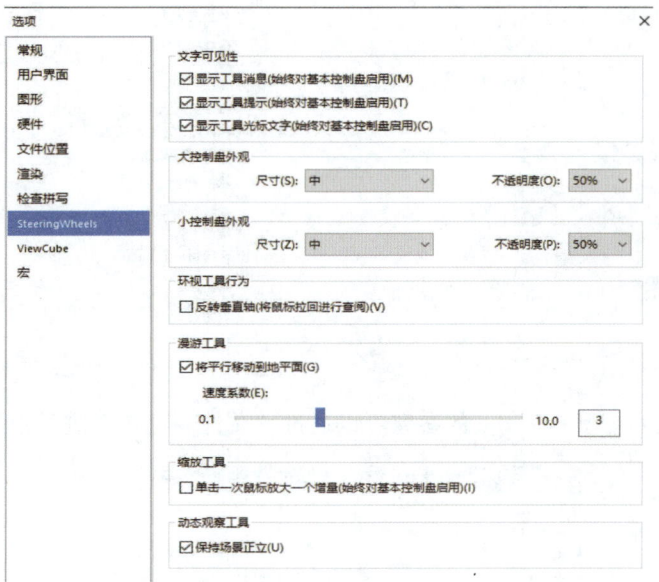

图 3.9 设置导航盘参数

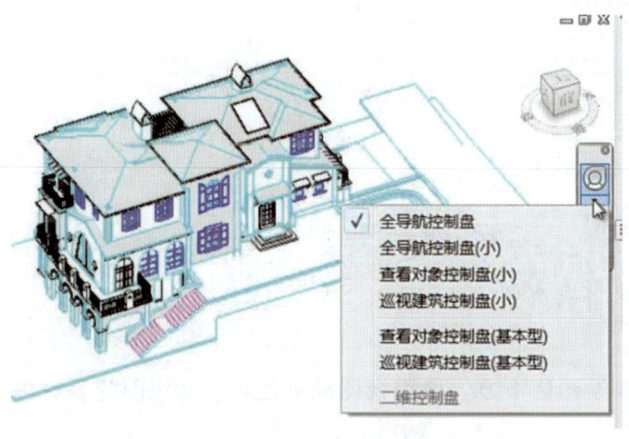

图 3.10 导航盘模式

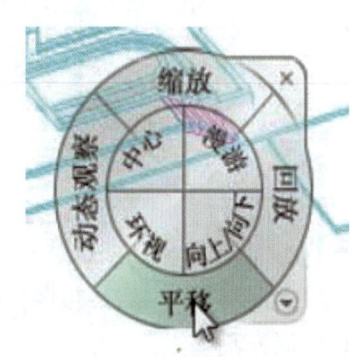

图 3.11 导航盘功能

导航栏中的"放大"工具提供了丰富的缩放功能，包括区域放大、缩小两倍、缩放匹配、缩放全部以匹配、缩放图纸大小等功能。

双击鼠标中键，可以实现"缩放全部以匹配"的功能。

3.1.3 使用 ViewCube

Revit 还提供了 ViewCube 工具，见图 3.12，用于浏览指定方向的三维视图。点击 ViewCube 上不同的面，可以切换到不同的视图方向。点击立方体的顶点，可以切换到等轴测视图方向；在顶视图中点击右上角的旋转按钮，可以实现 90°快速旋转；点击 ViewCube 左上角的主视图按钮，可以切换到默认的主视图；在主视图按钮上点击鼠标右键，可以完成将当前视图设为主视图等操作，如图 3.13 所示。

第 3 章 Revit Architecture 基础操作

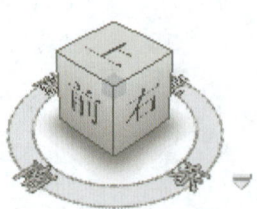

图 3.12 ViewCube 工具

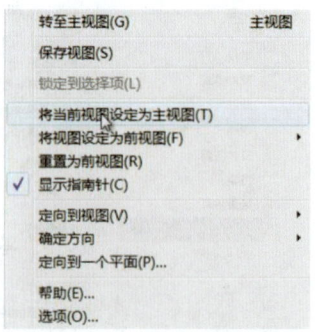

图 3.13 ViewCube 主视图设置

如图 3.14 所示，ViewCube 的参数可以通过"文件—选项"进行设置。

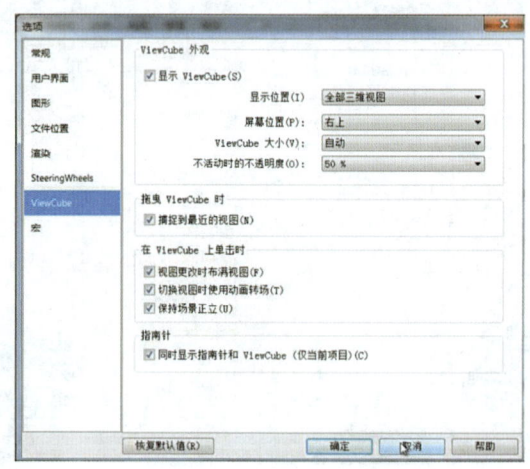

图 3.14 设置 ViewCube 参数

3.1.4 使用视图控制栏

如图 3.15 所示，"视图控制栏"在绘图区下方，使用视图控制栏可以对视图的显示进行控制。

图 3.15 视图控制栏

打开三维视图，切换到东南等轴侧视图并进行适当放大。视图控制栏中显示了视图比例、详细程度、视觉样式、日光路径、阴影控制、是否显示渲染对话框、裁剪视图、显示和关闭裁剪区域、锁定和解锁三维视图、临时隐藏/隔离、显示隐藏的图元、临时视图属性、显示和关闭分析模型、高亮显示位移集、显示和关闭约束等工具。

如图 3.16 所示，通过"视觉样式"按钮，可以控制视图的视觉样式。点击该按钮会弹出视觉样式列表，用户可根据需要选取不同的视觉样式，以控制显示的速度和效果。图 3.17 为"隐藏线"视觉样式，图 3.18 为"着色"视觉样式。

3.1 界面操作

选取图元后,点击"临时隐藏/隔离"可以选取不同的隐藏或隔离方式。具体参照 1.3.10 小节中的详解。

如图 3.19 所示,隐藏某图元后,选择"将隐藏/隔离应用到视图","临时隐藏/隔离"标志将消失,被选择的图元状态变更为永久性的隐藏。点击"显示隐藏的图元",可以高亮显示当前视图中被隐藏的图元,右键该图元,如图 3.20 所示,用户可以根据需要恢复隐藏图元的显示。

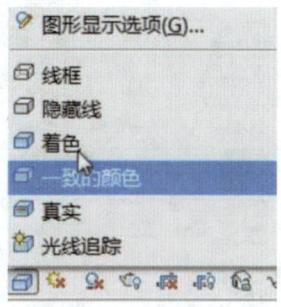

图 3.16 视觉样式设置

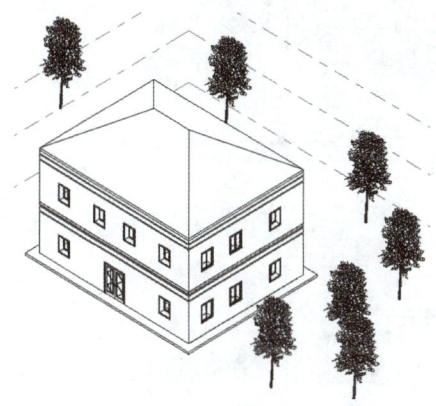

图 3.17 "隐藏线"样式

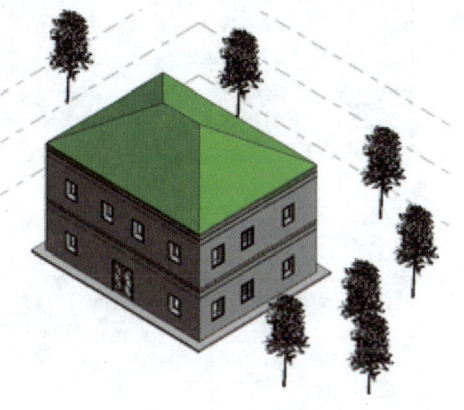

图 3.18 "着色"样式

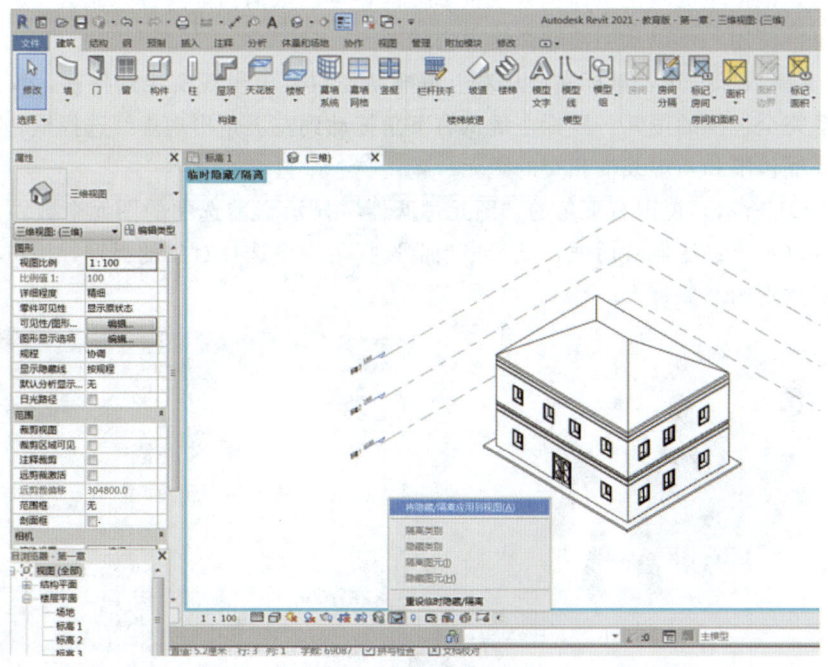

图 3.19 永久隐藏图元

29

第 3 章 Revit Architecture 基础操作

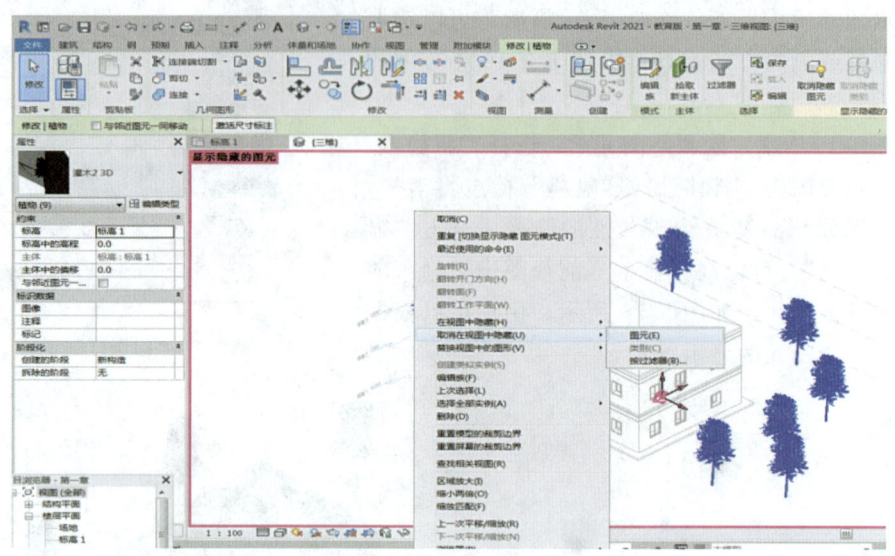

图 3.20 恢复隐藏图元显示

3.2 图 元 操 作

3.2.1 图元选择

在图元上单击鼠标左键，可以选中图元。通过 Ctrl 和鼠标左键的组合使用，可以选择多个图元。鼠标左键单击空白位置或按 Esc 键，可以取消当前选择（集）。Shift 键和鼠标左键的组合使用，可以从当前选择集中去除图元。

Revit 支持鼠标框选，鼠标左键从左上角拖动到右下角出现实线选择框，可以选择所有被选择框完全包围的图元；鼠标左键从右下角拖动到左上角出现虚线选择框，可以选择所有被选择框包围和与虚线框相交的图元。

如图 3.21 所示，视图右下角的"图元过滤器"显示当前选中的图元个数，点击过滤器按钮，可以弹出过滤器对话框，显示出当前选择集中已选择对象的类别，用户可根据需要选择不同类别的对象。

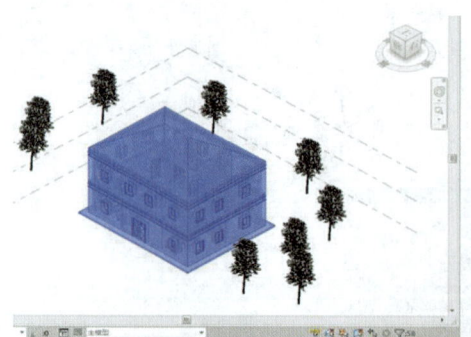 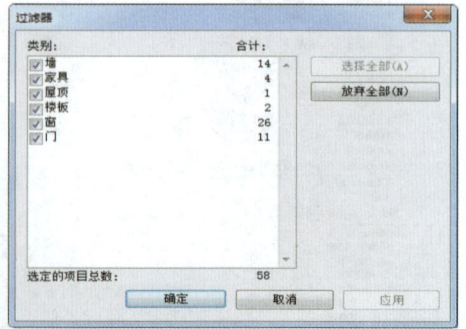

图 3.21 应用"过滤器"选择图元

3.2 图元操作

如图 3.22 所示，选中图元后单击右键出现快捷菜单，可以通过"选择全部实例"选择视图或项目中与当前选中对象族类型相同的全部图元。例如，在"标高 1"视图中选择某窗，单击右键出现快捷菜单，在"选择全部实例"中选择"在视图中可见"，则"标高 1"视图中可见的窗全部选择，结果如图 3.23 所示。

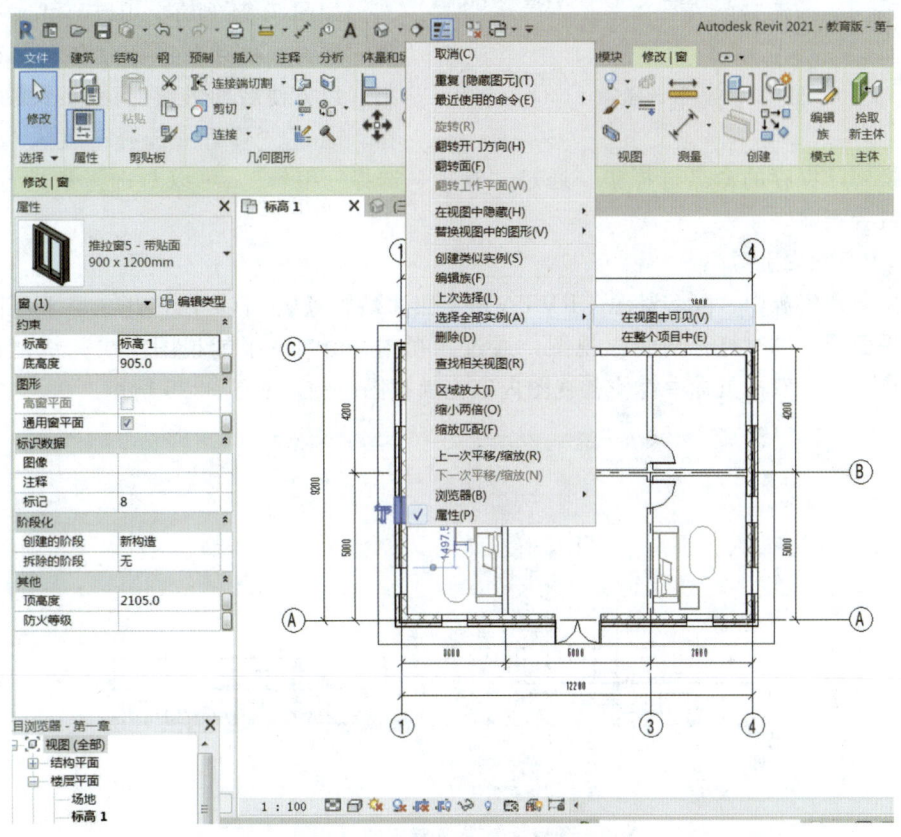

图 3.22 应用"右键"选择图元

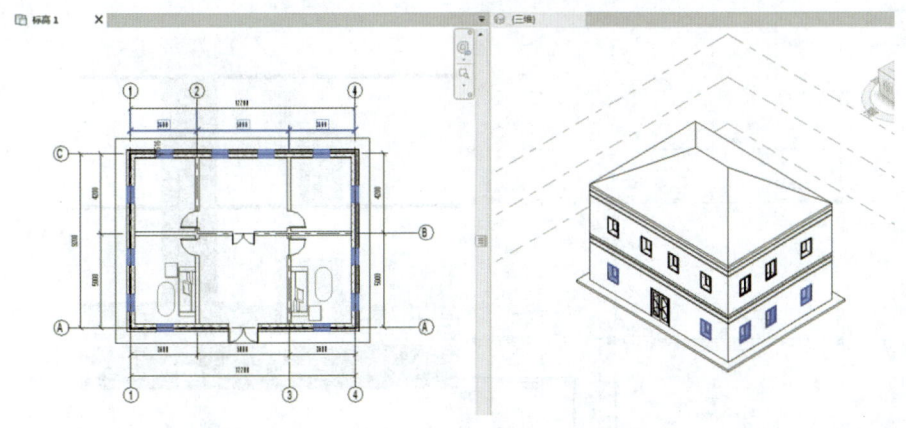

图 3.23 选择"视图中可见"图元

图 3.24 设置选择集

鼠标位于某一图元上方时,该图元高亮显示为预览,鼠标左键点击时将选定该对象;多个对象重叠在一起时,可以通过 Tab 键进行循环切换。

如图 3.24 所示,Revit 可通过"管理—选择—保存"进行命名和保存选择集,以方便后期继续对该选择集进行操作。通过"管理—选择—载入",可以快速切换到已保存的命名选择集。通过"管理—选择—编辑",可以对选择集进行编辑、重命名或者删除。

3.2.2 图元编辑工具

使用配套资源中"配套资源\RVT\3.2 加油站服务区.rvt",打开二层平面图、关闭一层平面图,同时打开剖面 3 视图,通过"视图—窗口—平铺视图"或其快捷键 WT 实现窗口平铺,双击鼠标中键使各视图内容充满视图范围,如图 3.25 所示。

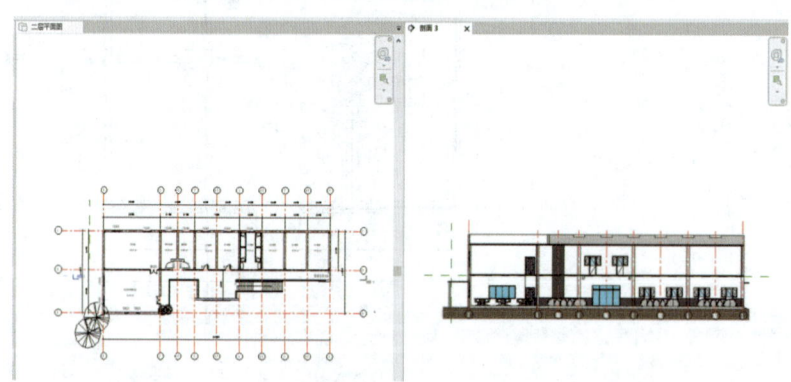

图 3.25 平铺视图

继续放大视图,如图 3.26 所示。

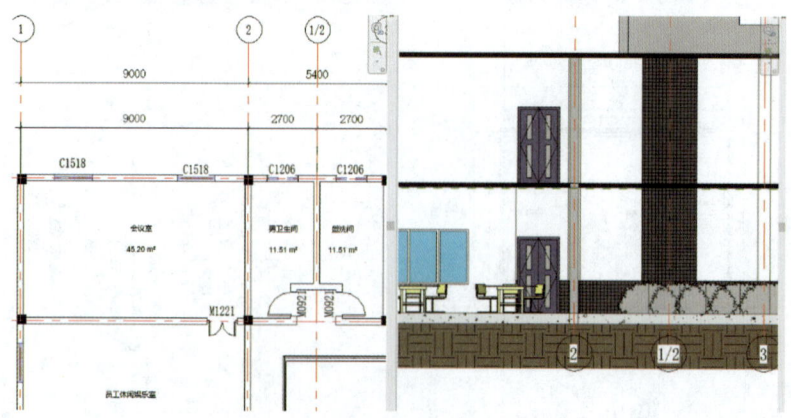

图 3.26 放大视图

3.2 图元操作

选择类型为 M1221 的门,可以看到左右视图中的门同时被选中,见图 3.27。左侧的属性窗口则显示该图元的属性信息,见图 3.28。其中"门-双扇平开"是该图元对应的族,M1221 是选中图元的类型。

单击类型选择器,可以修改该图元的类型,将"双扇平开门"修改为"型材推拉门",结果如图 3.29 所示。点击"编辑类型",可以修改该类型的图元参数,注意"编辑类型"所做的修改对所有同类图元都有效。

选中门图元后,Revit 会自动切换到"修改|门"的上下文选项卡。

通过点击"修改"选项卡中的对应按钮,可对图元进行如下常用操作。

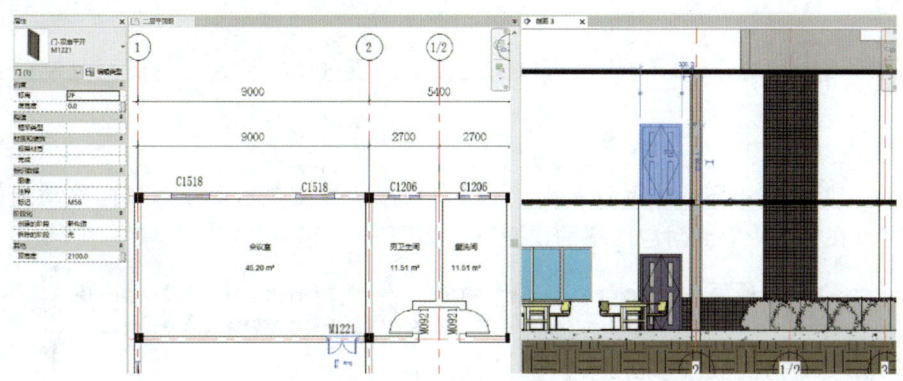

图 3.27 图元选择关联

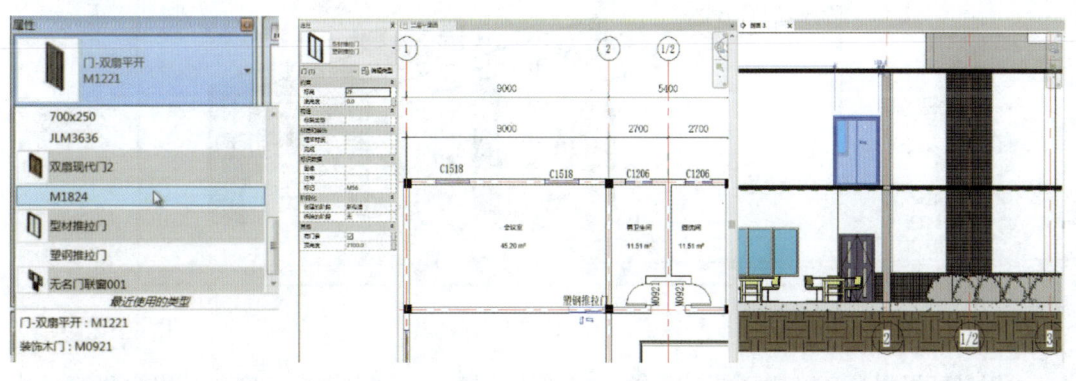

图 3.28 门属性　　　　　　　图 3.29 图元修改关联

移动图元:勾选"约束",可以控制移动,但只能在坐标轴方向进行,然后通过键盘直接输入移动距离。

复制图元:勾选"多个",可以实现连续复制。

旋转图元:勾选"旋转中心",可以变换旋转中心的位置,可通过"选项栏"输入旋转角度,也可通过鼠标在视图中确定旋转角度。

镜像图元:勾选"复制",可以在镜像的同时保留原有图元,镜像的轴线可以在视图中拾取，也可以在视图中绘制。

阵列图元 ：首先通过按钮 确定阵列的模式，勾选"成组并关联"，可实现阵列图元的关联操作，通过"移动到"确定阵列方法。

对齐图元 ：可以实现不同元件间的对齐操作。

锁定与解锁图元 ：可以锁定不同图元之间的对齐状态，被锁定的图元不能单独移动，但可随附近图元一起移动或所在标高上下移动。

复制图元 和粘贴图元 ：可以实现把某楼层视图中已选定的图元复制到其他楼层中。

3.2.3 快捷键

Revit 中除了点击图标执行命令外，还可以使用快捷键执行命令。鼠标移动到相应图标上，可以在括号中看到对应图标的快捷键，如图 3.30 所示。

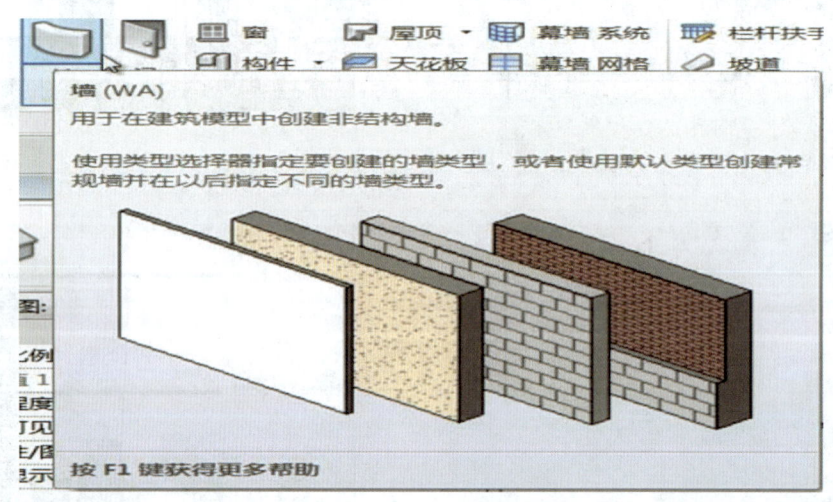

图 3.30 "创建墙"快捷键

用户可根据自身习惯，修改或指定新的快捷键。通过"视图—窗口—用户界面—快捷键"，均可根据需要自行定义或修改快捷键。例如，在搜索中输入"真实"，如图 3.31 所示，可以为其指定快捷键"VR"。如图 3.32 所示，可以将已定义的快捷键导出为 .xml 文件，以实现快捷键定义的分发和复用。用户亦可在"文件—选项—用户界面"中进行快捷键的定义和操作。使用快捷键，可以大幅度提高操作速度。

3.2.4 临时尺寸标注

Revit 提供了临时尺寸标注工具，帮助用户定位和修改模型。

在视图中选定图元后，图元两侧会自动弹出到定位线的距离等信息，称为临时尺寸标注，见图 3.33。通过键盘输入更改临时尺寸标注的数值，可以实现图元的精确定位；通过拖动操作夹点可以修改临时尺寸，结果如图 3.34 所示。

3.2 图元操作

图 3.31 为"真实"设置快捷键

图 3.32 导出已定义快捷键

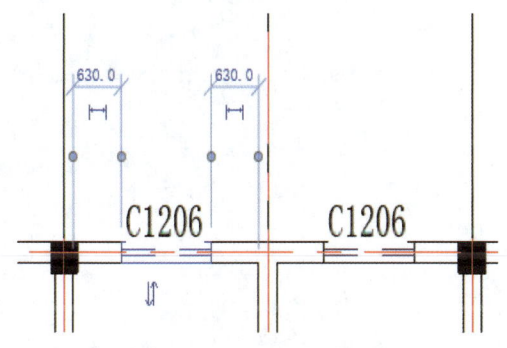

图 3.33 临时尺寸

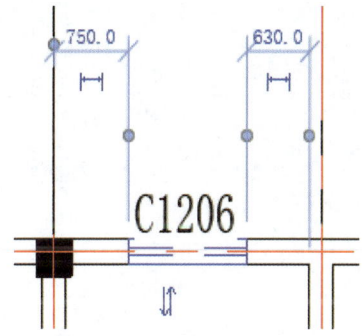

图 3.34 拖动"夹点"修改临时尺寸

如图 3.35 所示，通过"管理—其他设置—临时尺寸标注"，可以修改临时尺寸标注的默认位置。

点击标注下方的转换为永久尺寸标注，可以将临时尺寸标注转化为永久尺寸标注，结果如图 3.36 所示。

通过"文件—选项—图形"菜单，可以修改临时尺寸标注文字外观。

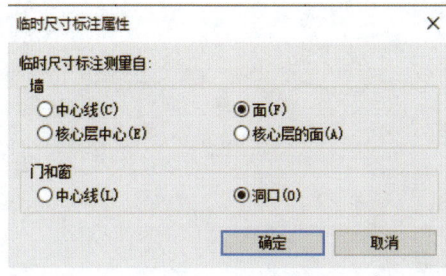

图 3.35 设置临时尺寸标注属性

35

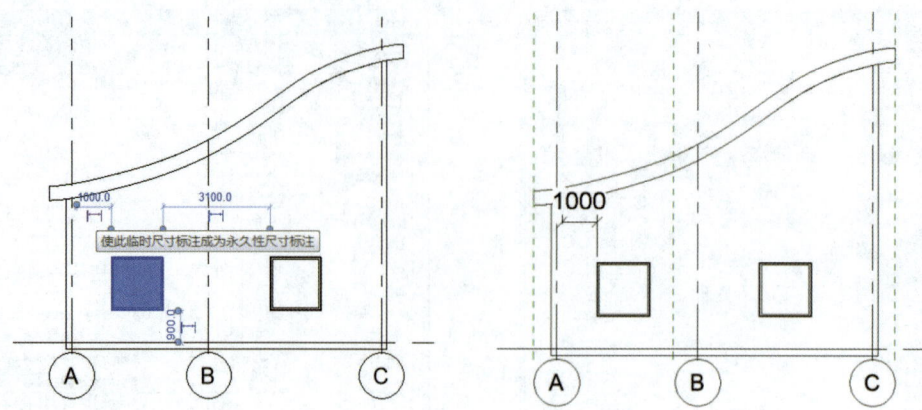

图3.36 修改临时尺寸为永久尺寸

第4章 标高和轴网

前面两个章节大致介绍了 Revit 的基本操作，接下来，开始讲解 BIM 建模的基本流程。Revit 中可以采用体量的方式直接建立三维模型，也可以按照传统的标高、轴网、墙、梁、板、柱的方式搭建三维模型。为了便于理解，先从传统的方式开始。

接下来的几个章节将一步一步地带领大家完成一个综合办公楼项目的三维模型搭建，如图 4.1 所示。

传统的建筑设计中，最基础、最重要的基础定位信息就是轴网和标高了，这一章主要介绍标高和轴网的创建与修改。

图 4.1 案例模型

4.1 创 建 标 高

采用配套资源中的"配套资源\Other\项目模板 2021.rte"创建一个新的项目，单击"管理—项目单位"，见图 4.2，可以查看或修改项目的长度、面积、体积、角度、坡度、货币、质量密度等的单位设置，这些信息都是在项目样板中预先定义的，这也是项目样板的重要作用之一。

通常都是先创建标高，后创建轴网。切换到南立面视图，以创建标高。选择已有标高值，可以直接将其修改为设计数值，如图 4.3 所示，注意标高高程值的单位是"m"。创建标高时，勾选"创建平面视图"可以同步创建不同类型的平面视图，包括天花板平面、楼层平面、结构平面。

绘制标高过程中可以通过修改临时标记（单位：mm）或修改标高值（单位：m）的方式修改。

除直接绘制外，还可以采用复制的方式创建标高。复制过程中，勾选"约束"选项可以确保鼠标在坐标轴方向移动，勾选"多个"可以实现标高的连续复制，直接输入临时尺寸标注数值可以实现精确绘制。连续按两次 Esc 键可以结束复制。注意：通过复制方式生成的标高，并未在楼层平面视图中自动生成楼层平面视图。

标高名称的修改，与属性面板、项目浏览器中楼层平面名称联动变更。

通过"编辑类型"可以修改标高的外观，如图 4.4 所示，可以改变标头类型、标高线型、标号数量等，图中负标高采用的标头类型为"下标头"，标高线型修改为"中心线"，

37

同时选择了单侧标号。

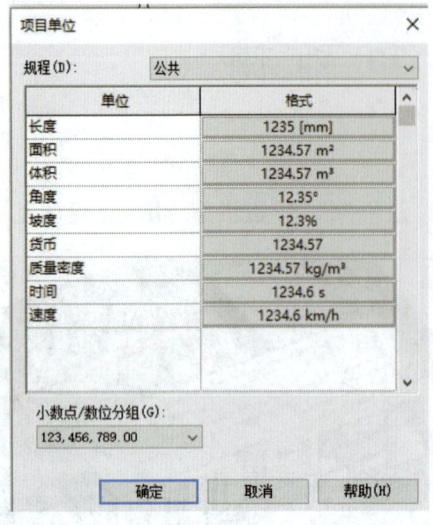

图 4.2 项目单位

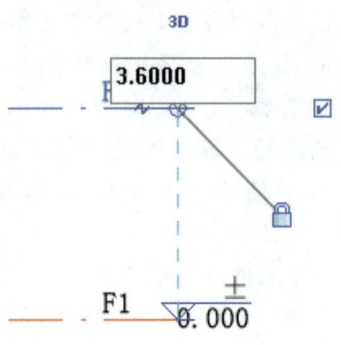

图 4.3 修改标高

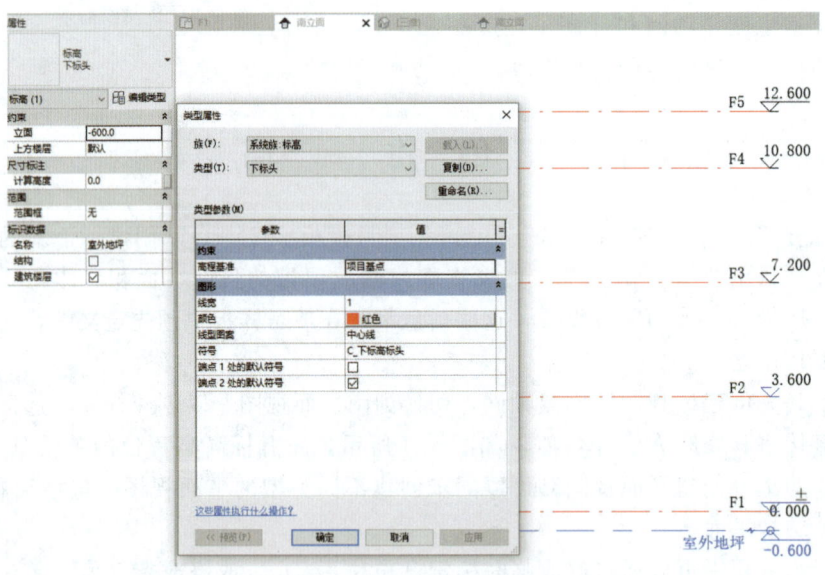

图 4.4 编辑标高类型

4.2 修改标高

点击"文件",在菜单中选择"另存为",以"项目"保存,在弹出"另存为"对话框点击右下角"选项"进行文件保存选项的设定,如图 4.5 所示。

Revit 中可以进行标高的设置和修改,打开配套资源中的"配套资源\RVT\4.2 标高轴网练习.rvt",项目中已创建了标高 1 和标高 2 的标高,标高的高程单位为 mm,标

4.2 修改标高

高形式为欧洲标注形式，如图4.6所示。

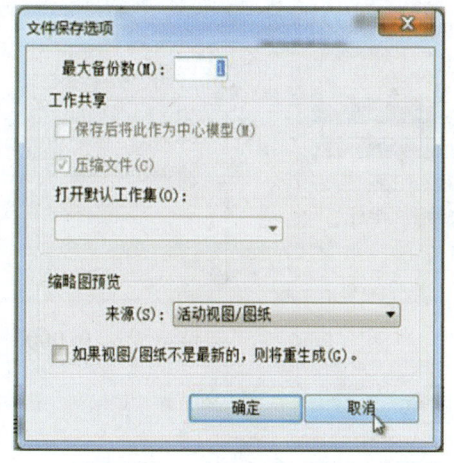

图4.5 设置保存选项

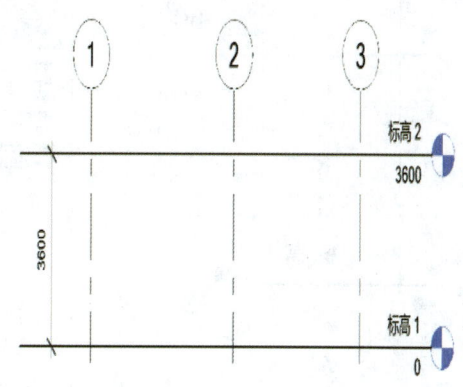

图4.6 欧洲标注形式的标高

Revit中每一个对象都是由族来构成的，标高的标头也是由独立的族来构成的。要使用一个族，需要先把这个族载入到项目中。点击"插入—载入族"，打开载入族对话框，选择配套资源中的"配套资源\RFA\中国标高标头.rfa"，点击"打开"载入族。

载入之后，必须通过设置才能在项目中发挥作用。单击"标高2"，在属性列表中单击"编辑类型"打开类型属性对话框，该对话框中显示：当前族为"系统族：标高"，类型为"8mm 标头"。单击"复制"按钮，如图4.7所示，将当前类型复制为"中国标高样式"，将"符号"设置为"中国标高标头：C_上标高标头"，则"标高2"的标头更改为中国标高样式，标高值单位也相应修改为"m"，结果如图4.8所示。由此可以看出，Revit是由族和对应的类型来控制标高的显示方式的。由于只对"标高2"进行了修改，所以"标高1"并未改变。选中"标高1"，在属性列表中将"8mm 标头"更改为"中国标高样式"，则"标高1"的样式随之更改。在类型对话框中修改"中国标高样式"的"线宽""颜色""线性图案"以及两侧端点的默认符号，结果如图4.8所示，可以将所有

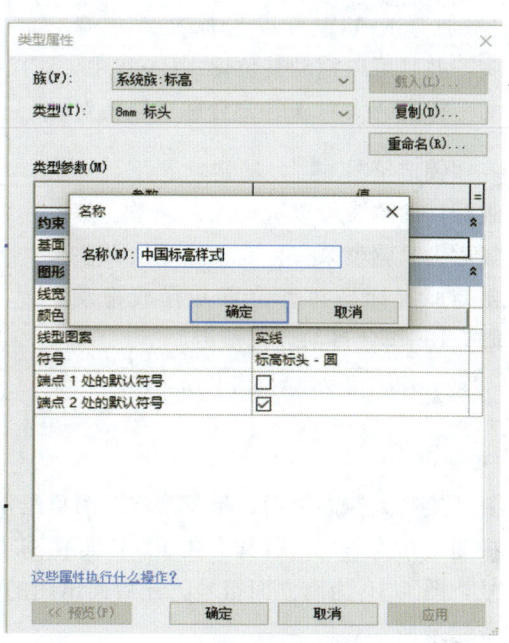

图4.7 新建标高类型

使用该样式的符号进行统一修改（图中"标高2"为当前选定对象，故高亮显示）。

Revit中标高的高程值显示的是相对高程，如图4.9所示，可以通过"编辑类型—基面"将"基准点"更改为"测量点"，将其显示为海拔高程。

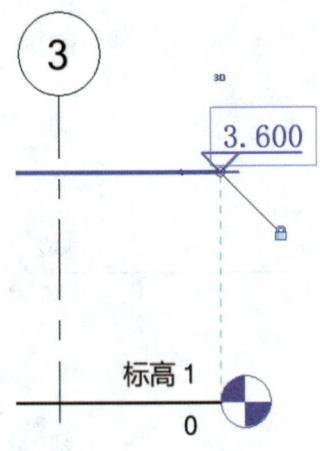
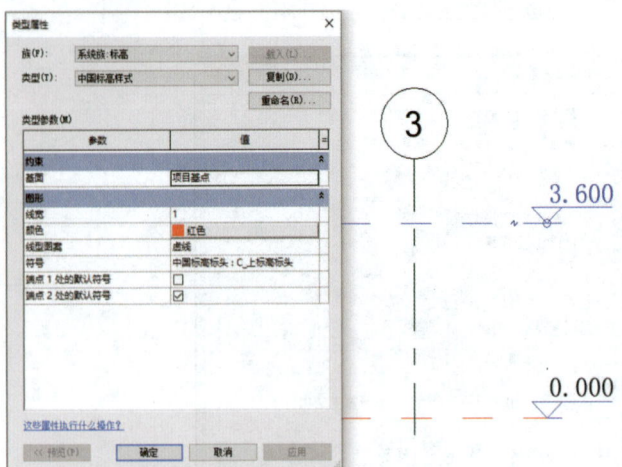

图 4.8　中国标高样式应用

选中某一标高，通过勾选"隐藏编号"选项，可以对该标高的某一编号进行显示或隐藏的设置，使用该选项不会影响其他标高的设置；使用"添加弯头 〰"可以为标高添加弯头，并且可以拖动其位置；Revit 中，两个标高端头对齐时，会显示端头对齐"锁定符号 🔒"，锁定状态下，一组标高的端头可以进行统一调整，解锁后则只调整某一标高。当端头调整至与原有标高对齐位置并释放拖动时，Revit 会自动进行锁定。

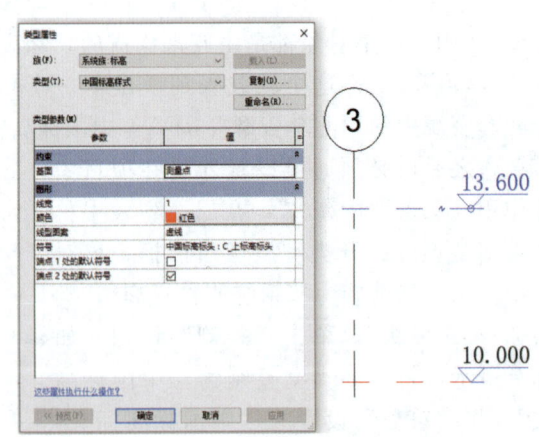

图 4.9　相对高程变为海拔高程

4.3　创建轴网

绘制完标高之后，接下来将为项目绘制定位的轴网。接上一节的练习，切换 F1 楼面视图，在这里可以看到，在 F1 楼面视图当中分别有默认的东、西、南、北四个立面符号，图 4.10 为南立面符号。在后面出图的时候，可以根据自己的需要将这些立面符号隐藏起来。

Revit 在"建筑"选项卡的"基准"面板当中提供了"轴网"的命令。可以看到，由于当前视图是楼层平面视图，"标高"工具变为不可用。单击"轴网"可以进到"修改｜放置轴网"上下文关联选项卡中，如图 4.11 所示。

"轴网"工具的用法和"标高"工具类似。首先，确认绘制面板当中轴网的绘制方式是直线。Revit 提供了直线、三点画弧、中心和端点画弧以及拾取线的方式，从 2013 版本

4.3 创建轴网

开始，Revit 提供使用带折弯的多段线创建轴网的方式。

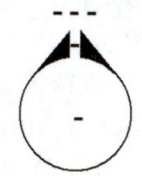

图 4.10 南立面符号

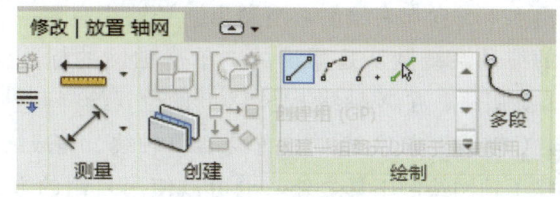

图 4.11 轴网绘制

这里，先从最简单的直线方式开始学习，将选项栏中的偏移量的设置为 0。在属性面板的类型选择框中，选择所使用的轴网类型"5mm 编号"，这个类型是项目样板默认提供的。移动鼠标到视图左下角的一个空白位置，单击作为轴网的起点，沿垂直方向（鼠标移动时，按住 Shift 键可以保证鼠标只能在坐标轴方向移动）向上移动鼠标，在适当的位置单击以完成第一根轴线的绘制。绘制完成之后，按 Esc 键两次可以退出当前的命令。

适当放大视图，可以看到所绘制的轴网的形式，见图 4.12。继续使用轴网工具，完成整个轴网的绘制。移动鼠标到已绘制完成的①号轴线的标头位置时，Revit 会自动捕捉到轴网的标头，以实现轴网长度的自动对齐，系统会自动出现临时尺寸标注，直接用键盘输入 7200 作为两个轴网的间隔然后回车，系统会在指定的间隔位置创建一个新的轴网起点。轴网绘制过程中，按住 Shift 键可以保证鼠标移动方向处于正交状态。系统捕捉到①号轴线的另一端点时，点击鼠标，以完成②号轴线的绘制，按两次 Esc 键结束②号轴线的绘制。

图 4.12 轴线形式

示例项目中，后面还有 7 根轴线，间隔均为 7200。根据这个特性，除了一根一根地去使用轴网命令来绘制其余轴线之外，还可以使用阵列方式来生成轴网。选择②号轴线，系统会自动切换到"修改｜轴网"选项卡中，在这个选项卡中单击"修改"面板中的"阵列"工具，进入阵列修改模式，如图 4.13 所示。选择线性阵列方式，不勾选"成组并关联"选项，这样阵列生成的轴网是不成组的，是一根根独立的轴线；修改"项目数"为 8，需要注意的是，Revit 计算阵列数目时当前选择的对象本身是计算在内的，所以如果需要新生成 7 根轴线就要输入 8；将"移动到"方式选定为"第二个"；"第二个"和"最后一个"选项区别在于："第二个"方式将以指定的间距作为阵列的距离，选择"最后一个"的方式将在指定的间距中等分 8 份。选择②号轴线上的任意一点作为阵列的基点，保持水平向右方式，如果勾选"约束"方式则会约束鼠标只能在水平方向移动，输入阵列的间距 7200，回车。可以看到，阵列自动生成了③、④、⑤、⑥、⑦、⑧、⑨号轴线，并且轴线的间距为 7200。我们注意到，Revit 会自动命名轴线编号。

图 4.13 阵列修改模式选项栏

接下来同样使用"轴网"工具来绘制水平方向的轴网，进入到"轴网"模式之后，选择"直线""5mm 的编号"类型。在①号轴线左侧的适当位置，单击鼠标左键作为轴线基点，沿水平方向向右绘制，当超出⑨号轴线右侧一定距离时单击，绘制完成。可以看到，轴线的编号系统默认是累加的，单击轴网的标头文字，将轴线的编号从"10"修改为"A"。类似地，在 A 轴线上方 7200 的位置绘制 B 轴线，在 B 轴线上方 2400 的位置绘制 C 轴线，C 轴线上方 7200 的位置绘制 D 轴线。完成之后，按两次 Esc 键退出当前的绘制。

除了轴网绘制工具之外，也可以使用复制的方式来生成新的轴网。选择 D 轴线，使用"修改"面板中的"复制"工具。系统默认勾选"约束"，也就是说将会约束在水平或者垂直方向上来移动鼠标；勾选"多个"选项，可以复制多根轴线。拾取 D 轴线的任意一点作为基点，沿垂直向上的方向移动，输入 600 作为复制的距离，按 Esc 键退出当前的复制。修改 E 轴线的编号为"1/D"后回车，确定后可以看到，1/D 被设定为 D 轴的分轴。继续使用复制工具来复制其他的轴线，输入距离 6600。可以看到，Revit 中的轴网是按默认的编号加 1 的方式来命名，所以新生成的轴线编号是"1/E"。将新的轴线名称修改为"E"，继续使用复制工具来完成其他轴线的绘制。分别输入 7200、7200、6600 以创建 F、G、H 轴线，完成之后按两次 Esc 键或者单击鼠标右键选择"取消"。这样就完成了整个轴网的绘制，结果如图 4.14 所示。

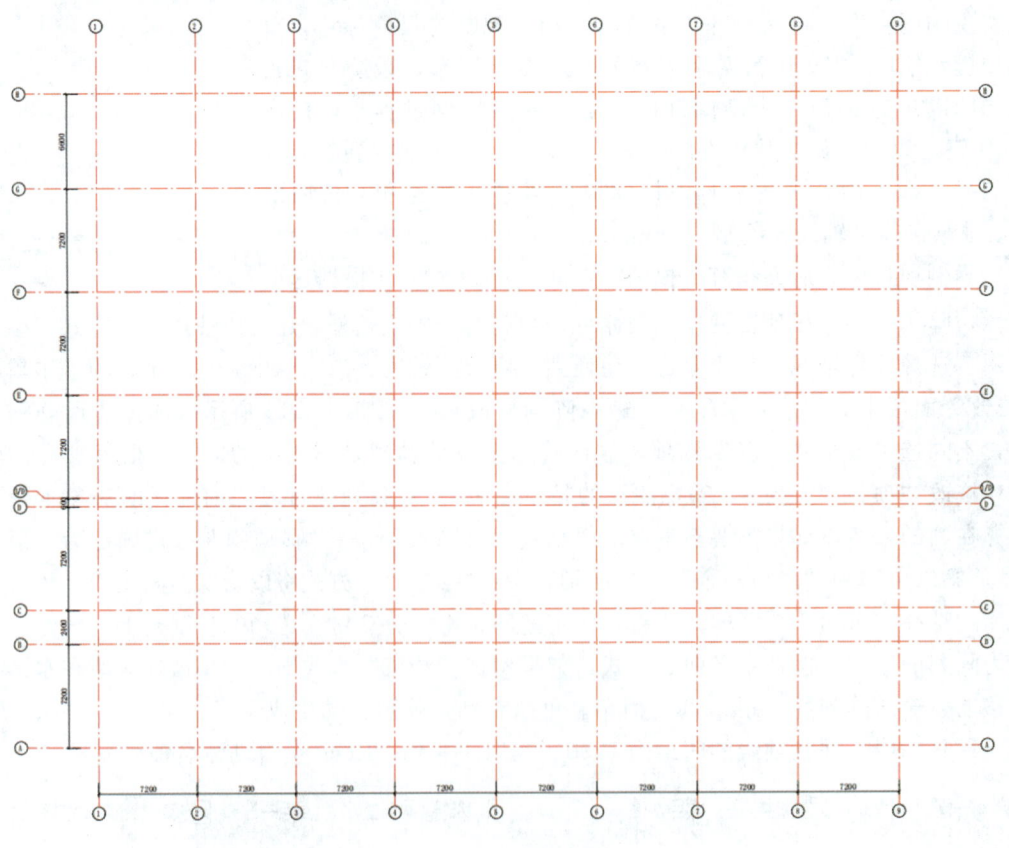

图 4.14　轴网示例

4.3 创建轴网

放大"D"和"1/D"间的位置会发现,这两根轴线的距离有点近,需要对它进行修改。轴网的编辑和标高的编辑类似,可以通过"添加弯头"的方式调整标头的位置和显示方式,分别对左侧和右侧的标头进行编辑,结果如图 4.15 所示。

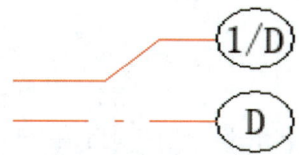

图 4.15 轴网标头位置调整

切换到 F2 楼层平面视图,可以发现在 F2 视图中显示了所有的轴网。因为轴网在 Revit 中是一个垂直于标高的空间平面,可以在所有楼层平面视图中都产生轴网的投影。放大"D"和"1/D"间的位置会发现,在 F1 楼层平面视图中所修改的弯头偏移并没有应用到 F2 楼层平面视图上。Revit 提供了一个工具可以将 F1 楼层平面视图中修改的轴网的二维状态传递到其他视图中。切换到 F1 楼层平面视图,选择"1/D"轴线,在"修改|轴网"上下文选项卡中的"基准"单击"影响范围"工具,会打开"影响基准范围"对话框,见图 4.16,勾选需要传递到的楼层平面视图后单击确定,就可以把在 F1 楼层平面视图中"1/D"的状态传递到相应楼层平面视图中。切换到相应楼层平面视图,可以查看"影响范围"操作的结果。

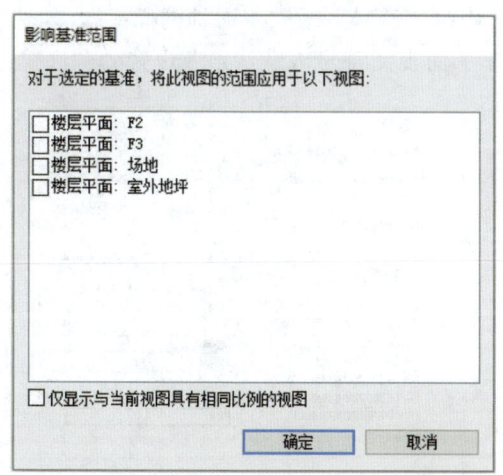

图 4.16 设置影响基准范围

到此,一个常规的建筑轴网就绘制完成了。

在这里,顺便讲解一下 Revit 多段线轴网创建的方法。依次单击"建筑—轴网—多段",可以进入"修改|编辑草图"模式,在这个模式中我们可以根据自己的需要来绘制草图,绘制完成后单击"√",就可以形成带折弯的轴线,如图 4.17 所示。选择采用"多段"方式创建的轴网,可以随时用"编辑草图"的方式回到草图中对轴网做进一步的编辑。

需要注意的是,在绘制折弯轴网的时候,每次只能绘制一条首尾相连的草图线,否则会出现错误报告,见图 4.18。

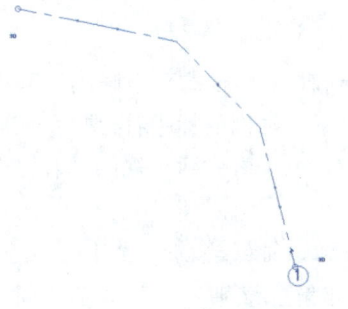

图 4.17 绘制弯折轴线

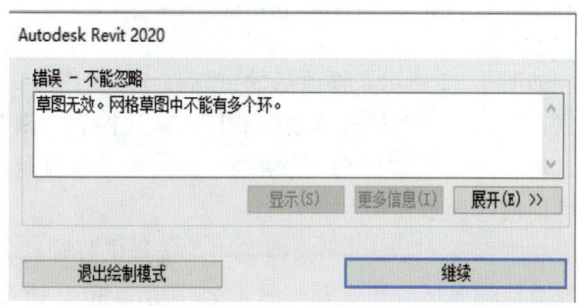

图 4.18 错误报告

43

4.4 修改轴网对象

接下来,讲解如何编辑和修改轴网的形式。打开配套资源中的"配套资源\RVT\4.2标高轴网练习.rvt"项目,默认将会打开"南"立面视图,如图4.19所示。"南"立面视图中除了标高之外还有绘制好的轴网,轴头位于标高的上方。切换到"标高1"楼层平面视图,如图4.20所示,①、②、③轴线的轴头位于轴网的下方,A、B轴线的轴头位于轴网的左侧。

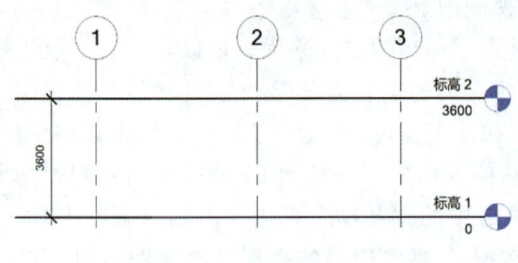

图4.19 "南"立面视图

与标高类似,可以对轴网进行设置,包括对轴头、线型等做相应的调整。想要调整轴网的标头,必须将所使用到的标头族载入项目中。单击"插入"选项卡中的"载入族",载入"双圈轴网标头.rfa"。选择任一轴线,打开"类型属性"对话框,如图4.21所示,修改"符号"为"双圈轴网标头",勾选"平面视图轴号端点1(默认)"的标头符号,"非平面视图符号(默认)"设置为"底"。

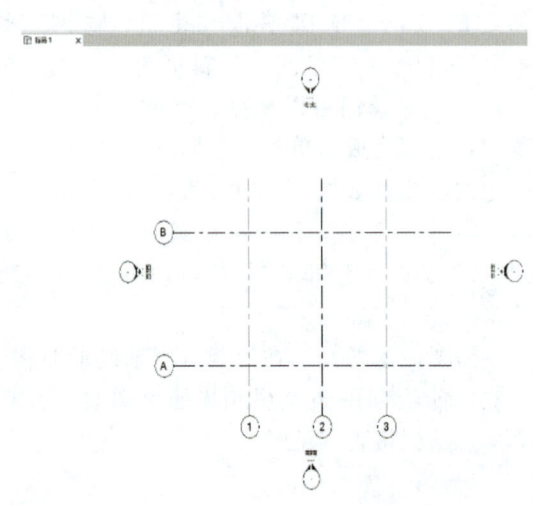

图4.20 "标高1"楼层平面视图

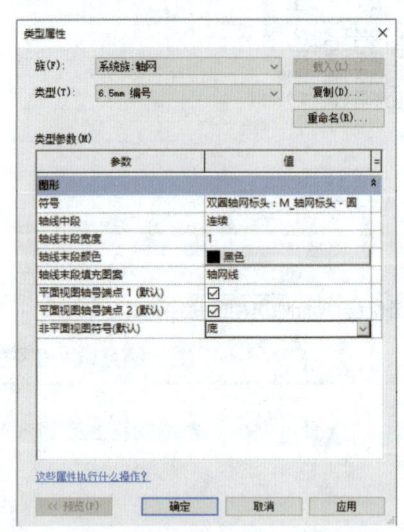

图4.21 设置轴网类型

如图4.22所示,修改后的"标高1"视图中,可以看到轴网的形式已经修改为双圈模式,轴网的两侧均显示轴网的标头;切换到"南"立面视图,轴网的标头符号显示在底部。将"标高1""标高2"楼层平面视图平铺显示在窗口中,可以看到两个视图具有完全一样的轴网显示方式。

在"标高1"楼层平面视图中,选择①号轴线,可以看到该轴线当前为"3D"状态,并与其他轴线标头锁定,如图4.23所示。单击锁头的图标,解除该轴线与其他轴线间的锁定状态,通过拖拽标头位置的方式可以修改轴线的长度。松开鼠标左键,可以看到在

4.4 修改轴网对象

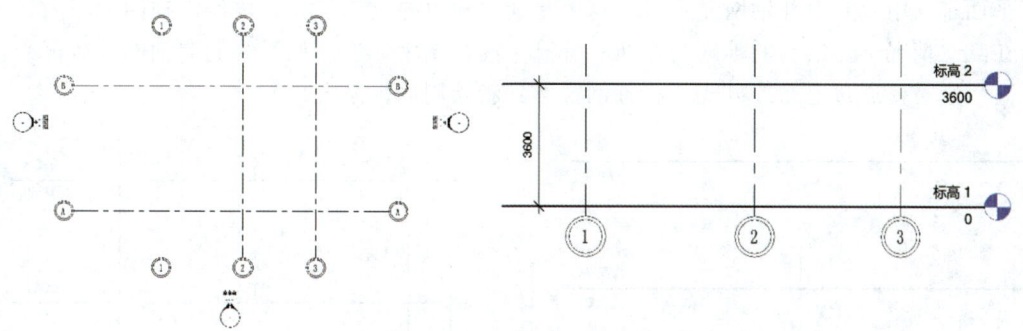

图 4.22 修改后的轴网

"3D"状态下,两个平面视图中的轴线长度是联动的,见图 4.24。这是因为,在"3D"状态下对轴网的修改,会影响轴网在所有视图中的实际投影。

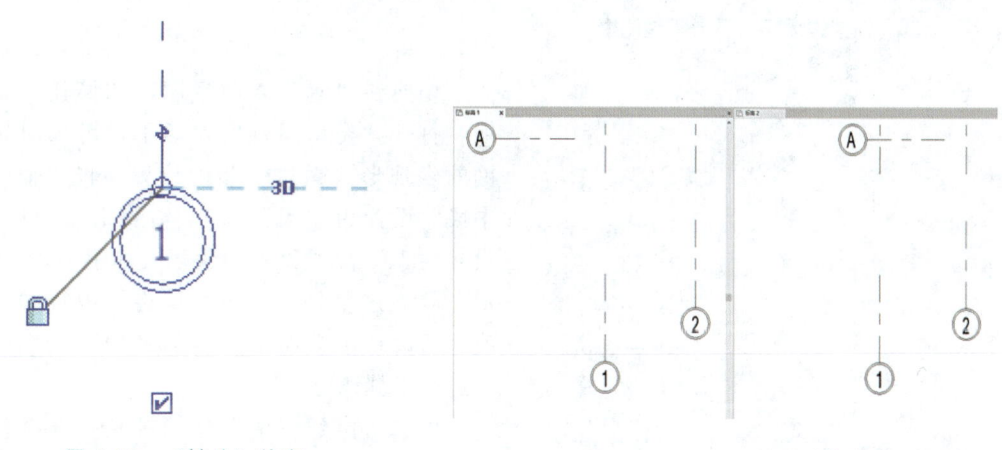

图 4.23 "轴头"状态　　　　图 4.24 "3D"的联动效果

选择"标高 1"中的 A 轴线,单击"3D"图标,将其切换为"2D"模式,同样通过拖拽标头位置的方式可以修改轴线的长度。可以看到,"标高 2"中 A 轴线的实际长度并没有同步修改。这是因为,在"2D"模式修改轴网的长度是修改了轴网在当前视图中的投影长度,并没有影响轴网的实际长度。如果需要将"2D"模式下修改的轴网的长度影响到其他视图,需要保持该轴网处于选定状态,使用"影响范围"工具在"影响基准范围"对话框中选择相应的视图。如果需要将修改后的二维视图投影修改为实际的三维长度,可以单击鼠标右键,选择"重设为三维范围"选项。需要强调的是,二维状态下的修改只影响当前的二维视图,不会影响到其他视图。

切换到"南"立面视图,使用"建筑—标高"工具,勾选"创建平面视图",在"标高 2"上方的任意位置创建"标高 3"。如图 4.25 所示,轴网并未与"标高 3"相交。双击"标高 3"的标头符号,可以快速切换到"标高 3"楼层平面视图中。可以看到,该视图中并未生成任何轴网。这是因为,轴网的高度没有与"标高 3"相交。如图 4.26 所示,拖拽轴网长度,使其与"标高 3"相交,则"标高 3"楼层平面视图中就有数字标号的轴网显示了。切换到"东"立面视图,同样拖拽使轴网与"标高 3"相交,则"标高 3"楼

45

层平面视图中就有全部轴网显示了。这就是通常建议先绘制标高,再绘制轴网的原因。因为在默认情况下,绘制的轴网会在所有标高平面视图中显示。如果绘制完轴网以后再绘制标高,则需要通过上面的方式,将轴网投影到新绘制的标高上。

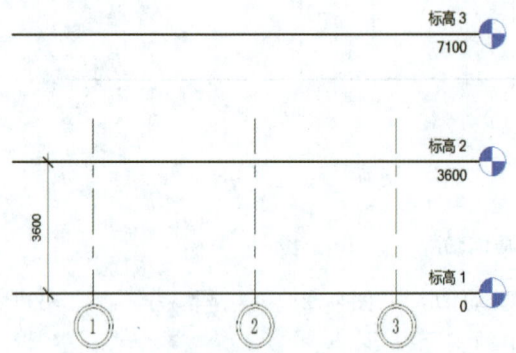

图 4.25 先创建标高,后创建轴网

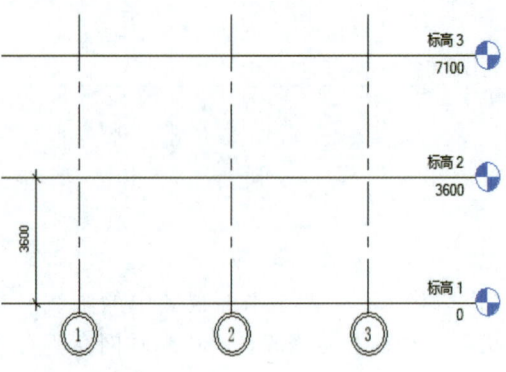

图 4.26 拖拽轴网

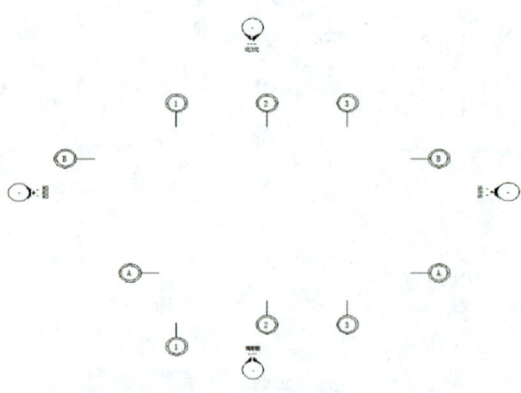

图 4.27 修改轴网类型

切换到"南"立面视图,选择任一轴线,打开"类型属性"对话框,可以对轴网的表现形式做进一步的设置。将"轴网中段"设置为"无",将"轴线末段长度"设置为 10,则轴网的表现形式如图 4.27 所示。因为这里是对"类型属性"进行的修改,所以每个视图中轴网的表现形式均同步进行了修改。

再次切换到"南"立面视图,选择任一轴线,会出现操作夹点,如图 4.28 所示,通过拖拽夹点控制轴线的显示。如将夹点拖拽到与轴网端点重合的位置,则部分轴线就在视图中隐藏了,如图 4.29 所示。

到这里,关于标高和轴网的基本操作就完成了。接下来,将开始模型实体的创建。

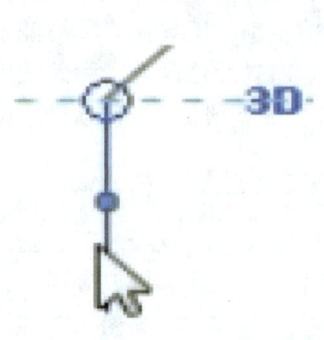

图 4.28 拖拽夹点

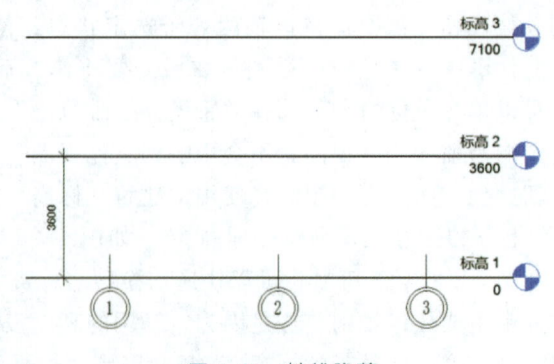

图 4.29 轴线隐藏

第 5 章 墙 体

创建完成标高和轴网之后,可以继续为项目创建墙体。

5.1 绘制食堂外墙

首先打开 4.3 节创建的标高和轴网,切换到 F1 楼层平面视图,创建食堂外墙。在创建食堂外墙之前,必须先对其类型进行定义。使用"建筑—墙"工具,在下拉列表中选择"墙-建筑",系统会进入"修改|放置 墙"上下文关联选项卡。单击属性面板中"类型选择器",可以看到当前可用的墙类型(这些类型的显示取决于项目样板的设置)。选择"基本墙-砖墙 240mm",以其为基础进行墙的类型编辑。单击"编辑类型"打开"类型属性"对话框,见图 5.1。"基本墙"族属于系统族,打开族列表可以看到 Revit 提供了三种不同类型的墙:叠层墙、基本墙和幕墙。单击"复制"按钮,并将该副本的名称设置为"综合楼-F1-240mm-外墙"创建一个新的墙类型,然后如图 5.2 所示,定义其基本构造。设置墙的功能为"外部",单击结构后面的"编辑"按钮,弹出"编辑部件"对话框,见图 5.3,在这个对话框中可以对墙的构造和厚度进行设置。点击对话框中部的"插入"按钮,插入两个新的构造层。注意,在"层"框架中,上部代表墙的外侧,下部代表墙的内侧。

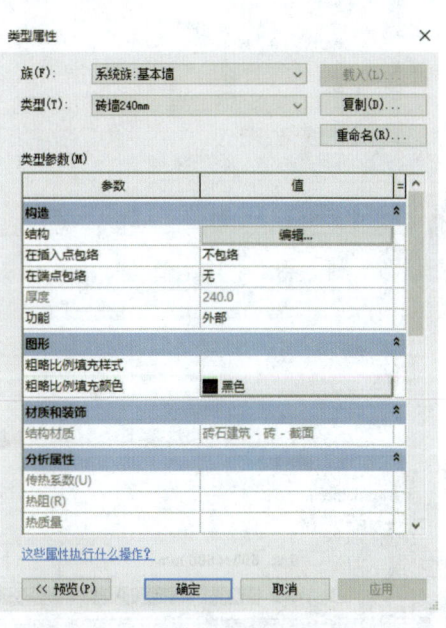

图 5.1 墙体"类型属性"对话框

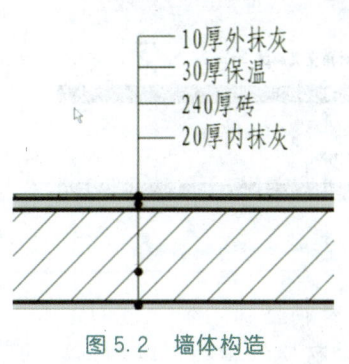

图 5.2 墙体构造

选择"核心边界"下方的第一层,点击"向上"按钮,将其移动到墙的最外层,修改其功能为"面层 1 [4]"、厚度为 10;单击材质的"浏览"按钮,弹出"材质浏览器"对话框,输入"粉刷"搜索,在"粉刷-茶色,纹纹"上右键单击选择"复制",并将该副本重命名为"综合楼-F1-外墙粉刷",结果如图 5.4 所示。

如图 5.5 所示,在"图形"选项卡中,可以编辑其在"着色"模式下的外观以及表面填充图案和截面填充图案,修改其"着色"属性为"RGB 128 64 64";表面填充图案有

47

两种类型，选择"绘图"类型，则图案会跟随视图比例的变化而自动调整，"模型"类型则截面填充图案大小为固定尺寸。这里选择"模型类型"将其填充图案修改为"600×600mm"；截面填充图案选择"绘图类型"将其填充图案修改为"沙-密实"。"外观"设置参数，主要影响渲染时的外部表现，此处暂不作调整。

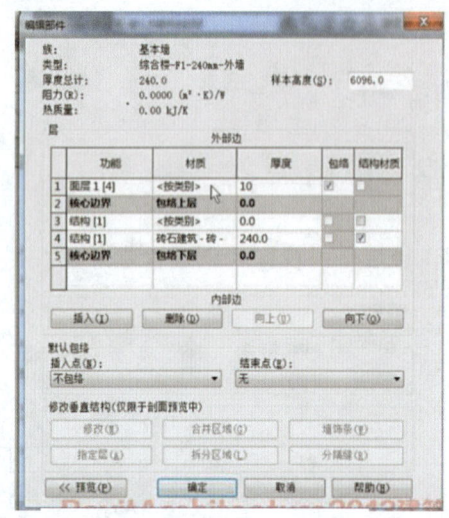

图 5.3　设置墙体类型

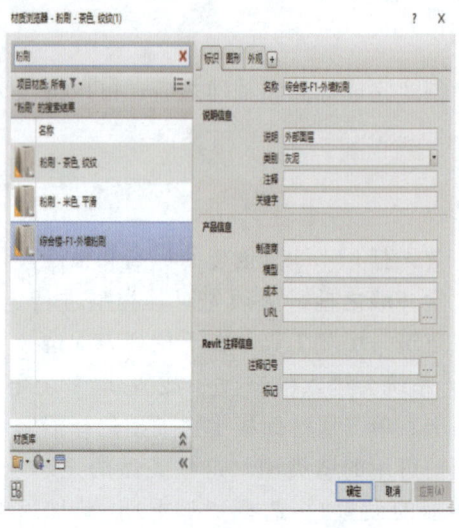

图 5.4　设置墙体材质

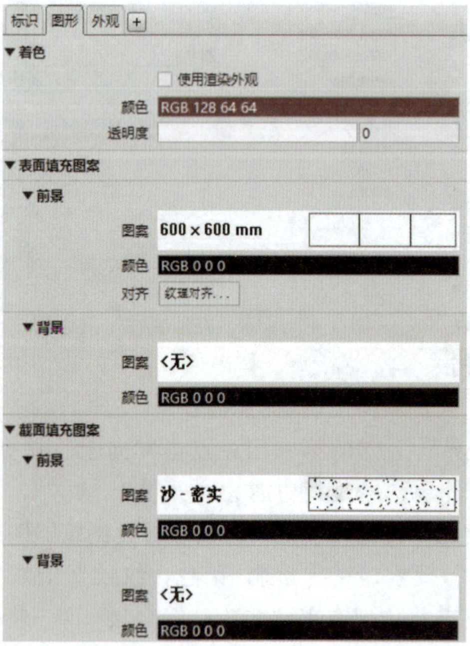

图 5.5　设置"面层1"外观

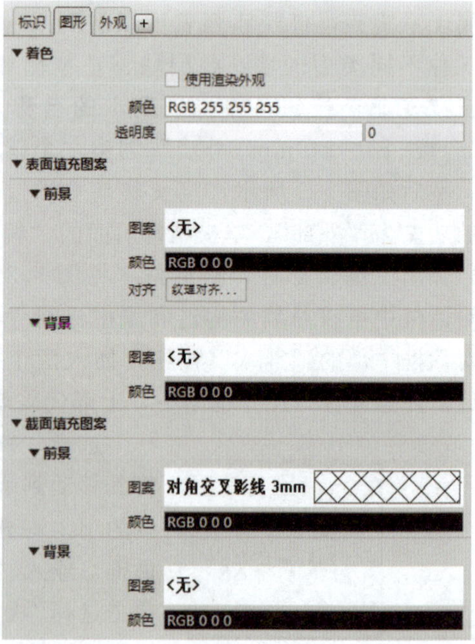

图 5.6　设置"衬底"外观

类似地，选择第三行的结构构造层，点击"向上按钮"，将其移动到第二行的位置。将其"功能"修改为"衬底［2］"，"厚度"修改为30；启动材质编辑器，以刚创建的

5.1 绘制食堂外墙

"综合楼-F1-外墙粉刷"为基础，复制创建"综合楼-F1-外墙衬底"材质，如图5.6所示，设置"图形"选项卡中的参数。点击"确定"后，将该材质赋予"衬底[2]"。

在墙的最内侧插入厚度为20的"面层2[5]"的功能层，以"综合楼-F1-外墙粉刷"为基础，复制创建"综合楼-F1-内墙粉刷"材质，图形参数设置如图5.7所示，并将其赋予"面层2[5]"。

到这里，我们就完成了"综合楼-F1-240mm-外墙"的类型创建，墙体的总厚度为300mm，各层的位置关系和主要参数如图5.8所示。

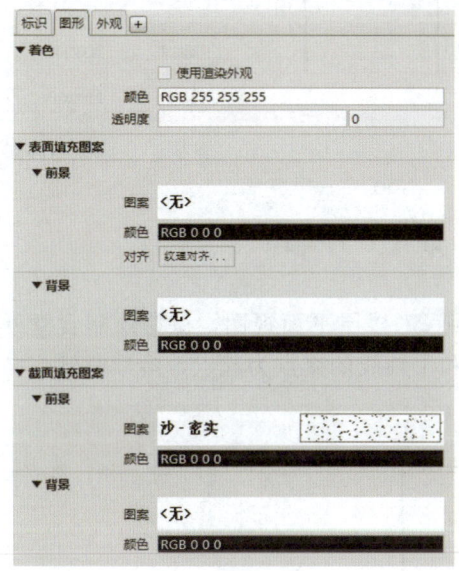

图5.7 设置"面层2"外观　　　　图5.8 墙体类型参数

接下来就可以绘制墙体了。在"修改｜放置 墙"上下文选项卡中，选择墙的绘制方式为直线，如图5.9所示设置选项栏参数：放置方式修改为"高度 F2"，墙的定位线设置为"墙中心线"，勾选"链"，设置"偏移量"为0.0。因为当前视图为F1，设置其高度为F2，则墙的高度为3.6m。

图5.9 墙体绘制选项栏

适当放大视图，选取"1/D"和①轴线的交点作为绘制墙的起始位置，注意采用顺时针方向绘制。创建好的外墙，如图5.10所示。

接下来，对食堂外墙的高度进行修改。刚绘制完成的墙的高度为从F1到F2标高，移动鼠标到墙的外边缘则该段墙会高亮显示，按下Tab键则与该段墙首尾相连的墙全部高亮显示，表明这些图元处于待选择状态，单击鼠标左键选定所有高亮显示的墙体。如图5.11所示，在属性窗口中，将"底部约束"条件修改为"室外地坪"、"顶部偏移"修改为2100.0，完成了对墙体高度的修改。切换到F2楼层平面视图，创建的这段墙体能够清

49

晰显示。保存文件为"5.1 绘制食堂外墙.rvt"。

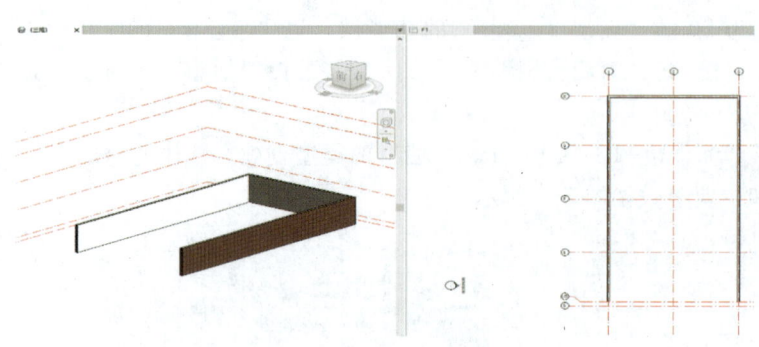

图 5.10　食堂外墙绘制

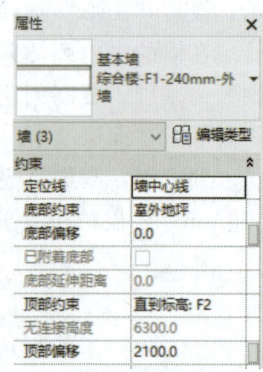

图 5.11　修改墙体高度

5.2　绘制办公部分 F1 外墙

接下来，绘制办公楼部分 F1 的墙体。切换到 F1 楼层平面视图，保持绘制食堂外墙的参数不变，修改"偏移量"为 400。以 B 轴线和①轴线的交点为起点，沿顺时针方向绘制墙体，见图 5.12。

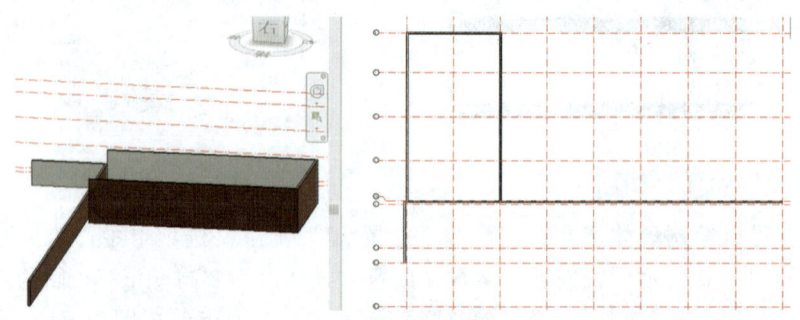

图 5.12　绘制办公楼墙体

Revit 中，按两次 Esc 键可以退出当前绘制命令，按 Enter 键可以重复执行上一次的绘制命令。设置"偏移量"为 0，从⑨轴线与 A 轴线的交点开始，往上绘制墙体，至刚绘制完的墙体端点。见图 5.13，在三维视图中，可以看到沿⑨轴线绘制的墙体，方向被反转。

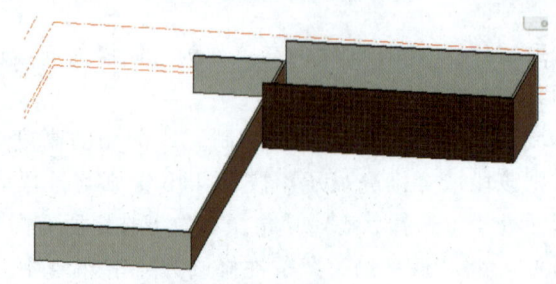

图 5.13　墙体绘制被反转

5.2 绘制办公部分 F1 外墙

如图 5.14 所示，在 F1 楼层平面视图上，选中该段墙体，点击"⇆"可以修改墙的方向，该符号所在的位置代表墙的外侧。在三维视图中，可以很清晰地看到墙体的方向被修改正确了。选中墙体后，按空格键，也可以实现墙体方向的反转。

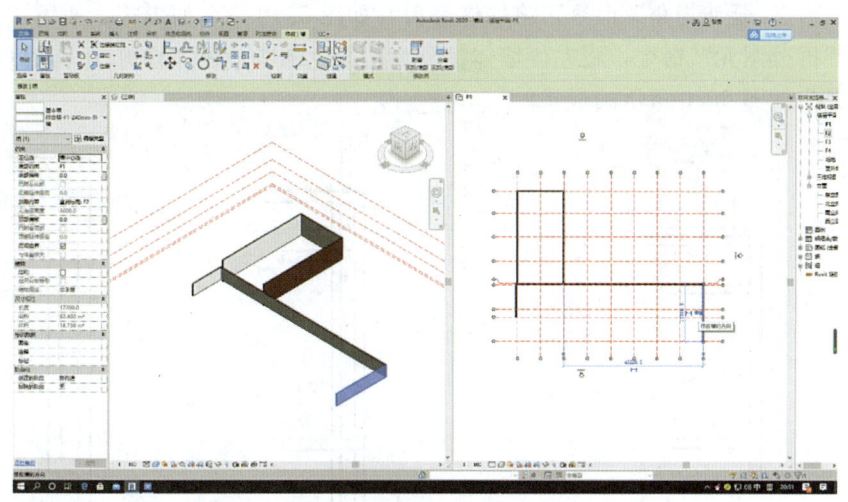

图 5.14　墙体方向反转

切换回 F1 楼层平面视图，确认"偏移量"为 0，从⑨轴线与 A 轴线的交点开始向左绘制墙体至④轴线与 A 轴线的交点，完成该段墙体的绘制。刚才输入的"偏移量"为 0，但正确的位置应该是向外偏移 400。可以使用偏移工具，完成对该段墙体的修改。切换到"修改"选项卡，选择偏移工具，设置偏移方式为"数值"，设置偏移值为 400，去掉"复制"按钮前的复选框，选择需要偏移的墙体和正确的偏移方向，实现墙体的偏移。请注意，使用该工具修改墙体后，原有墙体间的连接关系保持不变，见图 5.15。

接下来，对墙做进一步的修改。切换到"建筑"选项卡，在"工作平面"面板中，点击"参照平面"工具进入"修改｜放置 参照平面"选项卡，设置偏移量为 1300，捕捉到 D 轴线，在其下方 1300mm 绘制参照平面，采用同样的参数在 C 轴线上方绘制参考平面，结果如图 5.16 所示。参照平面是 Revit 中重要的定位工具，后续的绘制中会经常用到这一功能。在"修改｜放置 墙"上下文选项卡中，选择定位线为"面层面：外部"，偏移量设置为 0，绘制如图 5.17 所示的墙。

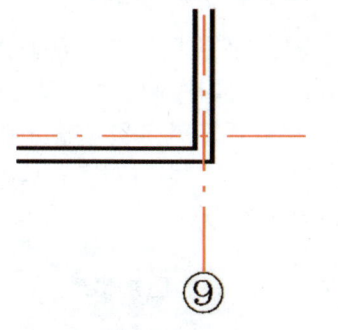

图 5.15　墙体连接

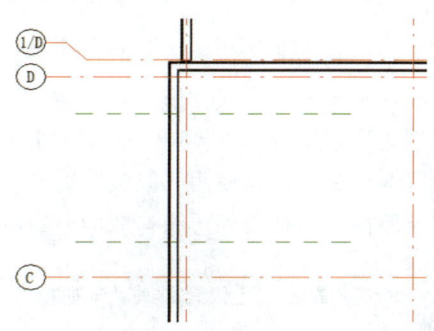

图 5.16　绘制墙体参照平面

下面，继续使用偏移工具对墙进行修改。点击"偏移"工具，设置偏移方式为"数值方式"，偏移值设置为 700，勾选"复制"选项卡。移动鼠标到左侧墙体，当偏移的方向在①轴线的右侧时，点击鼠标左键，复制生成如图 5.18 所示的两面墙。使用"修改"选项卡中的"修剪/延伸为角"命令，将墙体修剪为如图 5.19 所示的形式。使用"修改"选项卡中的"拆分图元"命令，将左侧墙体拆分为两段。继续使用"修剪/延伸为角"命令，将墙体修剪为如图 5.20 所示的形式。

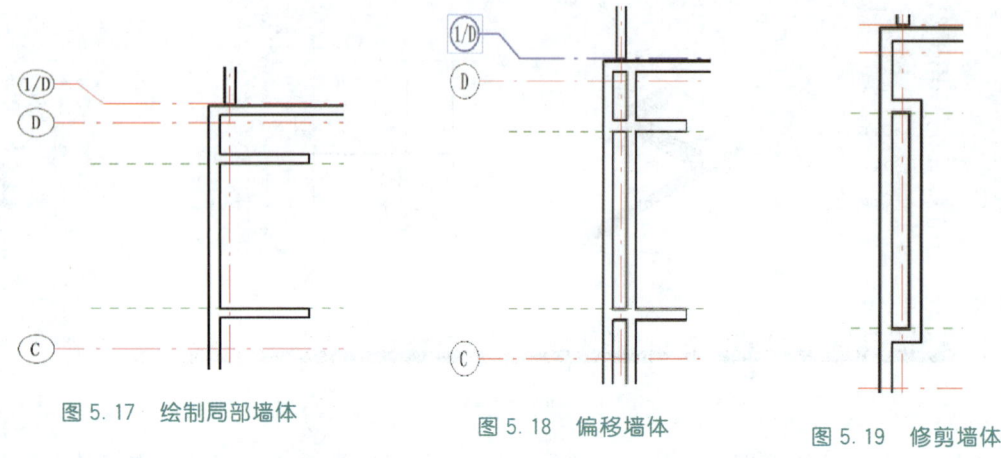

图 5.17　绘制局部墙体　　　　图 5.18　偏移墙体　　　　图 5.19　修剪墙体

切换到三维视图，可以查看墙体修剪的结果，见图 5.21。

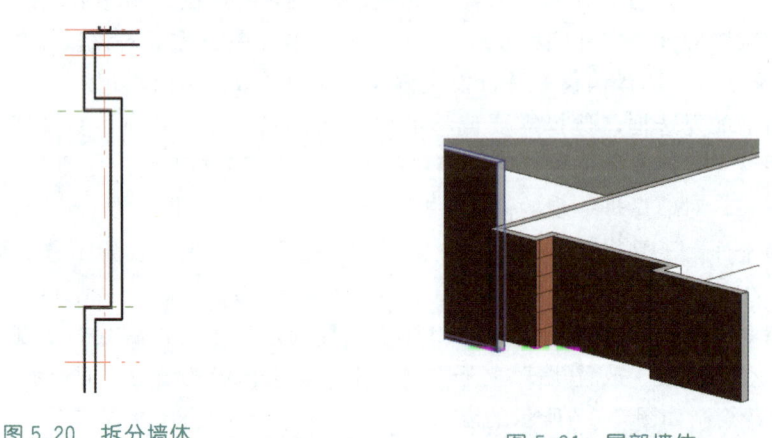

图 5.20　拆分墙体　　　　　　　　图 5.21　局部墙体

接下来，在刚才的位置放置两根建筑柱。切换回 F1 楼层平面视图，依次点击"建筑—柱—柱：建筑柱"进入"修改|放置 柱"上下文选项卡，在属性面板"类型选择器"中选取"矩形建筑柱 500×1000mm"，并在选项栏中设置参数，见图 5.22。首先在适当位置放置两根建筑柱，使用"修改"选项卡的"对齐"命令，勾选"多重对齐"选项，首选为参照墙面。将柱的外边缘与墙的外边缘对齐，结果如图 5.23 所示。

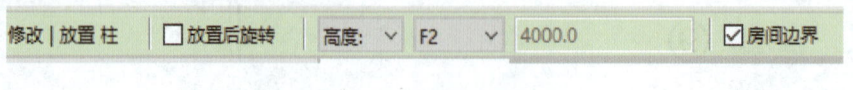

图 5.22　创建柱选项栏

5.2 绘制办公部分F1外墙

如图5.24所示,选择上方柱图元,调整临时尺寸标注的尺寸界线,调整柱的上边缘与上方参考平面的距离为1200。选择下方柱图元,调整临时尺寸标注的尺寸界线,调整柱的下边缘与下方参考平面的距离为1200。修改完成后的效果见图5.25。需要注意的是,Revit中建筑柱图元会自动采取与相交的墙体相同的材质,这是建筑柱的一个重要特性。

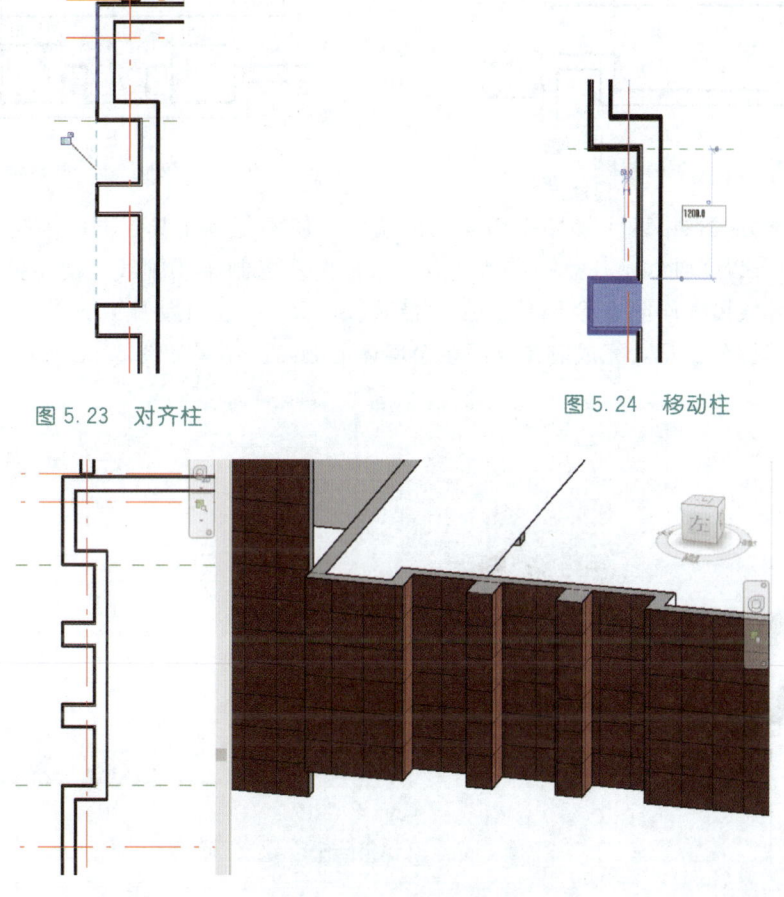

图5.23 对齐柱　　　　　　　　图5.24 移动柱

图5.25 局部墙体效果图

返回F1楼层平面视图,继续创建其他开间的墙体。使用参照平面工具,使用临时尺寸标注,分别在⑧轴线右侧、⑨轴线左侧1300的位置,创建两个参照平面。使用墙工具,定位线为"面层面:外部",偏移量为0,分别沿参考平面绘制两面墙,按空格键可以调整墙的方向,如图5.26所示。

使用偏移工具,采用数值方式,偏移值700,勾选"复制"选项,偏移方向为D轴线下方,单击创建墙体。使用修剪工具,对墙体进行修剪;使用拆分工具,对其进行拆分;再次使用修剪工具,对其进行修剪;结果如图5.27所示。

使用"柱:建筑柱"工具创建两根500mm×

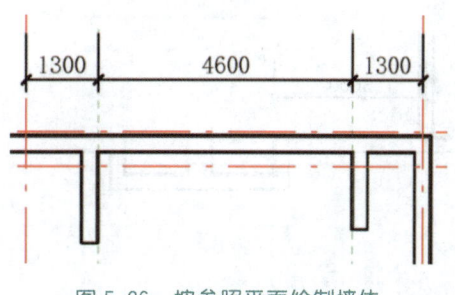

图5.26 按参照平面绘制墙体

53

1000mm 的建筑柱，创建过程中可以使用空格键调整建筑柱的方向。使用对齐工具，将建筑柱对齐到内侧表面墙边缘。通过临时尺寸标注，修改建筑柱的位置，距离两侧墙体边缘分别为 1200。结果如图 5.28 所示。这样就完成了一个开间的操作。

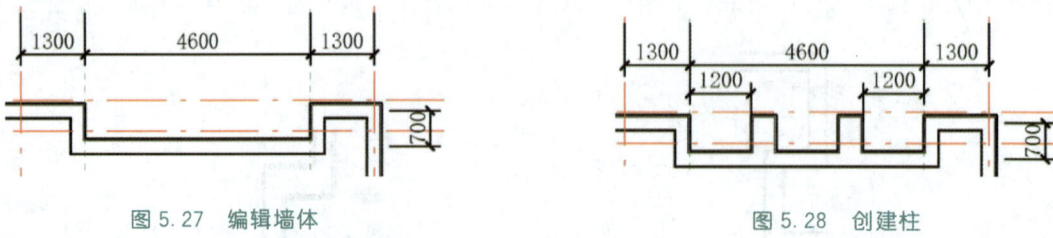

图 5.27　编辑墙体　　　　　　　　　　　　图 5.28　创建柱

用实线框方式选中两个参照平面之间的墙体，使用复制工具，同时勾选"约束"和"多个"选项，以⑨轴线上任意一点为基点，水平向左复制至④轴线。使用拆分工具，勾选"删除内部线段"删除多余墙体。在此模式下，Revit 会自动删除两次单击之间的图元。重复使用拆分工具，完成剩余开间多余墙体的删除。结果如图 5.29 所示。

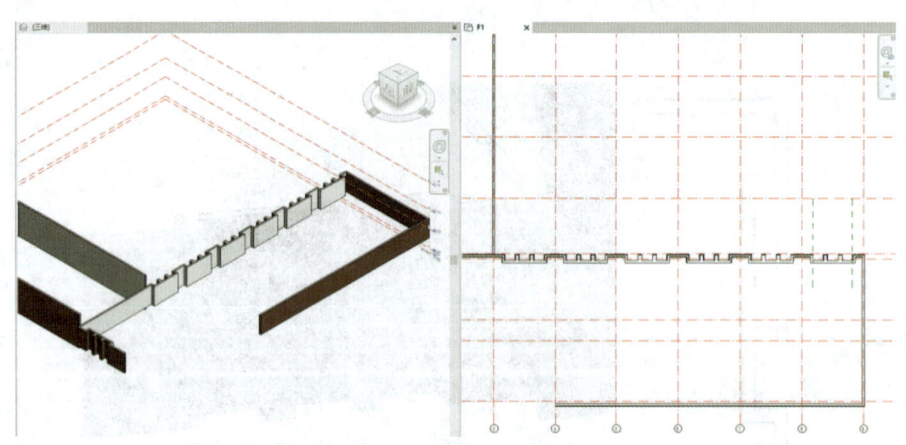

图 5.29　多开间墙体创建

接下来，修改④轴线左侧的开间。选择左侧的建筑柱，按 Delete 键删除。在③轴线右侧 3000 处创建参照平面，使用对齐工具将左侧墙体对齐至参照平面。修改后的结果如图 5.30 所示。

可以使用同样的方法，沿 A 轴线创建同样的墙体。也可以采用镜像的方式，将 D 轴线上的墙体，镜像到 A 轴线。首先需要确定镜像轴的位置，使用参照平面工具，在 B、C 轴线间绘制参照平面；选取参照平面，将其临时尺寸标注转化为永久尺寸标注；选取尺寸标注线，系统显示"EQ"图标，见图 5.31，点击该图标使参照平面位于定位线的二等分位置。使用框选方式选择需要镜像的墙体和建筑柱，按住 Ctrl 键可以将⑤轴线右侧其他开间的墙体和建筑柱添加到选择

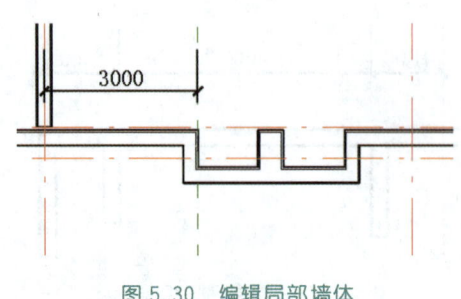

图 5.30　编辑局部墙体

5.2 绘制办公部分 F1 外墙

集,点击"镜像(拾取轴)",选择参照平面为镜像轴,完成墙体的镜像。使用拆分工具,将 A 轴线上的多余墙体删除。结果如图 5.32 所示。

这样就基本完成了办公部分 F1 层的外墙绘制。

切换回 F1 楼层平面视图,如图 5.33 所示,使用过滤器选取办公部分的所有墙体,在属性窗口中修改其"底部限制条件"为"室外地坪",将墙体底部延伸到室外地坪的高程。实际作业中,还可以配合使用"底部偏移"和"顶部偏移"对墙体做进一步的修改。本项目中,两个偏移值均设置为 0,不做修改。

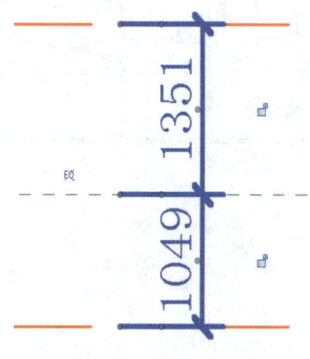

图 5.31 使用"EQ"

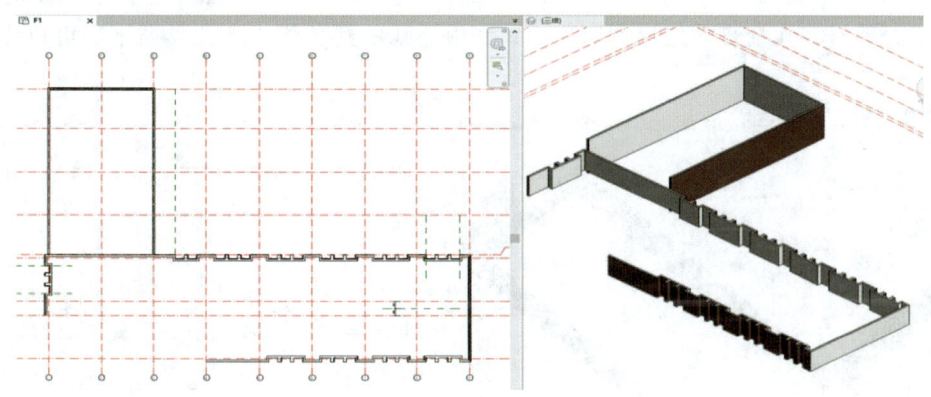

图 5.32 镜像墙体

如图 5.34 所示,选取任一建筑柱,单击右键,在弹出菜单中选择"选择全部实例—在整个项目中",可以选取项目中全部的建筑柱。属性窗口中,与墙体类似,同样可以修改建筑柱的底部标高、底部偏移、顶部标高、顶部偏移等参数,将其"底部标高"修改为"室外地坪"。分别在"室外地坪"楼层平面视图和三维视图中,可以看到已经把墙和建筑柱都延伸到室外地坪高程了。

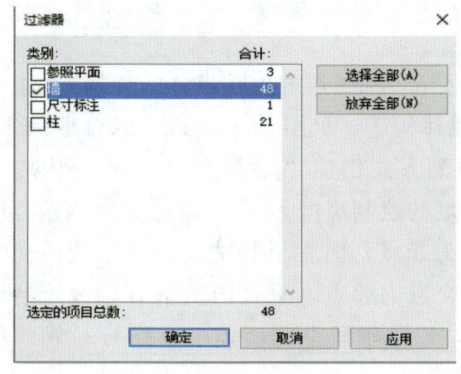

图 5.33 过滤墙体

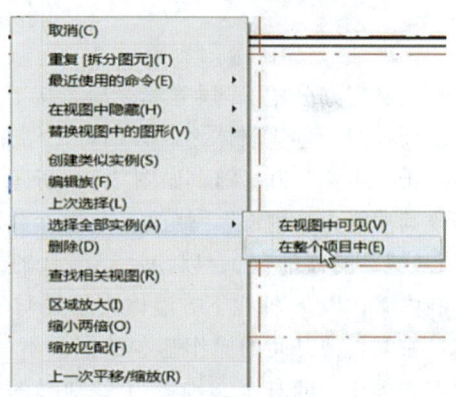

图 5.34 过滤柱

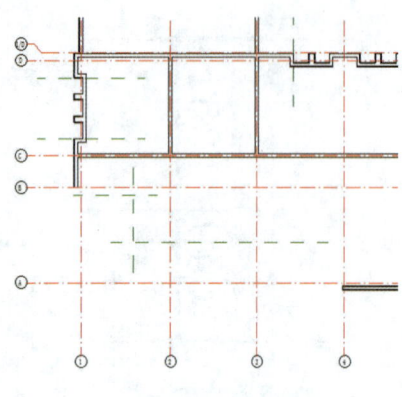

图 5.35 绘制参照平面

切换到"室外地坪"楼层平面视图,如图 5.35 所示,在 A 轴线上方 2700mm 绘制参照平面并将其命名为"A",在②轴线左侧 3000mm 绘制参照平面并将其命名为"B",在 B 轴线下方 600mm 的位置绘制参照平面并将其命名为"C",以方便区分和管理;使用"墙-建筑墙"工具,选取类型为"综合楼-F1-240mm-外墙",设置高度为 F1,定位线为"核心层中心线",以④轴线与原有墙的交点为起点绘制墙,依次捕捉④轴线与参照平面 A 的交点、参照平面 A 与参照平面 B 的交点、参照平面 B 与参照平面 C 的交点、参照平面 C 与原有墙中心线的交点绘制,结果如图 5.36 所示。注意:Revit 会自动捕捉参照平面、墙中心线的延长线,因此参照平面可以为任意长度。

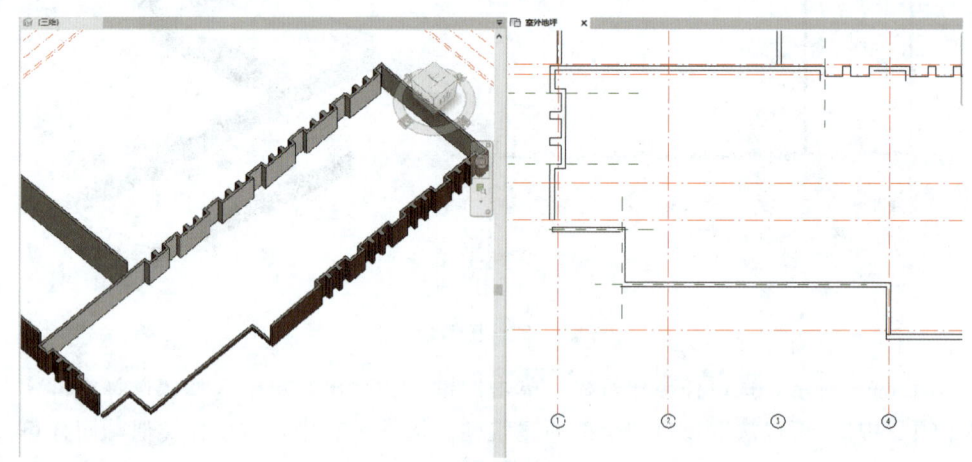

图 5.36 绘制幕墙基础

5.3 绘制办公部分 F1 层内墙

绘制完办公楼 F1 层外墙之后,接下来绘制办公部分 F1 层的内部墙体。切换到 F1 楼层平面视图,创建墙体之前必须首先创建内墙的墙体构造,见图 5.37。以"综合楼-F1-240mm-外墙"为基础,如图 5.38 所示,采用复制方式创建"综合楼-240mm-内墙",修改其功能为"内部",修改其结构参数。设置内墙的绘制高度为 F2,定位线为"核心层中心线",偏移量为 0。以⑤轴线与 B 轴线的交点为起点,向右至⑨轴线与 B 轴线的交点绘制内墙;以 A 轴线下方墙体中心线与⑤轴线的交点为起点,垂直向上至 B 轴线绘制墙体,右侧其他开间的操作基本类似,不一一赘述;以①轴线左侧墙体中心线与 C 轴线的交点为起点,向右至⑨轴线与 C 轴线的交点绘制墙体;分别以②、③、⑤、⑥、⑦、⑧轴线与 C 轴线的交点为起点,垂直向上至上侧墙体绘制内墙。

5.3 绘制办公部分 F1 层内墙

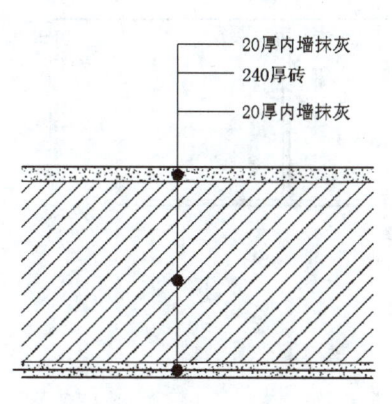

图 5.37 内墙构造

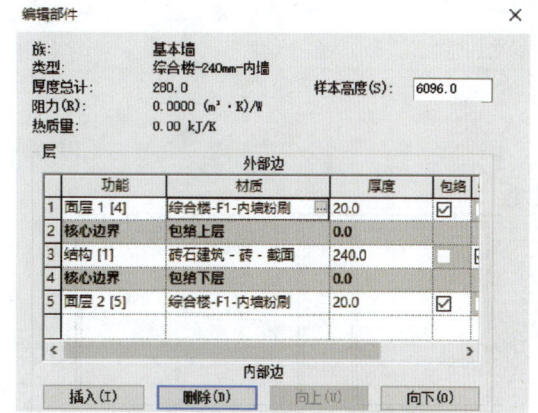

图 5.38 内墙类型参数

接下来,将对⑧、⑨轴线之间、C 轴线上方的开间进行细分。使用参照平面工具,在⑨轴线左侧 2300mm 处绘制参考平面并命名为"D",在 D 参照平面左侧 2100mm 处绘制参考平面并命名为"E",在 C 轴线上方 3600mm 处绘制参考平面并命名为"F";以 C 轴线与 E 参照平面的交点为起点,沿 E 参照平面向上至 D 轴线下方墙体绘制墙体;以 F 参照平面与 E 参照平面的交点为起点,沿 F 参照平面至⑨轴线绘制墙体;以 C 轴线与 D 参照平面的交点为起点,垂直向上至上方墙体绘制墙体。结果如图 5.39 所示。使用"修改"选项卡中的"拆分""修剪"工具,对 C 轴线上 D、E 参照平面间的墙体进行编辑剪切。该开间内部墙体的细分结果如图 5.40 所示。

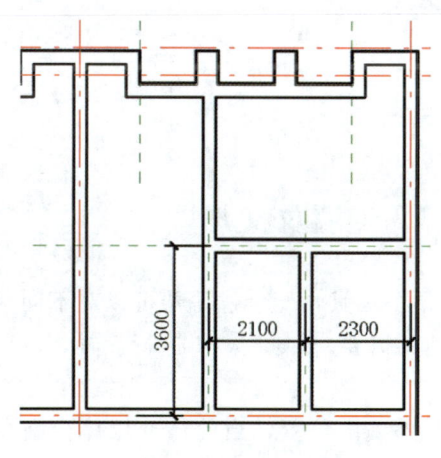

图 5.39 绘制卫生间墙体

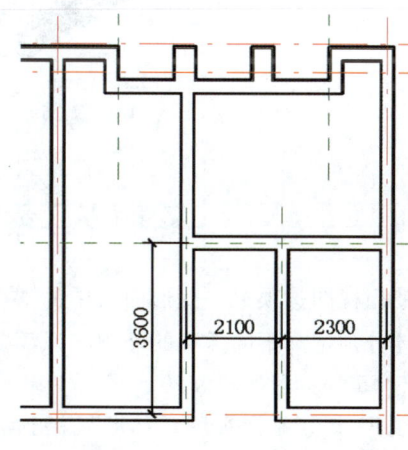

图 5.40 墙体细化

在④轴线左侧,绘制从 C 轴线到上方墙体的垂直墙体;使用对齐工具,不勾选"多重选择",首选"参照墙面",使得新绘制墙体的西侧与拐角的内侧墙面对齐。使用"拆分"工具,将 C 轴线上新绘制墙体与③轴线间的墙体删除,结果如图 5.41 所示。

如图 5.42 所示,使用"修剪/延伸"工具,将③轴线上的内墙延伸至 A 参照平面。
在三维视图中,查看绘制完成后的墙体,见图 5.43。

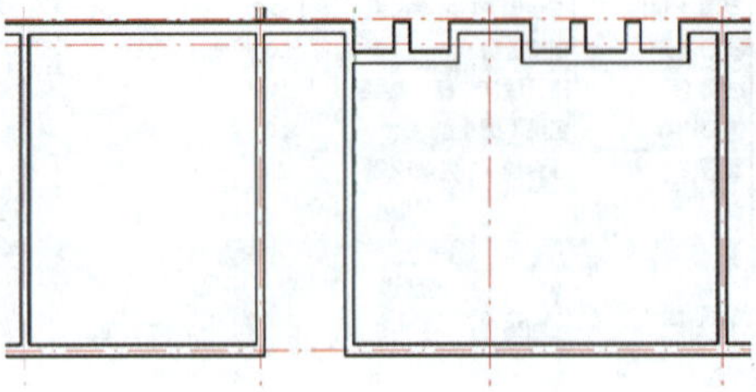

第5章 墙 体

图 5.41 局部内墙编辑 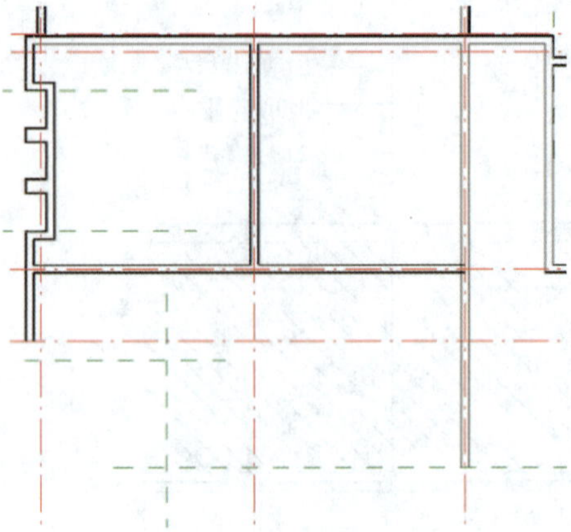　　　图 5.42 延伸内墙

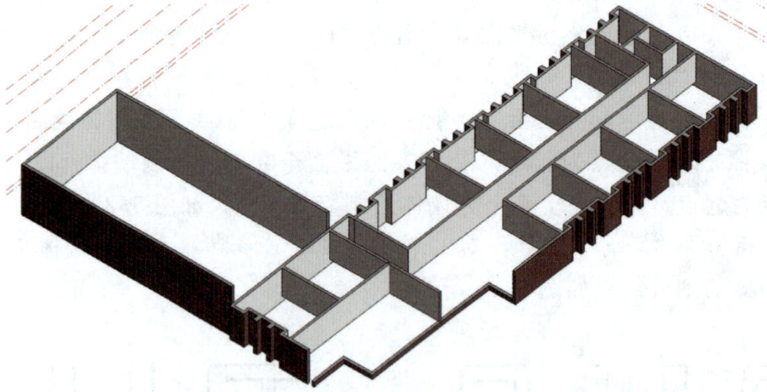

图 5.43 内墙绘制完毕

5.4 绘制办公部分 F2、F3 外墙及女儿墙

使用视图选项卡—图形面板中的"可见性/图形"工具，配合过滤器可以对不同类型的墙体分别定义不同类型的外观，以满足视图表达的需要。如图 5.44 进行设置，可得到如图 5.45 所示的视图效果。

在 F1 楼层平面视图，移动鼠标到办公楼任意外墙的位置，当前待选墙体会高亮显示，按 Tab 键则与其首尾相连的外墙均高亮显示，单击鼠标左键，选择全部外墙。在"修改｜墙"上下文选项卡中，将当前所选墙体复制到剪贴板；切换到 F2 楼层平面视图，在粘贴中选择"与选定的标高对齐"，在弹出的"标高选择"对话框中选择"F2"。屏幕右下角会弹出如图 5.46 所示的提示，这是因为绘制 F1 楼层平面视图中的墙体时将其延伸到了"室外地坪"，复制后导致 F1、F2 的部分墙体重合，此时应将 F2 楼层的墙体底部偏移"-600"更改为"0"。确保 F2 楼层的外部墙体处于选择状态，单击属性窗口中的"编辑类型"打开"类型属性"对话框，复制创建"综合楼-F2-F5-240mm-外墙"类

5.4 绘制办公部分 F2、F3 外墙及女儿墙

型。如图 5.47 所示,以"综合楼-F1-外墙粉刷"为模板复制创建"综合楼-F2-F5 外墙粉刷",将其着色颜色更改为"RGB 255 255 128"。将新材质赋予"综合楼-F2-F5-240mm-外墙"的构造层最外侧,见图 5.48。所有当前选择的墙体将统一修改为"综合楼-F2-F5-240mm-外墙"的墙体类型。在属性窗口中,将当前选择墙体的底部偏移修改为 0,将顶部约束修改为"直到标高:F4",单击"应用"完成 F2~F3 的墙体创建。切换到三维视图,查看复制效果,见图 5.49。

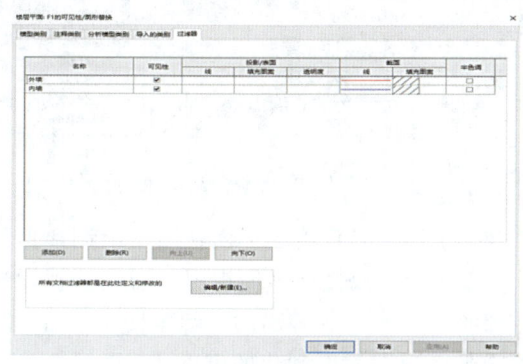

图 5.44 设置墙体可见性　　　　　　　　图 5.45 视图效果

接下来,将 F1 中的建筑柱复制到 F2 楼层中。切换到 F1 楼层平面视图,框选办公楼部分所有对象,通过过滤器选定"建筑柱",复制、粘贴到指定标高"F2"。切换 F2 楼层平面视图,单击选择任一建筑柱,如图 5.50 所示,在右

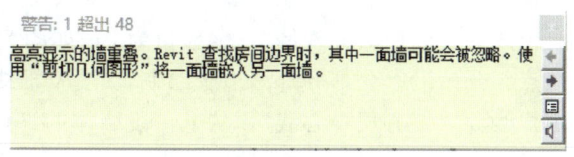

图 5.46 墙体重合提示

键菜单中选择"选择全部实例—在视图中可见",则所有在 F2 楼层可见的建筑柱全部被选定。修改底部偏移为 0,顶部标高修改为 F4。切换到三维视图,会发现经过修改的建筑柱已经与 F2 楼层以上的建筑外墙具有相同的材质,修改后的效果见图 5.51。

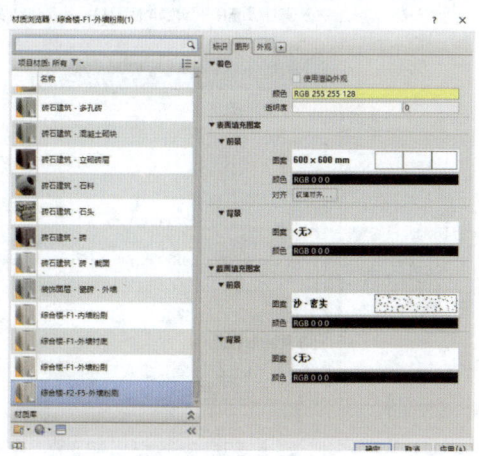　　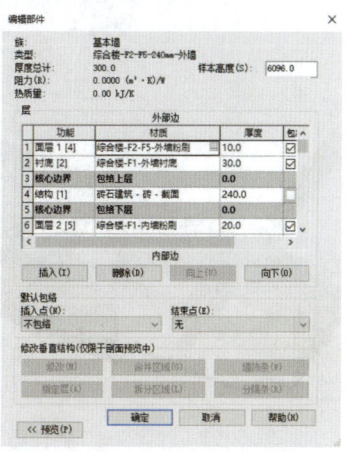

图 5.47 创建 2~5 层外墙粉刷层　　　　　图 5.48 2~5 层外墙参数

59

第5章 墙 体

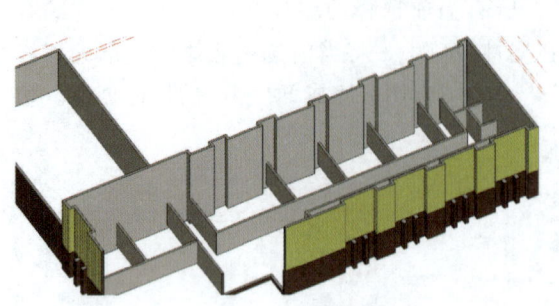

图 5.49 创建 2~3 层外墙效果图

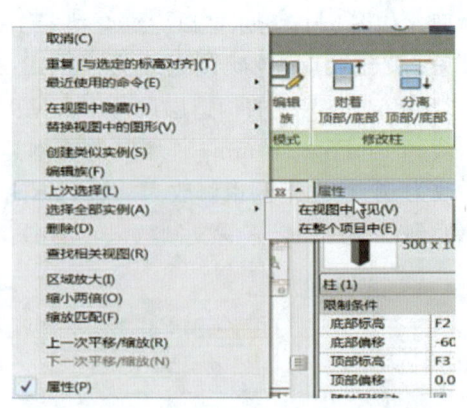

图 5.50 选择视图中的全部柱

接下来，绘制女儿墙。女儿墙需要在 F4（标高 10.800）楼层平面视图中绘制，但是因为创建 F4 标高时是采用复制方式绘制的，并未同步生成楼层平面视图。切换到视图选项卡，使用"创建"面板的"平面视图—楼层平面"工具，在弹出的"新建楼层平面"对话框中选择 F4、F5，见图 5.52，创建新的楼层平面视图。新创建的 F4、F5 楼层平面视图会自动添加到项目浏览器的楼层平面中，切换到 F4 楼层平面视图，选择墙工具，在属性窗口中修改所使用的墙类型为"综合楼-F2-F5-240mm-外墙"，设置墙的高度为 F5，定位线为"面层面：外部"，偏移量为 0；如图 5.53 所示，捕捉 B 轴线上最左侧墙体外侧端点，开始沿办公部分外墙边缘绘制，至 A 轴线与④轴线交点处的外墙端点结束。修改定位线为"核心层中心线"，从上一段墙体的终点开始沿参照平面绘制女儿墙。

如图 5.54 所示，在三维视图中，鼠标与 Ctrl 键配合选取刚绘制的最后一段墙体；在属性窗口中，修改其底部偏移为"-600"，结果如图 5.55 所示。

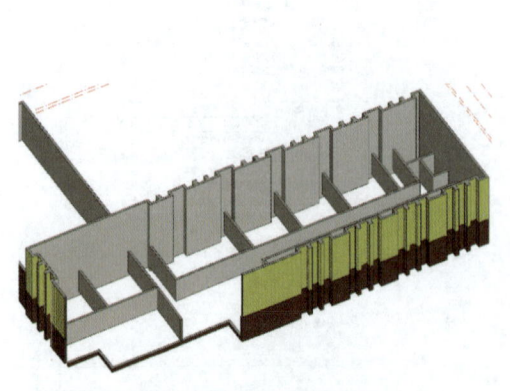

图 5.51 创建 2~3 层柱后效果图

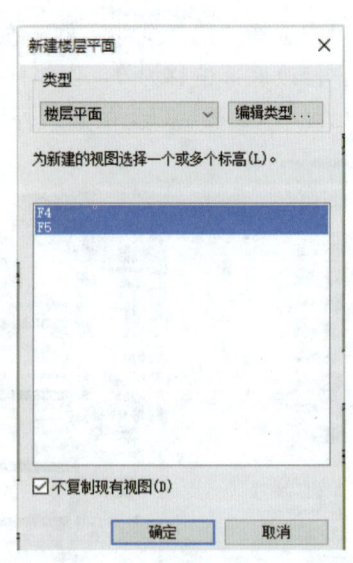

图 5.52 新建楼层平面

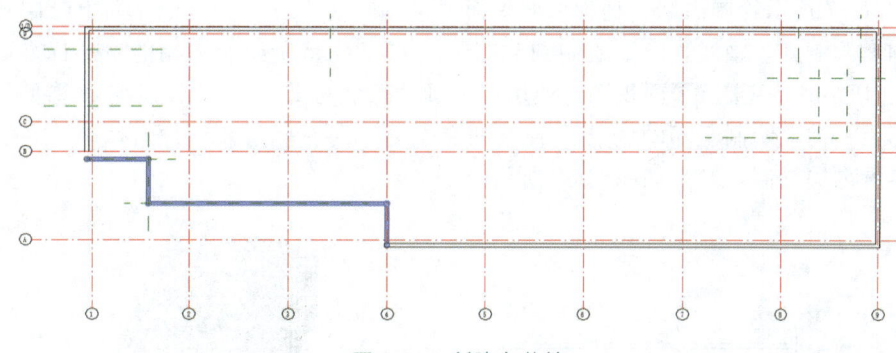

图 5.53 创建女儿墙

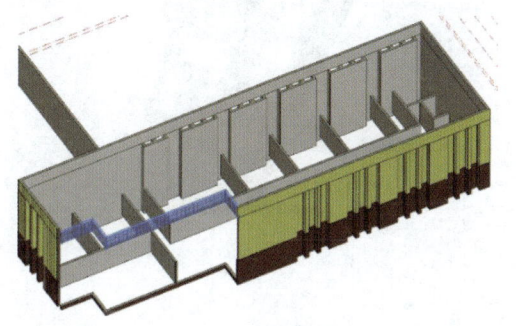

图 5.54 选取女儿墙

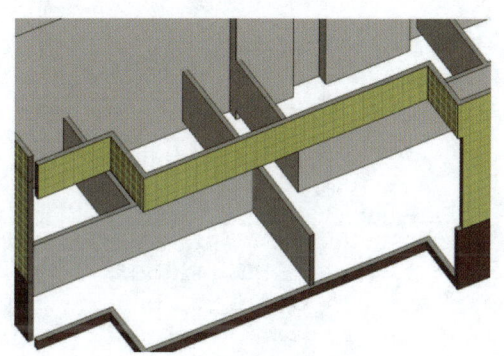

图 5.55 女儿墙效果图

至此，F2、F3 的外墙和女儿墙的绘制完成。

5.5 绘制办公部分 F2、F3 内墙

切换到 F1 楼层平面视图，选择如图 5.56 所示的内墙。在属性窗口中，修改顶部约束为"直到标高：F4"。切换到 F2 楼层平面视图，选择墙工具，确定墙的绘制方式为直线，修改墙的类型为"综合楼-240mm-内墙"，高度为 F3，定位线为"核心层中心线"，偏移量为 0。

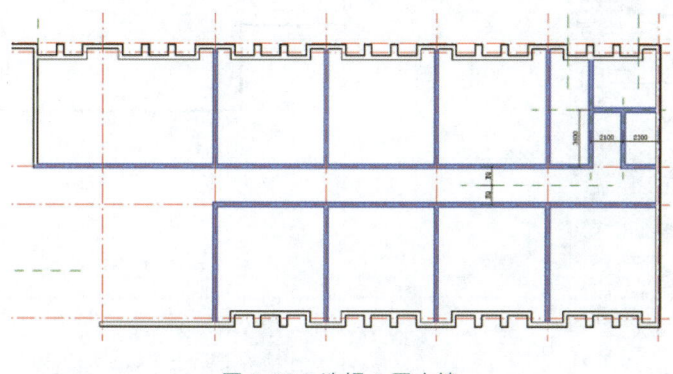

图 5.56 选择 1 层内墙

第 5 章　墙　体

如图 5.57 所示绘制内墙：捕捉参照平面"B"和"C"交点为起点，向上绘制到 B 轴线，再向右绘制到③轴线，向下绘制到参照平面"A"。将所绘制内墙的顶部标高调整到 F4 楼层。切换到 F3 楼层平面视图，使用墙工具，高度为 F4，以④轴线与 A 参照平面的交点为起点，向上绘制至④轴线与 B 轴线的交点后，向右侧绘制到原有墙体。在三维视图中，查看内墙绘制，结果如图 5.58 所示。

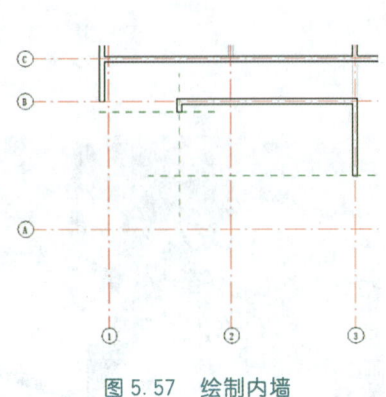

图 5.57　绘制内墙

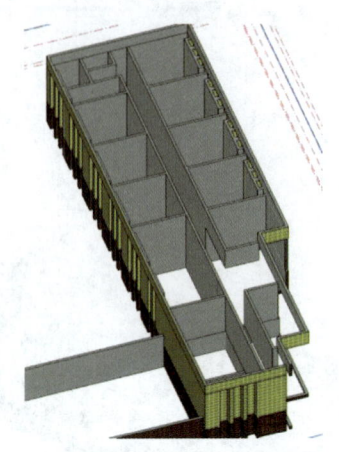

图 5.58　内墙效果图

5.6　添加办公楼部分幕墙

接下来为综合楼继续添加幕墙。在 Revit 中，幕墙是建筑墙的一种族，可以继续使用"建筑墙"工具绘制幕墙。切换到 F1 楼层平面视图，如图 5.59 所示编辑墙类型，采用复制方式创建"综合楼-外部幕墙"类型。确定幕墙高度为 F2，幕墙不可以设置定位线。如图 5.60 所示，以④轴线上任意一点为起点绘制幕墙。待所有墙体绘制完成后，再对幕墙进行精确定位。修改幕墙顶部约束为"直到标高：F4"，顶部偏移为"－600"。切换到三维视图，查看创建幕墙后的状态，见图 5.61。

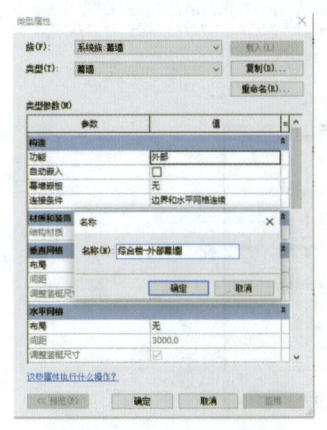

图 5.59　幕墙类型

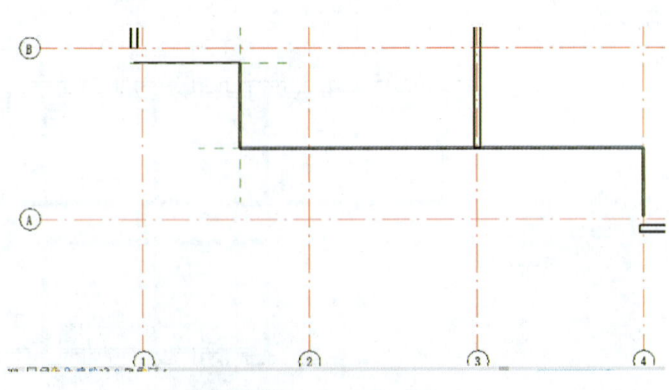

图 5.60　绘制幕墙

5.7 定义并绘制叠层墙

切换到 F1 楼层平面视图，在④轴线右侧、⑤轴线左侧 600mm 的位置各创建参照平面。选择建筑墙工具，使用复制方式创建新的幕墙类型"综合楼-入口处-幕墙"，勾选自动嵌入选项。绘制如图 5.62 所示的幕墙。选择新绘制的幕墙，修改幕墙的方向为外侧，使用对齐命令，首选项为"参照核心层中心线"，将幕墙中心线与原有墙体核心层中心线对齐。切换到三维视图，选择入口处幕墙，将其顶部约束设置为"直到标高：F4"，顶部偏移设置为"-600"，可以看到幕墙所经过的墙体均被自动删除，这就是幕墙"自动嵌入"选项的应用效果，见图 5.63。

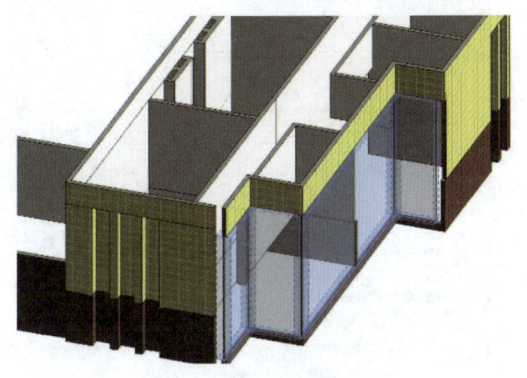

图 5.61 绘制幕墙效果图

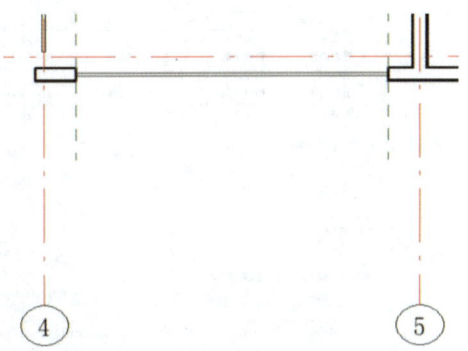

图 5.62 嵌入幕墙

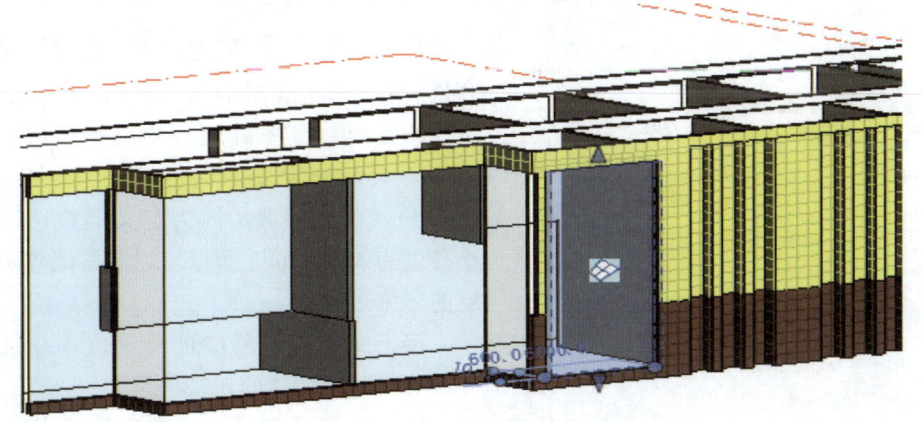

图 5.63 嵌入幕墙效果图

5.7 定义并绘制叠层墙

在建筑墙的命令中，Revit 除了提供基本墙和幕墙外，还提供了叠层墙族。使用叠层墙，可以在单一的对象中创建上下两层构造不同的墙图元。

前面的章节中，因为 F1 和 F2～F5 的外墙构造不同，所以使用了两种不同类型的基本墙进行绘制。接下来，对幕墙外部创建叠层装饰墙。

要创建叠层墙，首先必须创建基本墙的类型。使用墙工具，确认当前墙类型为"综合楼-F1-240mm-外墙",打开编辑类型对话框,复制创建"综合楼-F1-500mm-外墙",设置构造参数见图5.64。在类型属性对话框中,切换墙的类型为"综合楼-F2-F5-240mm-外墙",复制创建"综合楼-F2-F5-500mm-外墙",修改构造参数见图5.65。

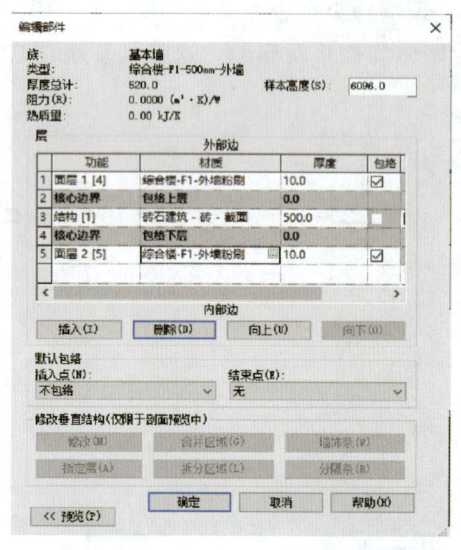

图5.64 设置F1外墙构造参数　　图5.65 设置F2~F5外墙构造参数

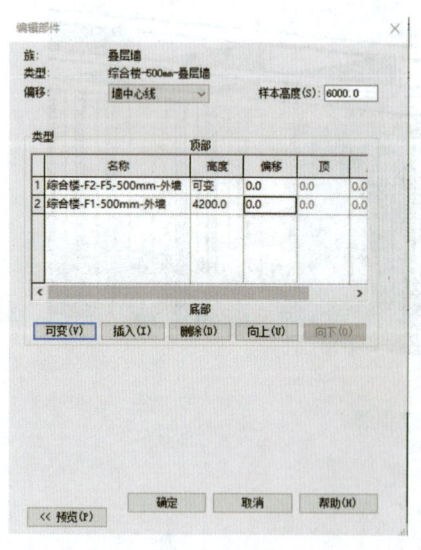

图5.66 设置叠层墙构造参数

切换当前族为"叠层墙",复制创建"综合楼-500mm-叠层墙",调整其构造参数见图5.66。切换到室外地坪楼层平面视图,使用墙工具,设置墙的高度为F5,绘制如图5.67所示的叠层墙。因为定义了叠层墙的最小高度为4200mm,所以可以观察墙体不同高度的三维效果。

接下来,对叠层墙进行定位,并且控制叠层墙与已有墙体的连接关系。

选择左侧的叠层墙,在右键菜单中选择"不允许连接"选项,见图5.68。再次选定刚设置的叠层墙,将显示不允许连接的符号,见图5.69。使用对齐工具,首选"参照墙面",将叠层墙的外表面与已有建筑外墙的外表面对齐。使用修剪/延伸工具,将叠层墙延伸到B轴线。再使用修剪/延伸工具,将幕墙修剪/延伸到叠层墙的内侧边缘。采用同样的方式,对A轴线下方的幕墙做相应处理,使叠层墙的外边缘与原有墙体外边缘对齐;将原有墙体的端点处设为"不允许连接",重叠部分的墙体自动裁剪。将垂直方向的墙体和切换到三维视图,查看叠层墙的绘制效果,如图5.70所示。

5.8 编辑叠层墙轮廓

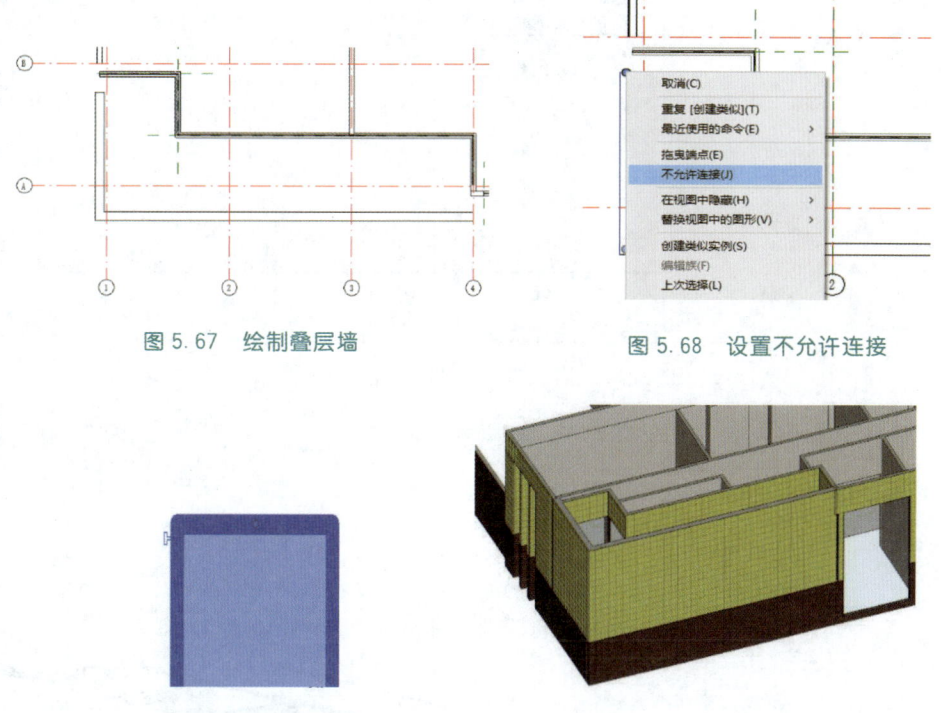

图 5.67 绘制叠层墙　　　　　图 5.68 设置不允许连接

图 5.69 不允许连接符号　　　　图 5.70 叠层墙效果图

5.8 编辑叠层墙轮廓

接下来,编辑叠层墙的立面轮廓。Revit中,可以使用"编辑立面轮廓"工具来编辑立面轮廓。切换到"南立面"视图,为了减少在编辑墙轮廓过程中的干扰,可以在视图中隐藏墙的表面填充图案,选择①~④轴线间的叠层墙图元,在右键菜单中选择"替换视图中的图形—按图元",弹出"视图专用图元图形"对话框,如图5.71所示,不勾选表面填充图案的"可见"选项。

请注意,本操作只对当前视图有效。继续选择叠层墙图元,在"修改|叠层墙"上下文选项对话框中,选择"编辑轮廓"绘制如图5.72所示的轮廓线,配合使用拆分图元和修剪为角命令,将轮廓线修剪为首尾相连,单击完成编辑模式按钮(√)以完成轮廓编辑。

切换到"西立面"视图,修改①轴线左侧叠层墙的轮廓。轮廓线位置关系如图5.73所示。切换到三维视图,可以看到修改之后的叠层墙效果,

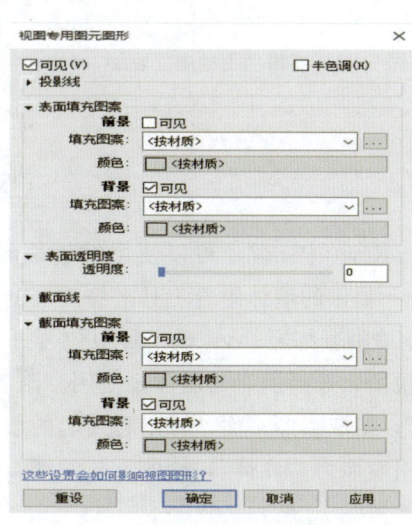

图 5.71 视图专用图元设置

第 5 章 墙　体

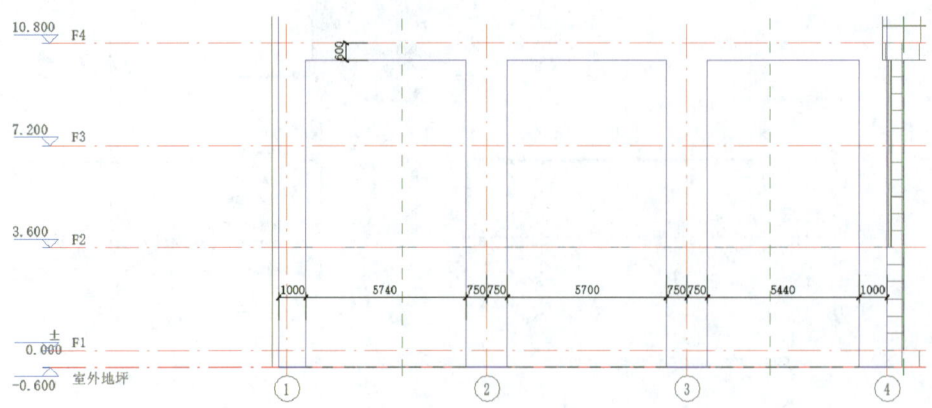

图 5.72　编辑南侧叠层墙轮廓

见图 5.74。

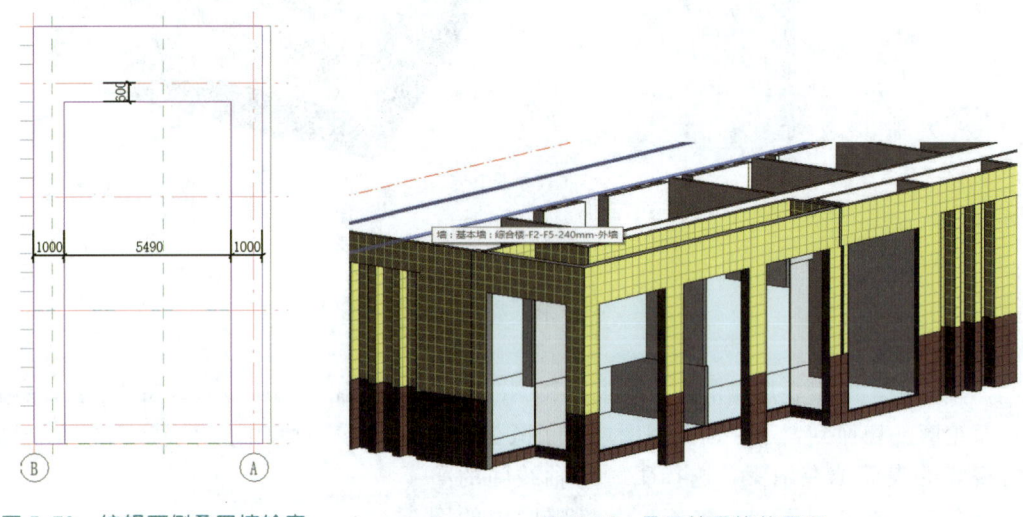

图 5.73　编辑西侧叠层墙轮廓　　　　图 5.74　叠层墙最终效果图

5.9　墙附着与分离

Revit 中，除了可以使用编辑墙轮廓的工具来修改墙的立面形状之外，还可以利用 Revit 提供的墙体附着工具来修改墙的立面形状。采用配套资源中的"配套资源\RVT\5.9 墙附着练习.rvt"，项目中包含一个异形的楼板、一个圆形的墙体。切换到"南"立面视图，选择所有的墙体，使用"附着顶部/底部"工具，在选项栏中选择附着墙为"顶部"，拾取参照平面，可以看到墙的顶部附着在了参照平面的下方；继续使用该工具，选择附着墙为"底部"，拾取下部的楼板，可以看到墙的底部附着在了楼板上。附着后的墙体如图 5.75 所示。

除了可以将墙的顶部和底部进行附着之外，还可以将其分离。选择墙体，使用"分离

5.10 创建复杂形式的墙

顶部/底部"工具，可以实现针对特定对象的分离或全部分离。

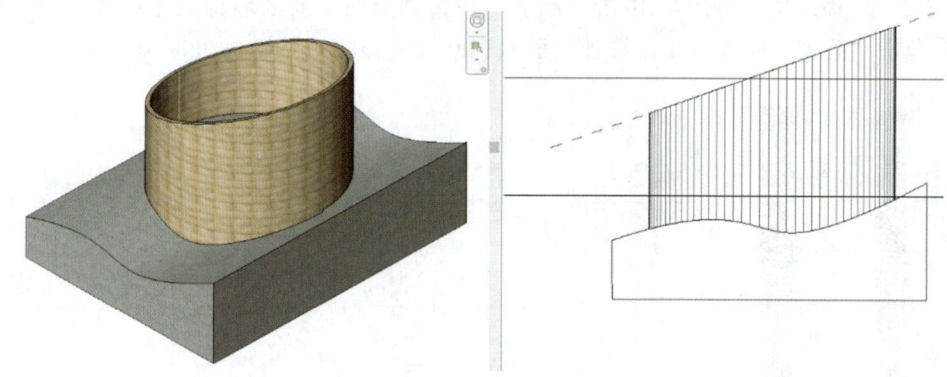

图 5.75 墙体附着

5.10 创建复杂形式的墙

Revit 中，除创建基本墙、幕墙、叠层墙外，还可以通过对基本墙类型属性的设置生成立面结构更为复杂的墙体类型，称为垂直复合结构墙。采用配套资源中的"配套资源\RVT\5.10 创建垂直复合墙.rvt"，在"视图"选项卡中"图形"面板上，激活"细线"命令；使用建筑墙工具，确认墙类型为"基本墙-垂直复合墙"，打开"类型属性"对话框进行"编辑部件"。首先点击窗口左下角的"预览"激活修改垂直结构功能，修改视图方向为"剖面"，如图 5.76 所示，设置类型属性。

使用左下角的"视图控制栏"可以对视图进行控制，单击"拆分区域"按钮可以将视图中的结构层进行拆分。如图 5.77 所示，在墙体外侧从底部开始 400 的位置进行拆分，在其上方分别按照 100、300、100、300、100、300、100 的间距完成后续 7 个区域的拆分，单击"修改"回到编辑模式；在层编辑列表中最上方插入一个新层，功能修改为"面层 2 [5]"，材质修改为"粉刷-红砖色"，保持当前层为选择状态，单击"指定层"按钮后拾取刚拆分完成的 100mm 宽的区域，这样就把新创建的材质指定到了 100mm 宽的面层上，结果如图 5.78 所示。

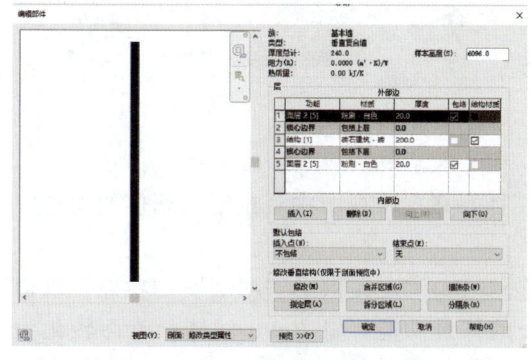

图 5.76 设置类型属性

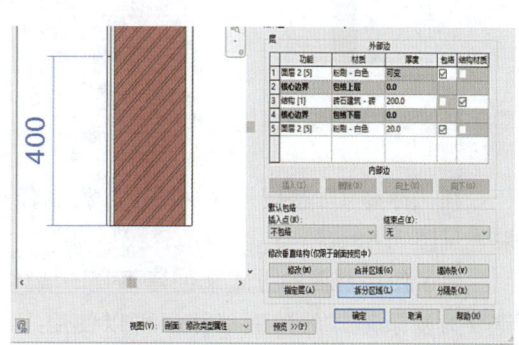

图 5.77 拆分墙体

单击"墙饰条"打开墙饰条列表,选择"载入轮廓",使用 Ctrl 键同时选择"800 宽散水.rfa"、"欧式线脚.rfa",单击"添加"按钮添加两个新的墙饰条,设置其属性见图 5.79,单击"确定"完成修改。添加的散水和欧式线脚的效果如图 5.80 所示。

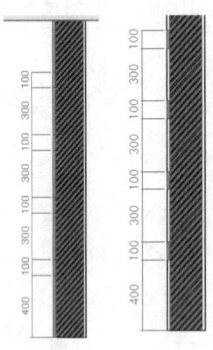

图 5.78 附着材质

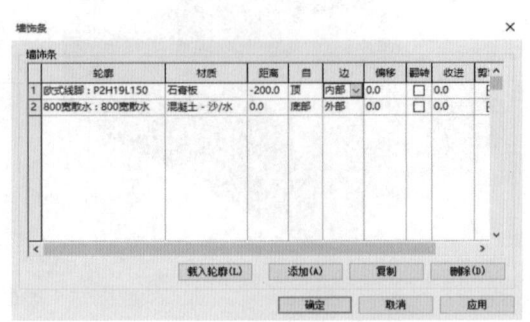

图 5.79 墙饰条属性设置

除此之外,还可以添加分隔缝。单击"分隔条"按钮打开分隔条列表,载入"分隔缝 10×20.rfa"轮廓族,如图 5.81 所示,采用添加、复制方式,分别在距离底部 650、1050、1450、1850 的位置放置分隔条,点击"确定"完成。添加分隔条后的效果见图 5.82。

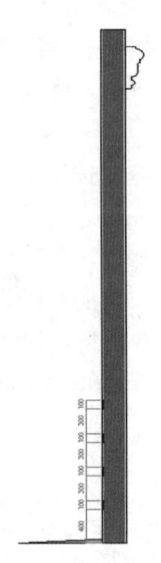

图 5.80 散水和线脚效果图

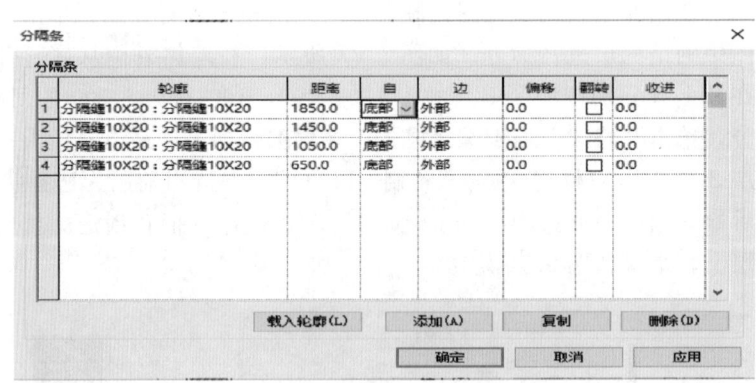

图 5.81 设置分隔条

在"标高 1"楼层平面视图上,绘制任意墙体,在三维视图中观察复杂墙体的设置效果,见图 5.83。

除了使用前面的方式来创建垂直的墙体之外,Revit 还提供了"面墙"的功能,以创建较为复杂形式的曲面墙体。可以使用 Revit 的体量功能,将 Revit 的体量表面转化为墙体。

5.10 创建复杂形式的墙

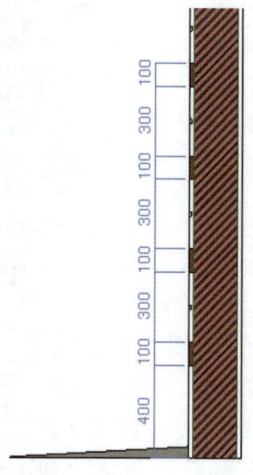

图 5.82 分隔条效果图

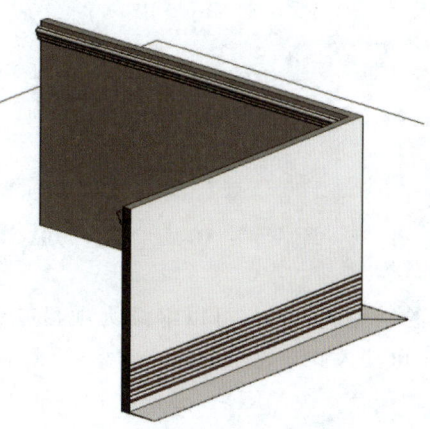

图 5.83 复杂墙体效果图

第6章 门窗与幕墙

6.1 添加 F1 楼层门

墙体绘制完成之后，可以继续为项目布置门窗。切换到 F1 楼层平面视图，Revit 中"门"属于可载入族，要使用相应类型的门，必须先将适当的族载入到项目中。使用门工具，载入"配套资源\RFA\MLC-1.rfa"，移动鼠标到墙的位置可以放置门。因为 Revit 中的门是附着于墙上的，只有鼠标捕捉到墙的图元时，门的放置预览才会出现，在墙体附近移动鼠标可以改变门的放置方向，使用临时尺寸标注可以调整门的位置，放置结果见图 6.1。

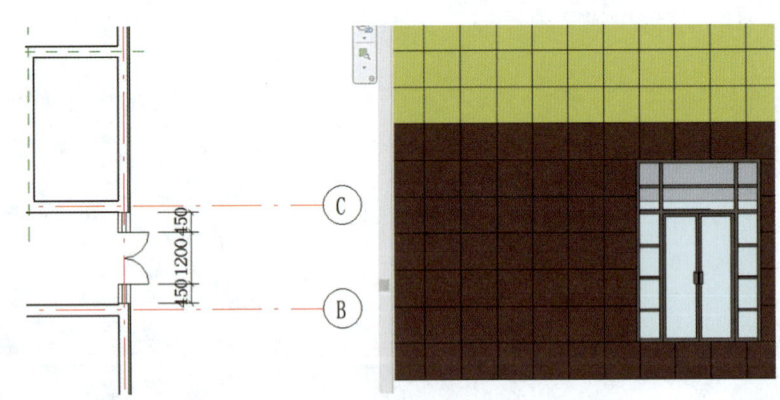

图 6.1 放置 MLC-1

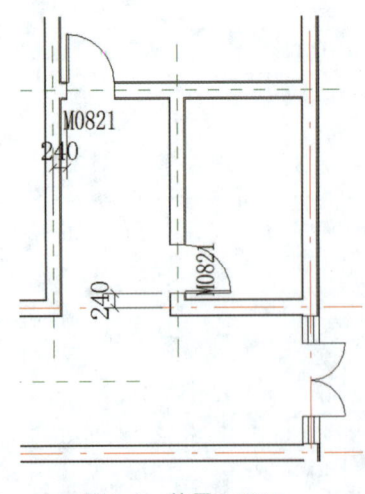

图 6.2 放置 M0821

继续使用门工具，载入"配套资源\RFA\单扇门.rfa"，打开类型属性对话框，采用复制方式创建"M0821"门类型，修改其宽度值为 800，功能区中激活"在放置时进行标记"选项，确认标记放置方向为"水平"，不勾选"引线"选项。放置结果见图 6.2。

接下来，将在⑦、⑧轴线间放置 1000mm×2100mm 的单扇门。复制创建名称为"M1021"的单扇门类型，修改其宽度为 1000mm，放置位置见图 6.3。选中放置完成的两个 M1021 的门图元，采用"复制"工具，"约束"状态，将两个门图元复制到其他开间。使用镜像工具，将已经放置的门镜像到另外一侧房间中。再使用复制工具，创建 B 轴线下方⑧、⑨开间的门。

6.1 添加 F1 楼层门

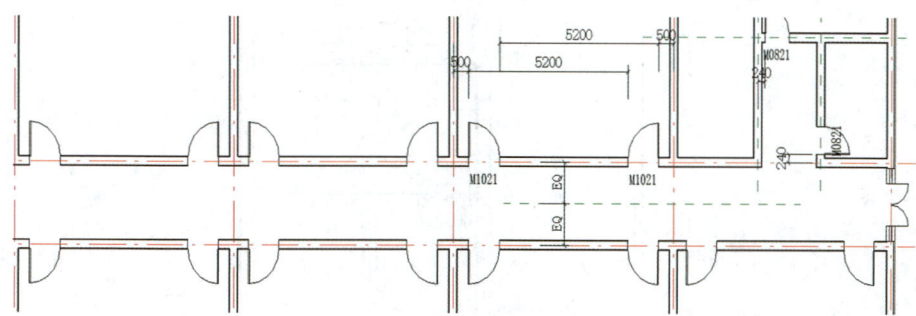

图 6.3 放置 M1021

载入族"配套资源 \ RFA \ 双扇门.rfa",将默认双扇门重命名为"M1521",如图 6.4 所示位置放置。

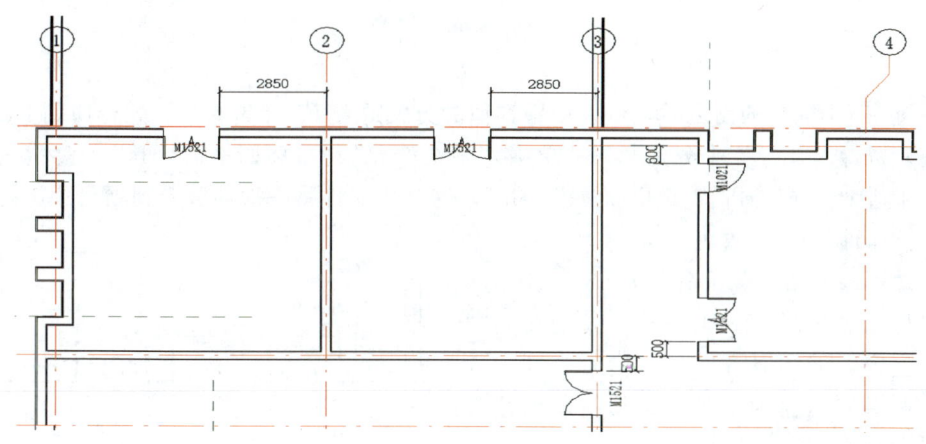

图 6.4 放置 M1521

接下来,放置食堂部分的门,类型为 MLC－2。载入族"配套资源 \ RFA \ MLC－2.rfa",放置位置见图 6.5。

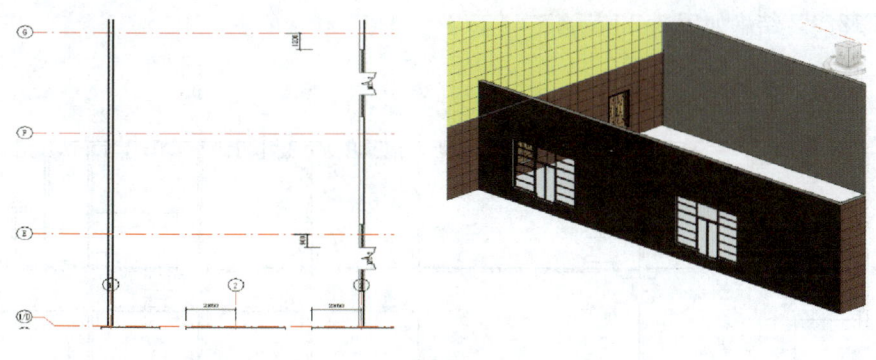

图 6.5 放置 MLC－2

切换到 F1 楼层平面视图,需要在楼梯间的位置放置洞口。使用门工具,载入"配套资源 \ RFA \ 门洞.rfa",重命名为"DK1",修改洞口宽度为 1500mm、高度为 2400mm,居中放置,结果如图 6.6 所示。

71

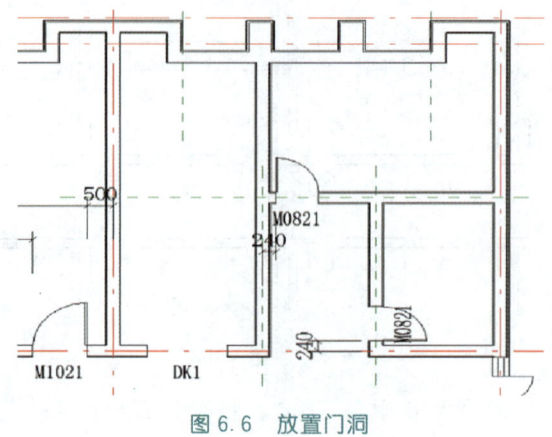

图 6.6 放置门洞

6.2 添加 F1 楼层窗

放置完 F1 标高的门之后，可以使用类似的方式放置 F1 标高的窗。配合使用 Ctrl 键，从"配套资源\RFA"中分别载入"单扇六格窗.rfa""单扇四格窗.rfa""食堂六格窗.rfa""食堂四格窗.rfa""双开推拉窗.rfa"，这些族文件将一次性载入到项目中。切换到 F1 楼层平面视图，放置窗。

将"单扇六格窗"重命名为"C1229"，修改材质为"金属-铝"，在⑤、⑥轴线间放置三扇窗，使用对齐工具将窗对齐到墙表面。选择三扇窗的编号，将其拖动到适当位置，结果如图 6.7 所示。

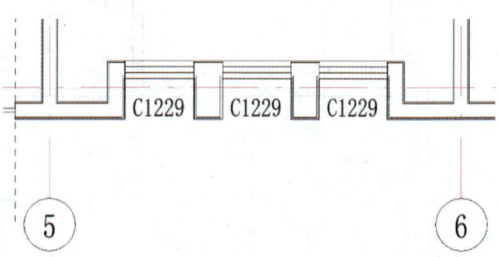

图 6.7 放置 C1229

配合使用鼠标和 Ctrl 键，选中三扇窗及其编号，使用复制、镜像工具将其镜像到其他开间。在所有的建筑柱之间的墙体上放置 C1229，结果如图 6.8 所示。

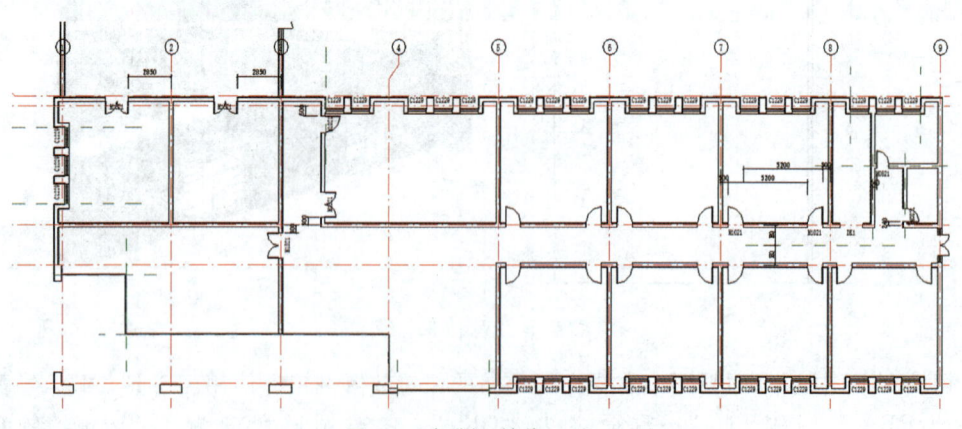

图 6.8 复制、镜像 C1229

6.2 添加 F1 楼层窗

如图 6.9 所示，在 C 轴线上方卫生间的位置放置窗。选定"双开推拉窗"，将其命名为"C1515"，修改材质为"金属-铝"，修改窗台底高度为 900mm。

将"食堂六格窗"重命名为"C4828"，修改窗台底高度为 200mm。如图 6.10 所示放置 C4828 的窗体。

以 C1229 为基础，复制创建 C0929，修改其宽度为 900mm。在左侧墙体 G、H 轴线之间任意放置三扇 C0929，移动其注记到适当位置。标注轴线与窗中心线的间距，选择注记，点击其侧面的 EQ 标记，可以实现对间距的等分，相应图元位置自动进行调整，结果如图 6.11 所示。删除等分标记时，系统会提示存在限制条件，见图 6.12，可根据需求选择是否取消约束。

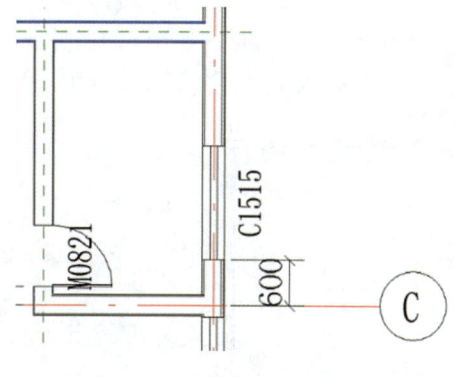

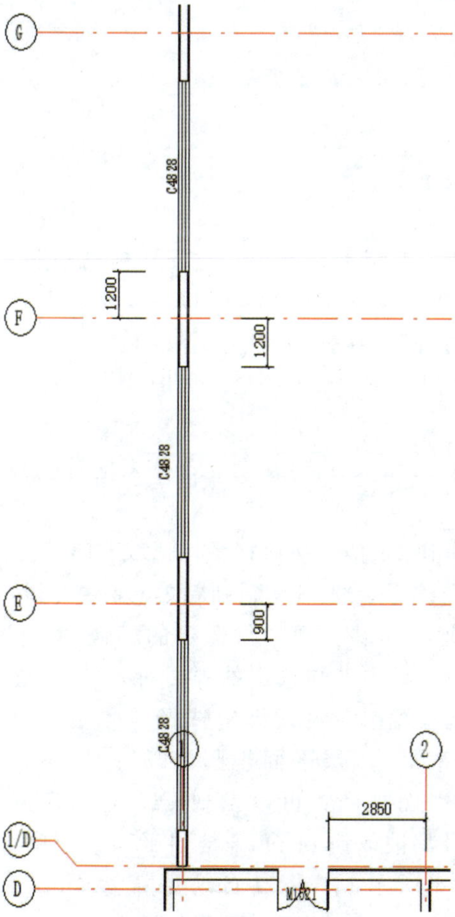

图 6.9 放置 C1515

图 6.10 放置 C4828

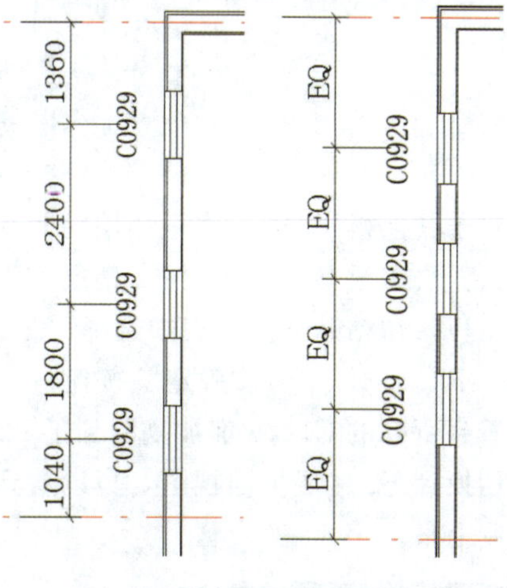

图 6.11 放置 C0929

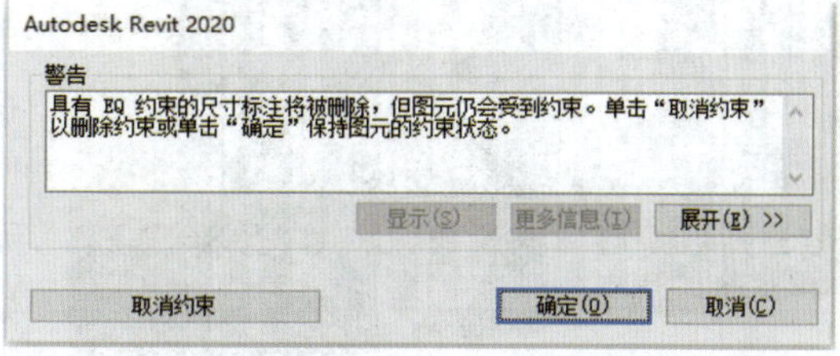

图 6.12 取消约束提示

将"食堂四格窗"重命名为"C4821",修改高度为2100mm、宽度为4800mm、默认窗台高度为900mm。如图6.13所示放置C4821。

这样,就完成了F1楼层窗的布置。切换到三维视图,创建效果见图6.14。

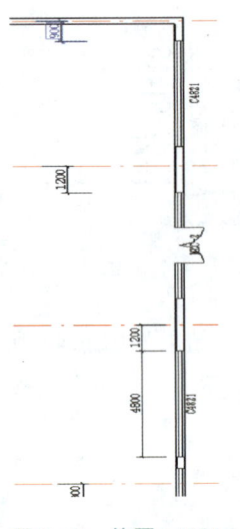

图6.13 放置C4821

图6.14 F1层窗效果图

6.3 布置其他层门、窗

对于其他楼层与F1完全相同的门窗,可以通过"复制到粘贴板、对齐到标高粘贴"的方式,快速放置。切换到F1楼层平面视图,选择当前视图中所有C1229的实例,复制到粘贴板,在粘贴下拉列表中选择"与选定的标高对齐",在弹出的"选择标高"对话框中选择F2、F3,单击"确定"按钮,将C1229窗复制到F2、F3楼层。如图6.15所示,可以看到所有的C1229都被复制到了F2、F3楼层。

切换到F2楼层平面视图,可以看到复制上来的C1229,只有窗图元,并未把对应编号复制上来。

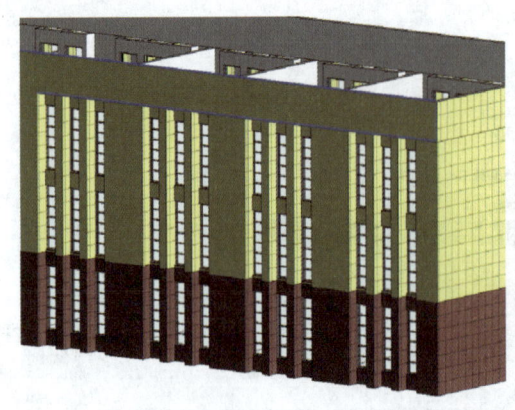

图6.15 C1229复制其他层

切换到F1楼层平面视图,选取C1515的窗图元和编号,将其复制到粘贴板,单击粘贴下拉框,可以发现"与选定的标高对齐"选项无效,单击"与选定的视图对齐",在弹出的"选择视图"对话框中选择"楼层平面视图:F2""楼层平面视图:F3"。切换到F2楼层平面视图,可以发现C1515的窗图元和编号都被复制到了F2楼层平面视图中,如图6.16所示,其标高自动更新为"F2",底高度也同步更新为距F2楼层平面900mm的位置。

6.3 布置其他层门、窗

在 F2 楼层平面视图中，同时选定 C1515 的窗图元和编号，使用复制工具在 B、C 轴线之间（其下方 2550mm 的位置）创建新的窗图元和编号，结果如图 6.17 所示。选定新创建的窗图元和编号，使用"复制到粘贴板"粘贴到 F3 楼层平面视图。切换到 F3 楼层平面视图，查看复制结果，见图 6.18。

采用同样的方式，将 F1 楼层平面视图中⑤轴线右侧、B 轴线及其上方的内部门全部复制、粘贴到 F2、F3 标高，同时在 F3 层④、⑤轴线间创建与⑤、⑥轴线间相同的门。

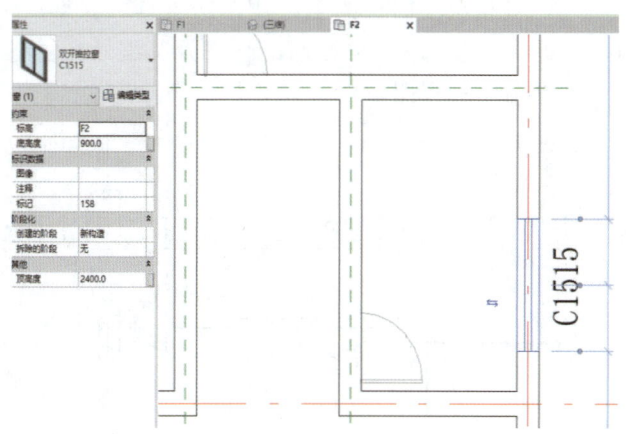

图 6.16　复制后的 C1515

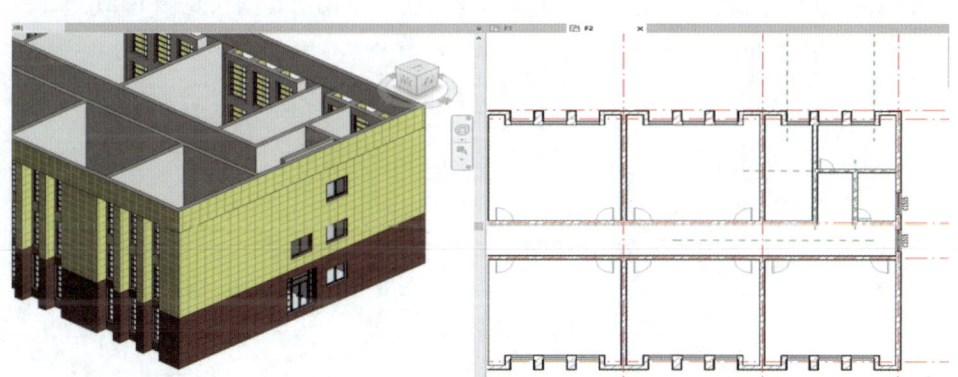

图 6.17　同层复制 C1515

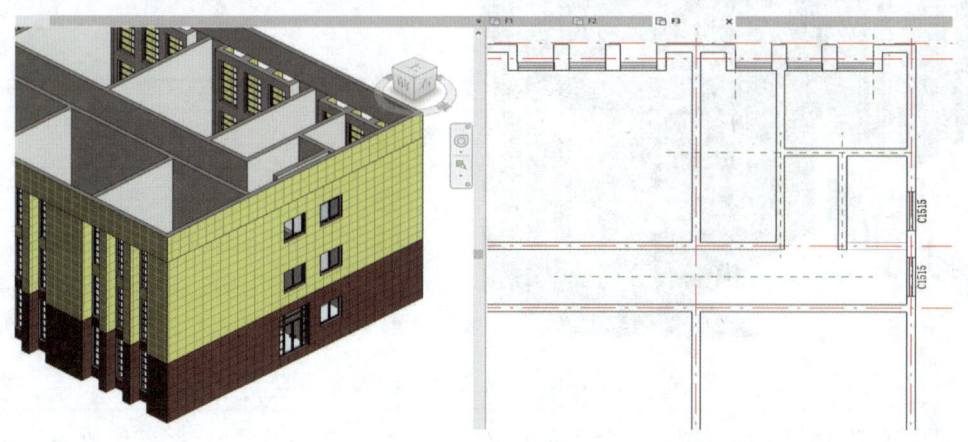

图 6.18　继续复制 C1515

在 F2 楼层平面视图上，使用门工具，在 C、B 轴线上从左到右创建 M1521，如图 6.19 所示。选择刚创建的 M1521 门及其编号，复制到粘贴板，与选择的视图对齐，粘贴到 F3 楼层平面视图。

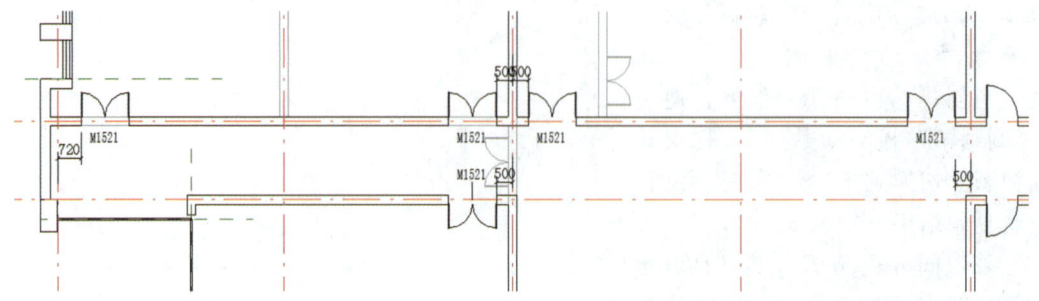

图 6.19　F2 层放置 M1521

将载入的"单扇四格窗.rfa"重命名为 C1219。在属性窗口中，修改底高度为 1000mm。在 F2 楼层平面视图上，D 轴线上方办公楼外墙如图 6.20 所示放置窗图元。框选刚创建的窗图元及其编号，复制、粘贴到 F3 楼层平面视图，结果见图 6.21。

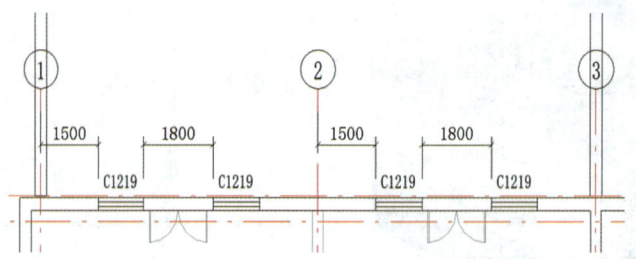

图 6.20　F2 层放置 C1219

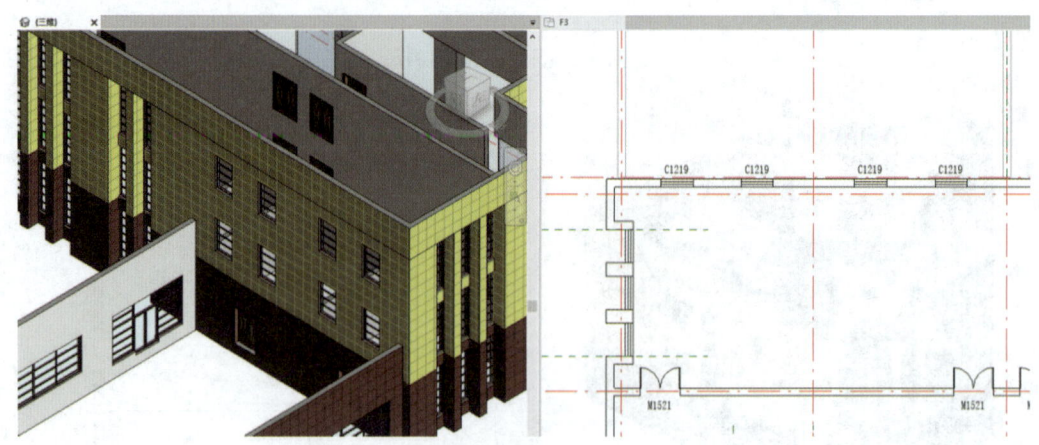

图 6.21　复制 C1219 到 F3

切换到 F3 楼层平面视图，选定所有 C1219 的窗（不选择编号），将其修改为 C1229，底高度为 100mm。可以看到，窗图元的编号进行了同步更新，结果如图 6.22 所示。

6.3 布置其他层门、窗

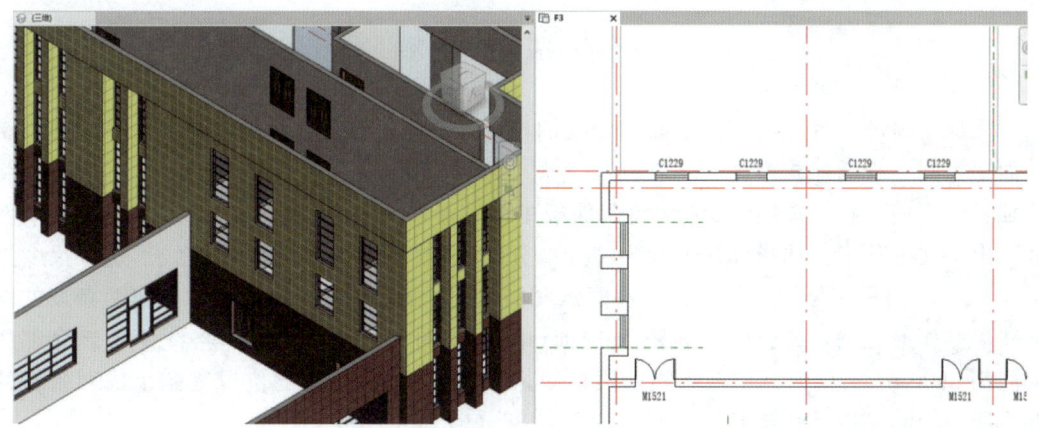

图 6.22　修改 C1219 为 C1229

如图 6.23 所示，使用门工具创建 M1021，在 F3 楼层平面视图上放置门。修改右侧的 M1521 为 M1021，调整门的方向。

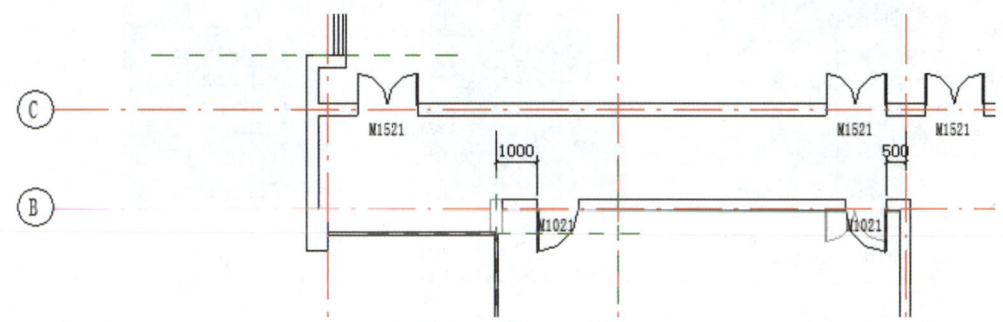

图 6.23　F3 层放置 M1021

切换到三维视图，可以查看创建完成后的结果，见图 6.24。

图 6.24　全部窗效果图

6.4 手动划分幕墙网格

完成门窗的布置之后，将修改综合楼的幕墙。首先，修改入口处的幕墙。切换至"南立面"视图，视觉样式修改为"着色"，选中入口处幕墙后，选择隔离图元，幕墙图元将单独显示。使用建筑选项卡、"构建"面板中的"幕墙网格"，进入"修改｜放置 幕墙网格"上下文选项卡，选择放置方式为"全部分段"，放置两条纵向的网格线。定位尺寸见图6.25（a）。采用复制工具，在左右两条网格线的外侧500mm的距离，新建两条新的网格线。同样的方法，放置两条间距为3600mm的横向网格线，下方网格线距幕墙底部的距离为3600mm。同时选中两条横向网格线，在其下方600mm的位置复制生成两条新的网格线。绘制完成后的幕墙基本网格见图6.25（b）。

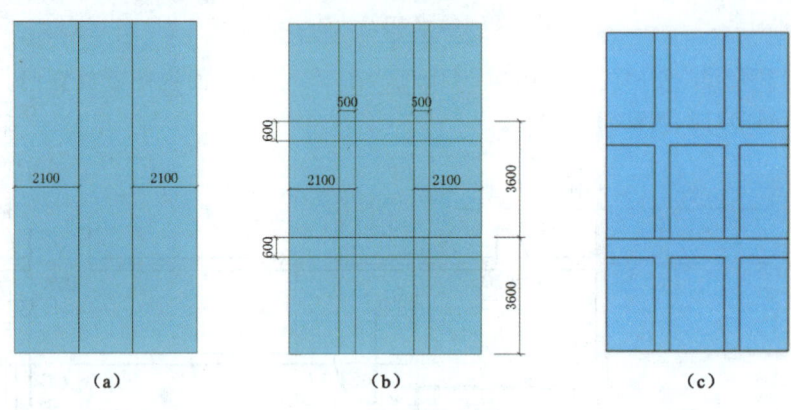

图6.25 划分幕墙网格过程

选择相应的网格线，使用"幕墙网格"选项卡中的"添加/删除线段"命令，对幕墙网格进行修剪。结果见图6.25（c）。

在幕墙下部应用"全部分段""添加/删除线段"后，采用EQ方式等分为四格。使用建筑选项卡、"构件"面板中的"幕墙网格"，进入"修改｜放置 幕墙网格"上下文选项卡，选择放置方式为"一段"，绘制中部分格线距顶端600mm。使用复制工具，将刚刚绘制完成的左右两侧的网格线复制到幕墙的二层和三层。使用"添加/删除线段"工具，添加二、三层的网格线中间部分，结果见图6.26。

切换到三维视图，查看入口处幕墙网格的创建结果，见图6.27。

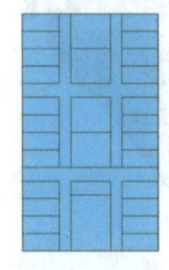 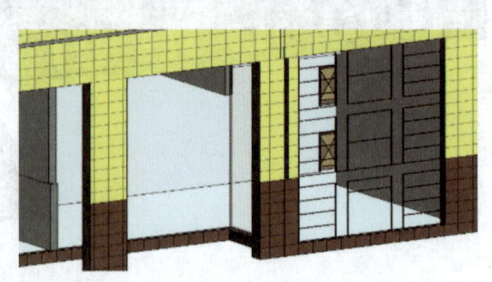

图6.26 幕墙网格　　　图6.27 入口处幕墙网格效果图

6.5 设置幕墙嵌板

绘制完幕墙网格后，Revit 将幕墙划分为一定数量的嵌板。使用"插入"选项卡，单击"从库中载入"面板中的载入族，载入"幕墙双开门.rfa"。配合 Tab 键选择如图 6.28 所示区域，替换为"幕墙双开门"嵌板。切换到三维视图，可以查看切换嵌板之后的效果，见图 6.28。

配合 Tab 键，选择下部的不规则嵌板，将其替换为"综合楼-F1-240mm-外墙"；选择上部的不规则嵌板，替换为"综合楼-F2-F5-240mm-外墙"，结果如图 6.29 所示。

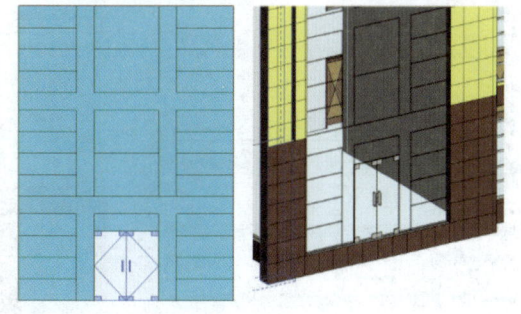

图 6.28 幕墙双开门嵌板效果图

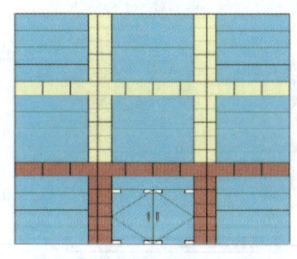 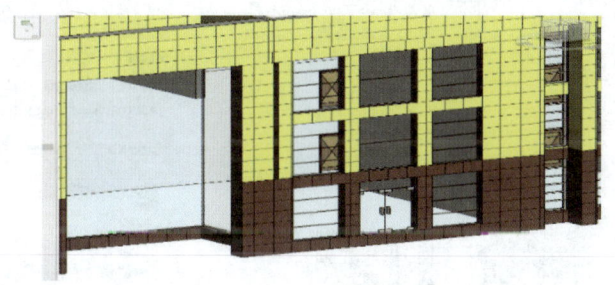

图 6.29 幕墙不规则嵌板效果图

注意：幕墙嵌板替换为基本墙之后，基本墙的方向与幕墙方向相同。同时，可以调整两处不规则墙嵌板的定位方式为"核心层中心线"，其分类会自动变为"嵌板"，以方便之后的工程量统计。

6.6 添加幕墙竖梃

使用幕墙竖梃工具，可以沿幕墙网格生成幕墙竖梃。切换到"南立面"视图，选择入口处幕墙，将其隔离显示。使用"建筑"选项卡、"构建"面板中的"竖梃"工具，切换到"修改｜放置 竖梃"上下文选项卡，如图 6.30 所示，在属性窗口中选择"矩形竖梃50×150mm"，编辑其类型属性，修改边1、边2上的宽度分别为0和50mm。

在"放置"面板中，选择竖梃的生成方式为"全部网格线"，选取幕墙网格后，自动生成竖梃，Revit 会根据竖梃的尺寸自动调整嵌板的大小。取消隔离显示，配合 Tab 键，将基本墙与嵌板间的竖梃删除，则嵌板自动延伸到墙体边缘。切换到三维视图，查看生成竖梃之后的状态，见图 6.31。

局部放大纵横向竖梃相交的位置，可以发现有纵向竖梃被横向竖梃打断的情况，这与规范的要求是相违背的，必须进行相应修改。如图6.32所示，在横梃的端点处，通过点击打断符号可以切换相互打断的状态。另外，在幕墙的边缘，选择整个幕墙，打开类型属性对话框，如图6.33所示，设置"连接条件"为"边界和垂直网格连续"，这样垂直方向竖梃就不会被打断。

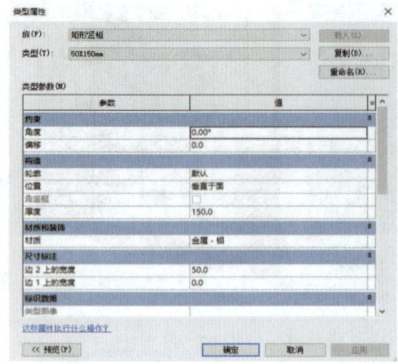

图6.30 设置幕墙竖梃

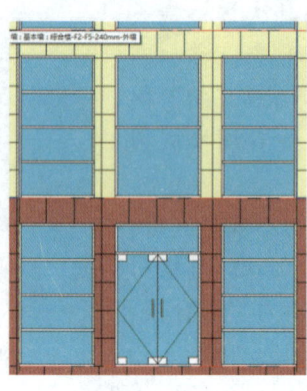

图6.31 幕墙竖梃效果图

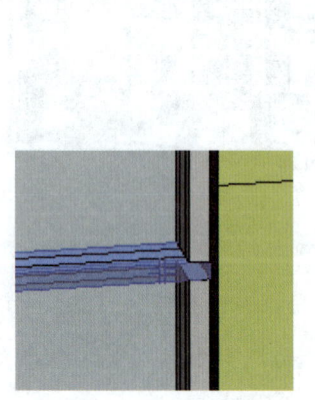

图6.32 横竖梃交接

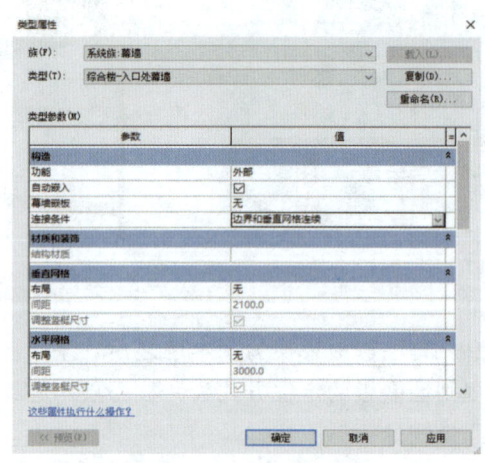

图6.33 设置连接条件

6.7 自动修改幕墙

除了用手动的方法进行幕墙网格的划分之外，还可以运用幕墙类型属性中的定义对幕墙的网格进行自动划分。为方便操作，在三维视图中，将幕墙外侧的叠层墙隐藏。选择幕墙对象，打开类型属性对话框，如图6.34所示，分别修改垂直网格样式和水平网格样式。除入口处外，其余幕墙均采用了同一种类型"综合楼-外部-幕墙"，所以对类型进行修改后，所有的实例均按类型设置进行了网格划分。

选定幕墙，点击幕墙上的"配置轴网布局"符号，可以通过"移动UV平面定位原点"的方式对幕墙网格进行修改：单击UV坐标的箭头，可以将UV坐标的原点移动到

6.7 自动修改幕墙

幕墙的中心，网格根据移动后的中心进行调整。图 6.35 所示为调整原点前后网格的布局。还可以在解除"禁止修改图元"状态之后，通过使用临时尺寸标注修改网格线的位置。使用"移动 UV 平面定位原点"的方式完成所有幕墙的网格修改。

在幕墙类型属性中，还可以对幕墙指定默认的嵌板。载入"点爪式幕墙嵌板.rfa"，选择办公楼外部的任意幕墙，打开属性类型对话框，如图 6.36 所示，指定幕墙嵌板为"点爪式幕墙嵌板"，Revit 将使用点爪式幕墙嵌板替换默认幕墙嵌板，结果见图 6.37。

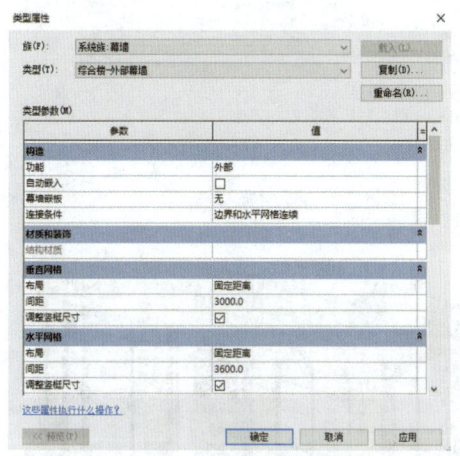

图 6.34 定义幕墙类型属性

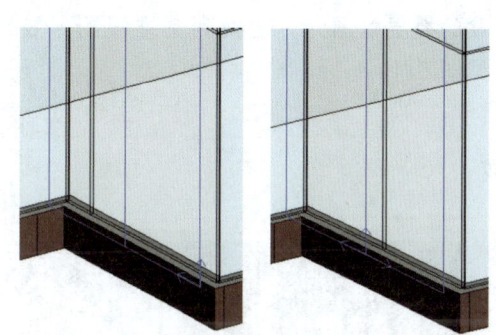

图 6.35 使用"UV 坐标"

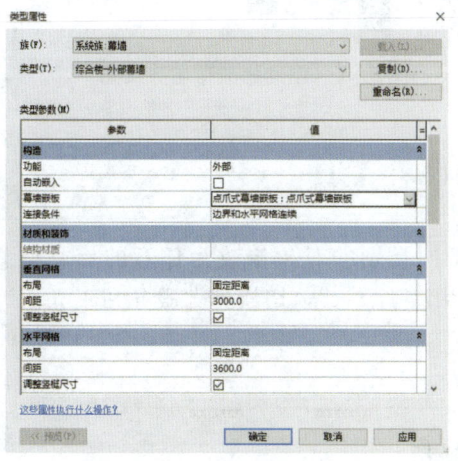

图 6.36 指定嵌板样式

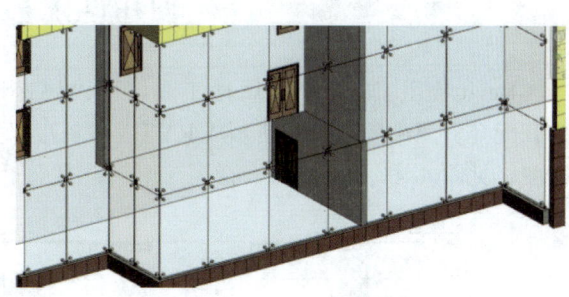

图 6.37 嵌板样式效果图

除此之外，还可以指定幕墙的默认竖梃。在类型属性对话框中，如图 6.38 所示修改垂直竖梃和水平竖梃的类型。因为没有为垂直竖梃指定默认边界样式，可以看到垂直边界的区域是没有竖梃的。

同时，在本项目中外部幕墙是首尾相连的，所以需要为相交处指定"角竖梃"。Revit 中，角竖梃是一个系统族，会根据幕墙的角度自动确定竖梃的转折角度。使用"竖梃"工

第6章 门窗与幕墙

具,确定竖梃的放置方式为"网格线",在类型选择器中选定"矩形竖梃 50×150mm",单击幕墙最左侧的边界位置,生成竖梃。切换至当前属性类型为"L角竖梃-L竖梃1",选择幕墙相交处,Revit会自动沿幕墙的转折角度生成转角型的竖梃,见图6.39。角竖梃只能用在两面幕墙相交的转角位置,幕墙最右侧的竖梃仍然采用"矩形竖梃 50×150mm"形式。

选择"重设临时隐藏/隔离"恢复被隐藏的叠层墙图元,切换到三维视图,效果见图6.40。

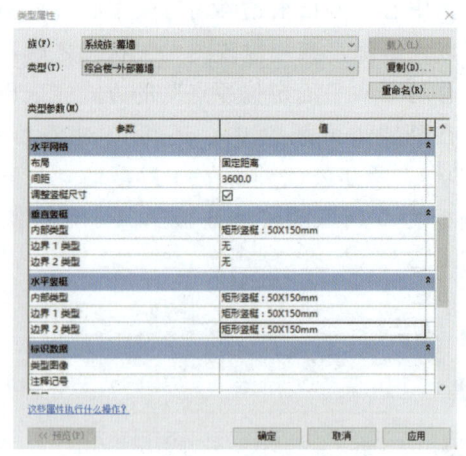

图6.38 指定竖梃样式

图6.39 竖梃样式效果图

图6.40 自动修改幕墙效果图

6.8 使用匹配类型属性工具

Revit提供了匹配类型属性工具,可以快速地将同类别的对象修改为任意的族类型。打开配套资源中的"配套资料\RVT\6.8匹配类型练习.rvt",切换到"服务站正立面"视图,见图6.41。

图6.41 "服务站正立面"视图

6.8 使用匹配类型属性工具

使用"修改"选项卡、"匹配类型属性"工具，先后选择源属性图元和目标属性图元，完成勒脚处的属性类型匹配，结果如图 6.42 所示。

图 6.42 勒脚使用匹配属性类型

接下来，将 3.600 标高上的窗替换为 ±0.000 标高上的窗的类型。选择 ±0.000 标高上的窗图元作为源类型，激活"多个"面板上的"选择多个"，框选 3.600 标高上的两个窗图元，点击√选定，完成图元类型匹配，结果见图 6.43。请注意，Revit 并不对标高和底高度进行修改。同时，该工具只能对同类别的图元进行匹配，不能将窗类型图元的属性匹配给门类型或者墙类型等。

图 6.43 窗高使用匹配类型属性

第7章 楼板屋顶和天花板

Revit 提供了楼板工具,可以为项目添加任意形式的楼板。

7.1 添加室内楼板

切换到 F1 楼层平面视图,选用建筑楼板工具,绘制楼板的草图投影。以"混凝土 120mm"类型为基础,如图 7.1 所示复制创建"综合楼-150mm-室内",功能为"内部"。以"混凝土-沙/水泥找平"为模板,复制创建"综合楼-水泥砂浆找平"材质,将其赋予楼板"衬底"层,复选"可变"表明其表面进行建筑找坡的时候该结构层的厚度是可以发生变化的;以"混凝土-水泥砂浆找平"为模板,复制创建"综合楼-水泥砂浆面层"材质,将其赋予楼板面层;以"混凝土-现场浇注混凝土"为模板,复制创建"综合楼-现场浇注混凝土"材质,将其赋予楼板结构层。

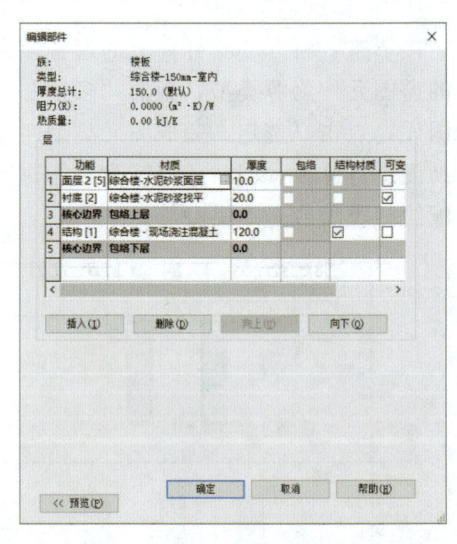

图 7.1 设置楼板参数

以"拾取墙"方式绘制楼板边界线,偏移量为 0,勾选"延伸到墙中(至核心层)",逐一拾取食堂外墙,使用直线绘制工具将楼板轮廓绘制成封闭的图形。由于刚绘制的楼板与墙有部分重叠,需要选择是否将重叠部分从墙的体积中删除,选择"是",完成食堂 F1 楼底板的创建,效果如图 7.2 所示。

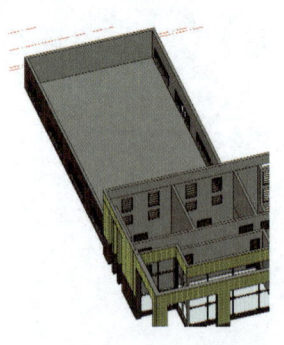

图 7.2 食堂 F1 楼底板

在 F1 楼层平面视图上,使用拾取墙的方式,配合 Tab 键选择办公部分墙体轮廓,删除多余的轮廓线;使用拾取线的方式,添加幕墙部分的轮廓。Revit 中,楼板草图中的线段必须首尾相连,构成一个封闭的图形,可以使用修剪、对齐等工具对其进行修改。采用拾取墙方式生成的边界线,可以进行翻转,以根据需要选择墙体的内、外边缘。卫生间部分,存在高差和板降,应将该部分楼板删除,做细部修改。绘制完成后,Revit 弹出附着提示对话框如图 7.3 所示,选择"否";楼板剪切墙选项,选择"是";如此,完成了楼板的创建,如图 7.4 所示。

卫生间和盥洗室楼板类型与其余部分不同,以"综合楼-

7.1 添加室内楼板

150mm-室内"类型为基础，如图 7.5 所示复制创建"综合楼-150mm-卫生间"，功能为"内部"。以"瓷砖-墙体饰面-灰色"为基础，复制创建"综合楼-卫生间-瓷砖"，并将其赋予楼板最外层。在属性窗口中，修改"自标高的高度偏移"为"－20"，使用拾取墙、修剪形成盥洗室楼板的封闭轮廓如图 7.6 所示。单击"√"，完成盥洗室楼板的创建。修改"自标高的高度偏移"为"－40"，绘制卫生间的楼板轮廓如图 7.7 所示。因为内外楼板间存在高差，Revit 自动在门洞口生成散水线。使用"注释"中的"高程点"，可以对各部位的标高进行标注。

图 7.3 附着提示

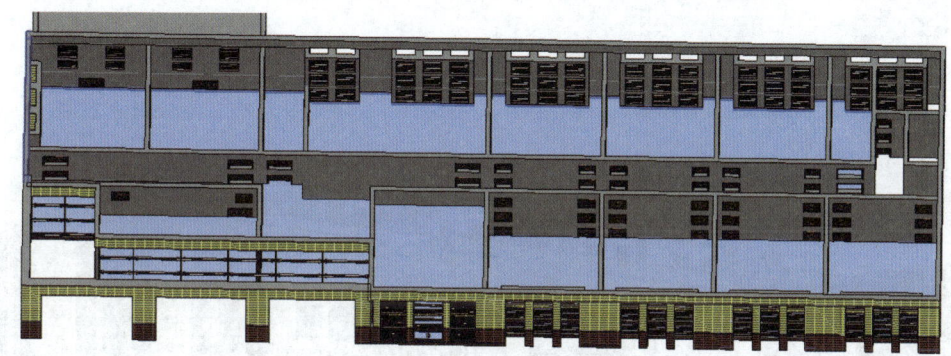

图 7.4 办公楼楼板

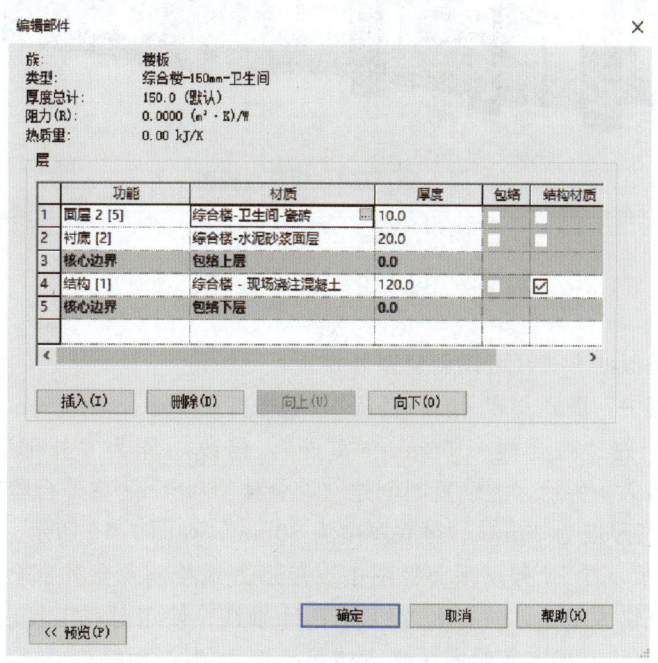

图 7.5 卫生间楼板参数

选择F1楼层办公楼的全部楼板，将其复制到粘贴板，采用标高对齐方式粘贴到F2、F3楼层，查看三维视图如图7.8所示。

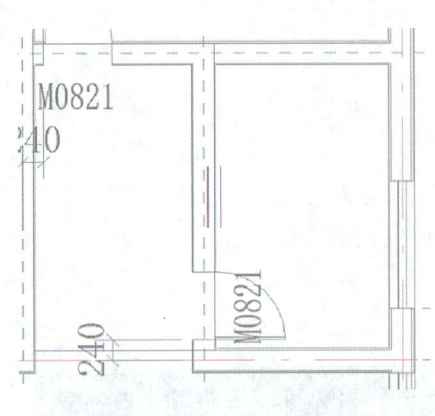

图7.6 盥洗室楼板轮廓

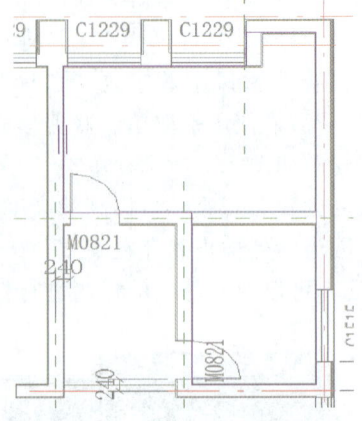

图7.7 卫生间楼板轮廓

图7.8 室内楼板三维视图

7.2 创建室外楼板

使用与上节类似的方式，可以创建室外楼板。

在项目浏览器中，展开"族-楼板-楼板"，双击打开"综合楼-150mm-室内"类型属性对话框，复制创建"综合楼-150mm-室外"，修改功能为"外部"，修改"面层2[5]"的材质如图7.9所示。继续复制创建"综合楼-600mm-室外台阶"，修改结构层厚度为550mm、面层厚度为20mm、衬底厚度为30mm，如图7.10所示。

如图7.11所示，在F1楼层平面视图中以矩形方式绘制食堂外部台阶，拾取1/D轴线处食堂外墙端点作为起点，向右上方绘制至H轴线；使用对齐工具，首选项为"参照核心层表面"，与墙核心层表面对齐；修改楼板类型为"综合楼-600mm-室外台阶"，高度偏移为"-20"。使用类似的方式，创建主入口处室外台阶的楼板，宽度5000。在室外

7.2 创建室外楼板

地坪视图中，换用创建的"综合楼-150mm-室外"楼板类型，高度偏移为"150"。采用拾取墙的方式，创建幕墙与叠层墙间的室外楼板。

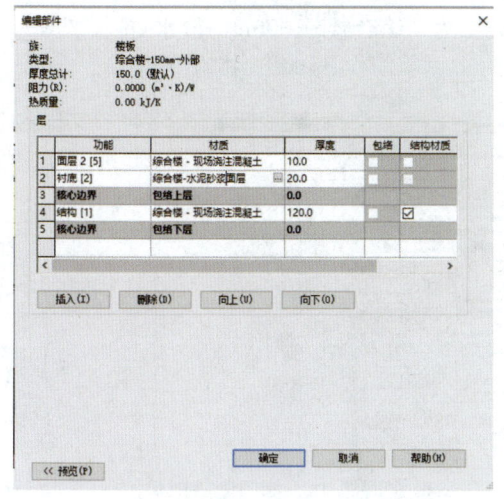

图 7.9 修改 150 楼板参数

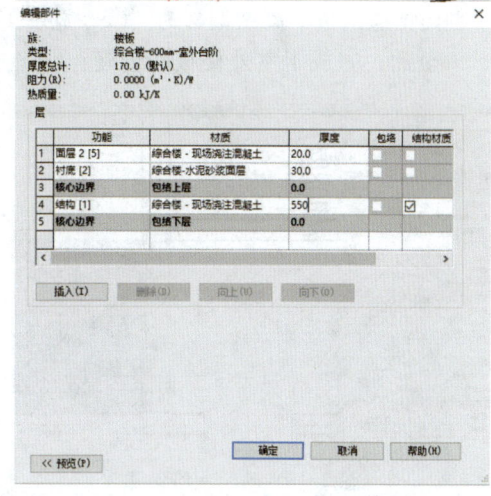

图 7.10 设置 600 楼板参数

接下来，在 F1 楼层平面视图中⑤、⑥轴线间绘制空调挑板。如图 7.12 所示，以矩形方式绘制挑板轮廓；使用对齐工具，将其精确对齐到墙的核心层表面。选中绘制的挑板草图，将其复制、镜像到其他开间。以"综合楼-150mm-外部"为模板，复制创建"综合楼-100mm-散水挑板"，删除所有的非核心层，修改核心层的厚度为 100mm，修改"自标高的高度偏移值"为－20mm。采用复制、粘贴方式将绘制完成的空调挑板复制到 F2、F3 楼层平面标高。

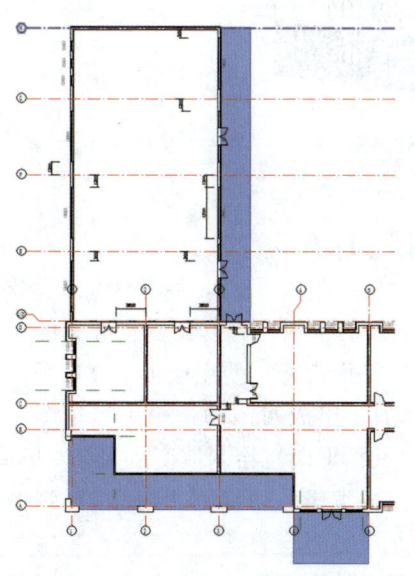

图 7.11 入口处台阶及地坪创建

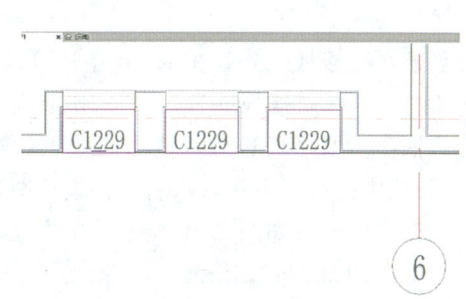

图 7.12 空调挑板创建

如图 7.13 所示，在 F1 楼层平面视图中创建 B、C 轴线间出口处的室外台阶楼板，使用对齐工具，首选项为"参照核心层表面"，与墙核心层表面对齐，类型为"综合楼-600mm-室外台阶"，高度偏移为"-20"，宽度 1600；如图 7.14 所示，在 F2 楼层平面视图中创建雨篷挑板，高度偏移为"0"，宽度 1200，类型为"综合楼-100mm-散水-挑板。"

至此，完成了室外楼板的创建。

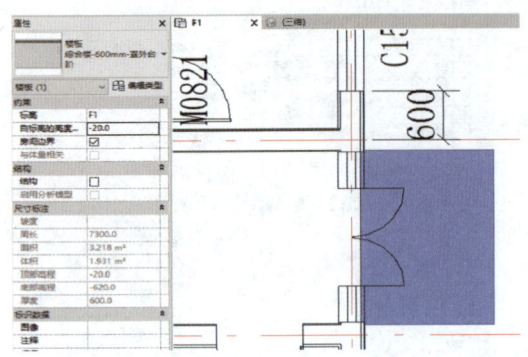

图 7.13　侧门台阶创建　　　　　　　图 7.14　侧门雨篷创建

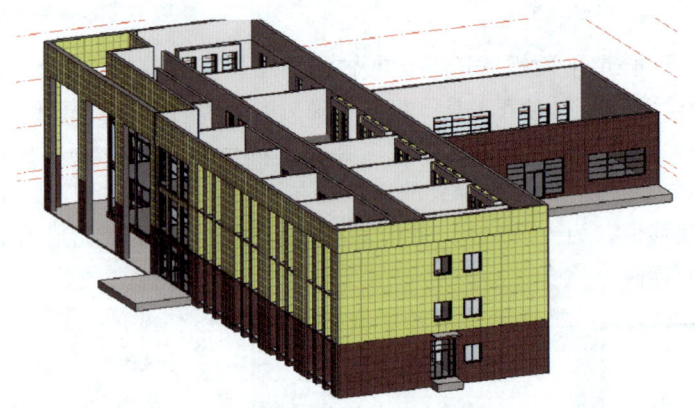

图 7.15　室外楼板效果图

7.3　带坡度的楼板与压型板

除创建水平楼板之外，在 Revit 中还可以创建倾斜的楼板。打开配套资源中的"配套资源\RVT\7.3 斜楼板练习.rvt"，切换到 F1 楼层平面视图，使用楼板工具，采用拾取墙的方式依次拾取楼板边缘，使用修剪工具进行修剪，组成封闭的楼板边界草图。使用"绘制"面板中的坡度箭头，从右侧楼板草图边缘中点水平向左绘制坡度箭头至左侧墙体，调节坡度箭头的参数如图 7.16 所示。单击"√"，完成编辑。切换到"剖面 1"视图，查看创建结果，如图 7.17 所示。

除了可以使用坡度箭头之外，还可以使用定义草图轮廓边界线高程的方式生成倾斜的楼板。切换到 F1 楼层平面视图，使用楼板工具，拾取生成与上一步相同的楼板轮廓。如

7.3 带坡度的楼板与压型板

图 7.18 所示，分别定义左右两侧楼板边缘的高程，完成楼板草图定义，创建结果如图 7.19 所示。

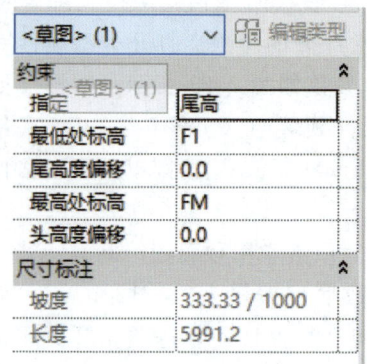

图 7.16 设置坡度箭头参数

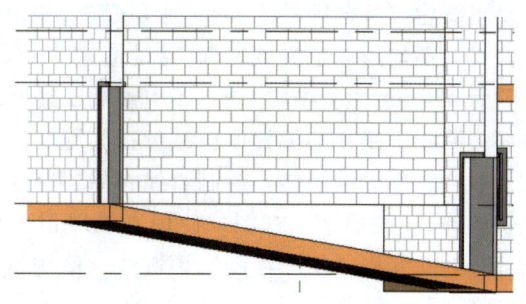

图 7.17 带坡度楼板 1

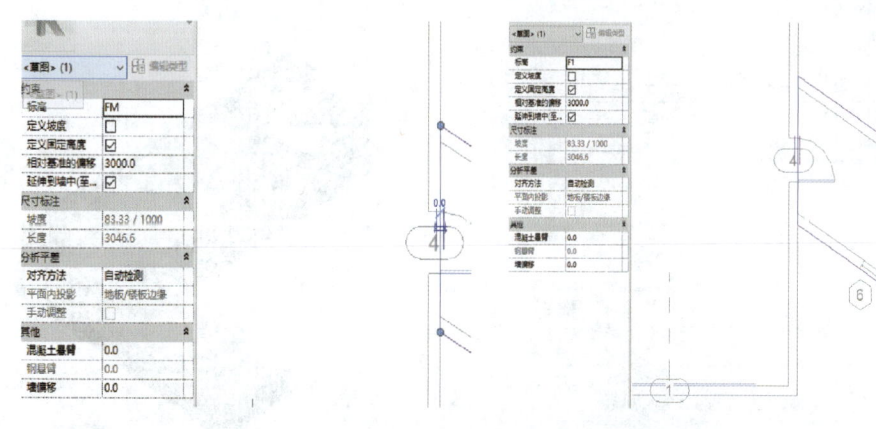

图 7.18 定义楼板边缘高度

在三维视图中选择墙，单击"附着顶部/底部"，分别选择附着方式为"顶部"或"底部"，将墙附着在顶部和底部的楼板上，结果如图 7.20 所示。

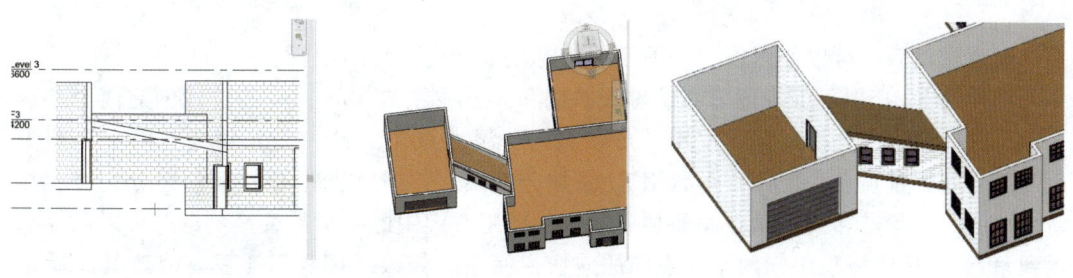

图 7.19 带坡度楼板 2　　　　　　　图 7.20 附着后的效果图

7.4 添加综合楼屋顶

Revit 提供了"屋顶"工具，可以在项目中创建任意形状的屋顶。切换到综合楼项目，打开 F2 楼层平面视图，使用"迹线屋顶"创建食堂部分的屋顶。打开类型属性对话框，复制新建"综合楼-150mm-平屋顶"，修改其结构参数如图 7.21 所示。选择"拾取墙"方式，不勾选"定义坡度"，悬挑值为 0，勾选"延伸到墙中（至核心层）"，底部偏移设置为 480mm。请注意，Revit 中楼板以其上表面作为定位面，屋顶则以其下表面作为定位面。因此，屋顶的偏移值应减掉板的厚度。

拾取食堂部分的墙体，绘制直线将屋顶迹线封闭，完成食堂屋顶草图绘制。

切换到 F4 楼层平面视图，使用迹线屋顶工具，修改底部偏移为"-120mm"，沿办公楼部分的女儿墙，拾取绘制屋顶迹线，使用修剪/延伸工具保证屋顶迹线轮廓封闭，切换至三维视图，结果如图 7.22 所示。

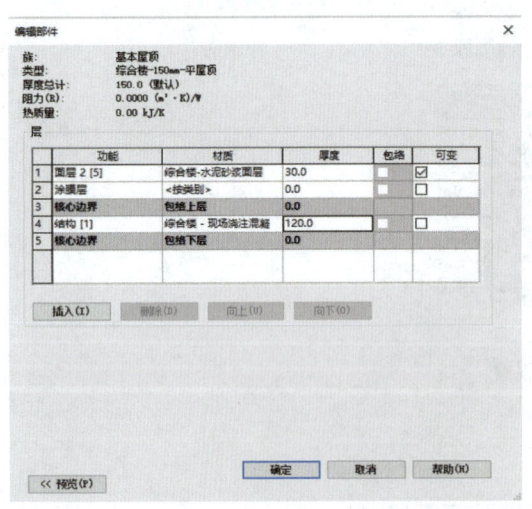

图 7.21 屋顶结构参数

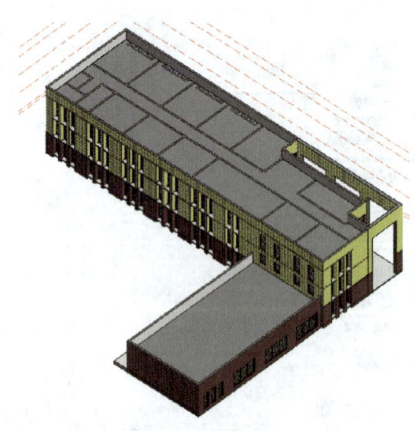

图 7.22 屋顶效果图

7.5 修改子图元

创建屋顶后，可以使用修改子图元功能对屋顶做进一步的编辑。

切换到 F2 楼层平面视图，在①轴线右侧和③轴线左侧 3500mm 的位置创建两个参照平面。选择食堂部分的屋顶，使用"形状编辑—添加点"工具，在 F 轴线与两个参照平面的交点处放置顶点，使用"形状编辑-添加分割线"工具在两个顶点间创建分割线、在新增加的两个顶点和四个角点间添加分割线（使用右键中的"捕捉替换—点"可以确保捕捉到角点）。选中屋顶中间两个顶点间的连线，使用"修改子图元"工具，修改其离屋顶表面的距离为 100mm，实现平屋顶的起坡，结果如图 7.23 所示。单击"注释—高程点坡度"，移动鼠标到食堂屋顶的不同位置，可以查看屋顶表面的坡度。

7.6 坡屋顶和拉伸屋顶练习

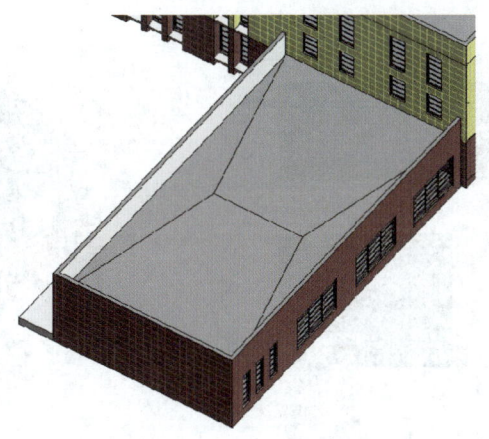

图 7.23 修改子图元

7.6 坡屋顶和拉伸屋顶练习

Revit 中，迹线屋顶与楼板的使用方法类似。不同的是，迹线屋顶允许定义复杂的坡度形式的屋顶。

打开配套资源中的"配套资源\RVT\7.6 屋顶生成练习.rvt"，切换到"屋顶"楼层平面视图，使用迹线屋顶工具，采用拾取墙方式绘制迹线，勾选"定义坡度"，悬挑设为 600mm，勾选"延伸到墙中（至核心层）"。移动鼠标到墙的位置，使用 Tab 键选取全部外墙。如图 7.24 所示，修改迹线属性，将不需要起坡的外围迹线的"定义坡度"选项去除。完成屋顶的创建，三维视图如图 7.25 所示。

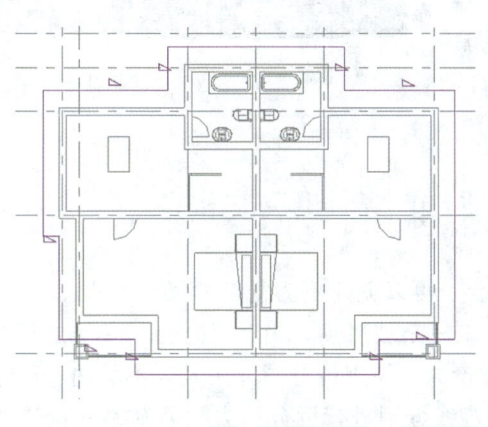

图 7.24 修改迹线属性

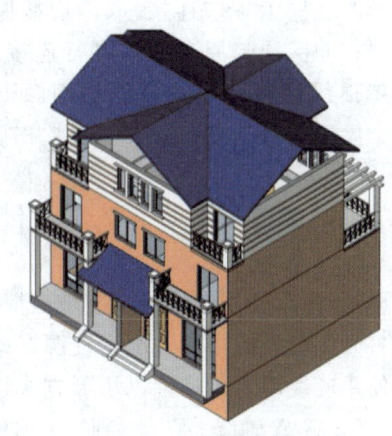

图 7.25 坡屋顶创建

选择屋顶，单击"迹线编辑"可以在属性窗口中对屋顶坡度等数值进行修改，也可以进入迹线编辑模式，删除 D 轴线上方的迹线和与 D 轴线相交的两条迹线，并使用修剪工具使屋顶迹线保持闭合状态，如图 7.26 所示，以定义符合要求的迹线屋顶。

回到屋顶楼层平面视图，在③轴线左侧、⑤轴线右侧各 720mm 的位置绘制参照平

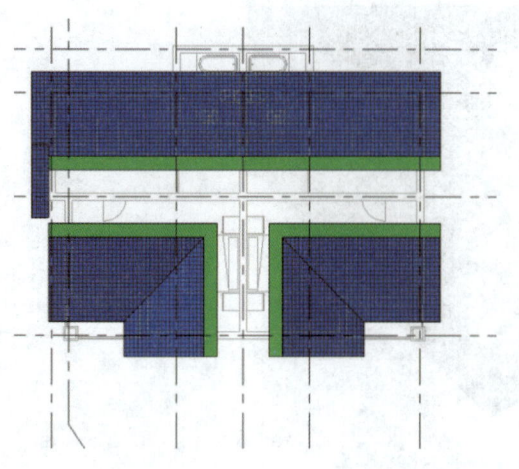

图 7.26 编辑屋顶迹线

面，使用"屋顶—拉伸屋顶"菜单弹出"工作平面"对话框，拾取 C 轴线作为拉伸屋顶的工作平面，转到"立面：北立面"视图，在立面视图中绘制拉伸屋顶的拉伸轮廓。采用"起点-终点-半径 弧"的方式绘制轮廓，以③轴线左侧参照平面与屋顶的交点为起点、⑤轴线右侧参照平面与屋顶的交点为终点，输入 4200mm 作为弧的半径。在属性窗口中，修改拉伸终点值为 2200mm，"橡截面"设置为垂直双截面，完成拉伸屋顶的创建。选择修改选项卡中"连接/取消连接屋顶"工具，可以将拉伸屋顶与原有屋顶进行连接。依次选择拉伸屋顶的边界和坡屋顶的斜面，Revit 会自动将两个屋顶进行连接，结果如图 7.27 所示。

图 7.27 拉伸屋顶效果图

7.7 使用坡度箭头

Revit 中，使用迹线屋顶与坡度箭头的组合，可以创建更为复杂的屋顶形式。

打开配套资源中的"配套资源\RVT\7.7 复杂坡屋顶.rvt"，切换到 F2 楼层平面视图，使用迹线屋顶工具，以矩形方式绘制迹线轮廓。使用拆分图元工具，不勾选"删除内部线段"，在 A 轴线与两个参照平面的位置将迹线分别进行拆分。去除 A 轴线中间迹线段的"定义坡度"选项，使用"坡度箭头"工具，分别沿 A 轴线与参照平面的交点向②轴线绘制两个坡度箭头。同时选中两个坡度箭头，在属性窗口中修改"头高度偏移"为 1800mm，完成迹线屋顶的创建，三维视图如图 7.28 所示。

选中屋顶，在属性窗口中将"截断标高"修改为 F3，可以看到屋顶在 F3 之上的部分被标高所截断，结果如图 7.29 所示。

7.8 天花板

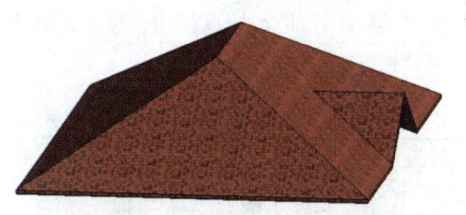
图 7.28 用坡度箭头创建坡屋面

图 7.29 屋顶被截断

选中屋顶，选择"编辑迹线"，返回到迹线编辑状态，选择 B 轴线上的迹线，将"与屋顶基准的偏移"设为－3000mm，结果如图 7.30 所示。

切换到 F2 楼层平面视图，选中楼顶，选择"编辑迹线"，返回到迹线编辑状态，使用"对齐屋檐"工具，设置对齐屋檐的方式为"调整屋檐高度"，拾取 B 轴线的迹线，然后依次拾取 A 轴线左右两侧的迹线，则这两段迹线的高度调整为与 B 轴线上迹线相同的"－3000"，实现屋檐的对齐，三维视图如图 7.31 所示。

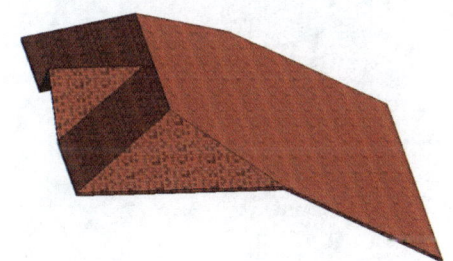
图 7.30 屋顶基准偏移

图 7.31 对齐屋檐

7.8 天 花 板

Revit 中，提供了天花板工具。切换到 F1 楼层平面视图，使用天花板工具，选定放置方式为"自动创建天花板"。以"复合天花板 600×600mm 轴网"为模板复制创建"综合楼-天花板"，结构设置如图 7.32 所示。注意，天花板的面层是在结构层的下方。标高设置为 F1，自标高的高度偏移为 3100mm，依次单击办公部分除卫生间和盥洗室外的房间，放置天花板；将高度偏移修改为 3000mm，在卫生间、盥洗室放置天花板。

分别切换到 F2、F3 楼层平面视图，重复 F1 楼层平面视图的方式，放置天花板。

切换回 F1 楼层平面视图，使用天花板工具，

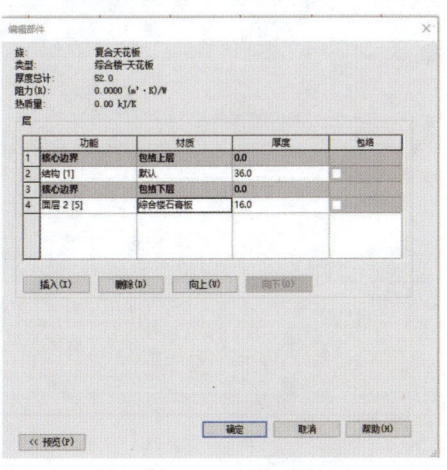
图 7.32 天花板结构参数

切换放置方式为"绘制天花板",设置高度偏移为3600mm,通过拾取墙绘制食堂部分天花板草图,使用直线工具、修剪/延伸工具,将天花板草图封闭。如此,创建完天花板,调整三维视图,如图7.33所示。

图7.33 天花板效果图

第8章 扶手、楼梯、坡道与洞口

8.1 创建室外空调栏杆

切换到F1楼层平面视图，选择"建筑—栏杆扶手—绘制路径"，打开"类型属性"对话框，选择类型"钢楼梯900mm圆管"，复制生成"综合楼-900mm-空调栏杆"。

如图8.1所示，编辑类型中"扶栏结构"对栏杆扶手属性进行设置；如图8.2所示，编辑类型中"栏杆位置"设置栏杆族为"无"。在类型属性对话框中将栏杆偏移设置为0，在属性面板中将底部偏移设置为"-20mm"。沿着A轴线，设置偏移量为"400mm"，在⑤、⑥轴线间绘制栏杆路径。

采用复制或者镜像复制方式，将新绘制的栏杆复制到其他开间。选择复制后的栏杆，可以对路径进行编辑。复制所有的空调栏杆，将其粘贴到F2、F3楼层标高，结果如图8.3所示。

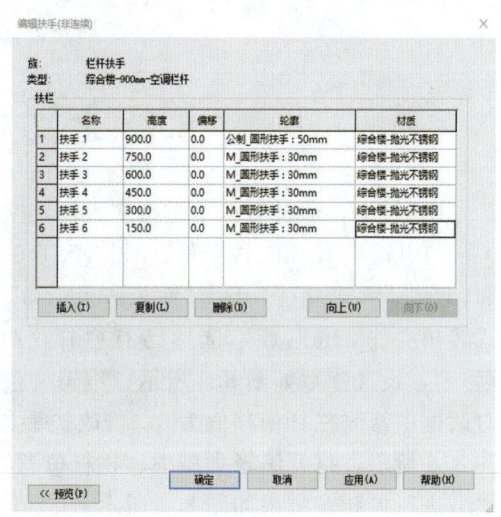

图8.1 设置扶栏结构

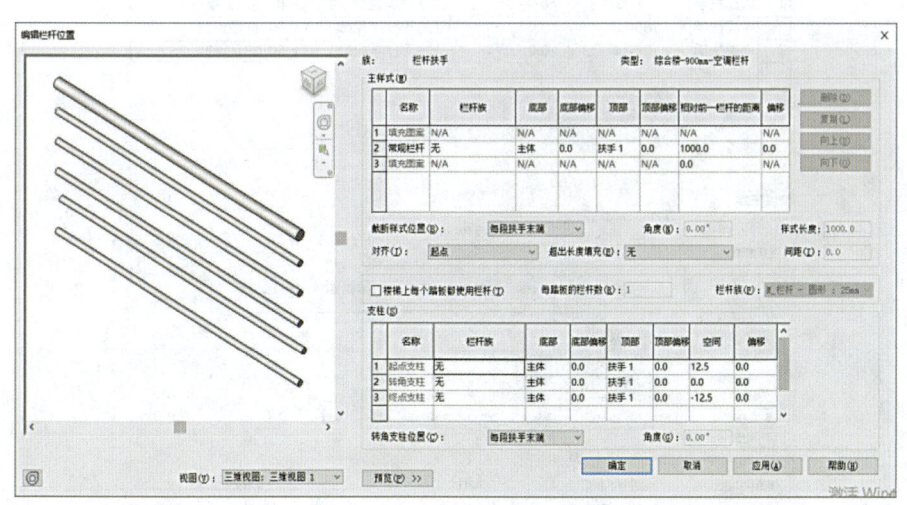

图8.2 设置栏杆位置

图 8.3　空调栏杆效果图

8.2　定义任意形式扶手

Revit 中，通过对扶手类型属性的定义，可以得到任意形式的扶手。

打开配套资源中"配套资源\RVT 8.2 扶手类型定义练习.rvt"，载入"顶部扶手轮廓.rfa""欧式立柱.rfa""铁艺嵌板.rfa""正方形扶手轮廓.rfa""正方形栏杆.rfa""中式转角立柱.rfa"族，选择已有栏杆，打开类型属性对话框；编辑"扶栏结构（非连续）"，设置参数如图 8.4 所示；编辑"栏杆位置"，设置参数如图 8.5 所示；在类型属性对话框中修改栏杆偏移值为 0，修改扶手为所需要的形式，但起点和终点处稍有瑕疵，如图 8.6 所示。打开编辑类型中"栏杆位置"，将"对齐"修改为"中心"，系统自动对栏杆类型进行更新，结果如图 8.7 所示。

图 8.4　设置扶栏结构

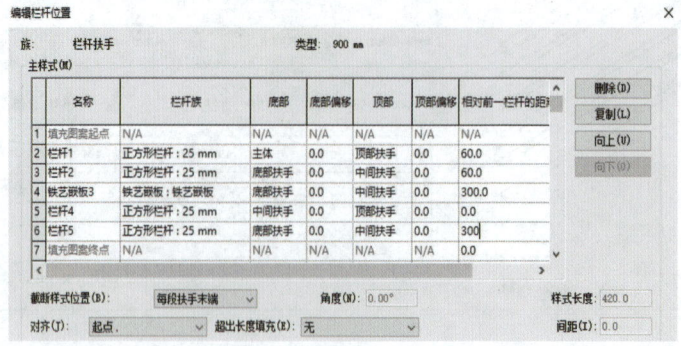

图 8.5　设置栏杆位置

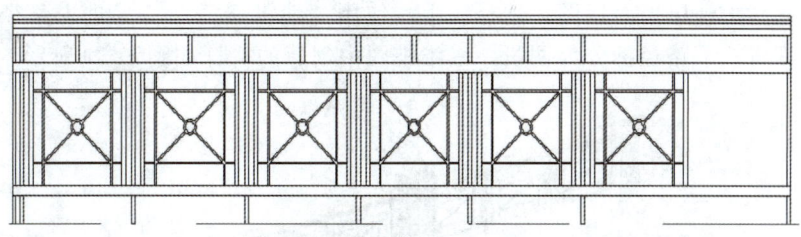

图 8.6 “起点”对齐

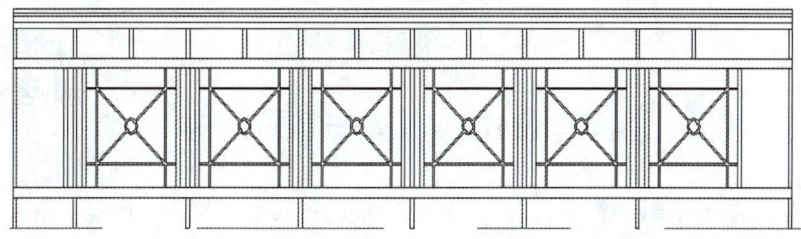

图 8.7 “中心”对齐

打开“属性类型”对话框，编辑“栏杆位置”，将“超出长度填充（E）”修改为“正方形栏杆：25mm”，设置间距为 100mm，两侧栏杆自动进行了填充，结果如图 8.8 所示。

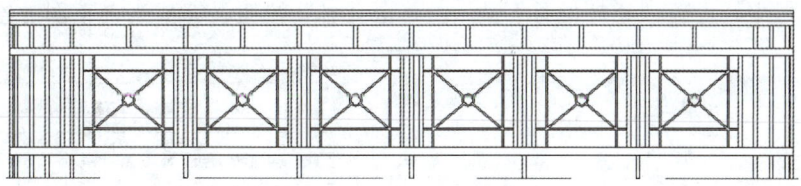

图 8.8 超出长度填充

打开“属性类型”对话框，编辑“栏杆位置”，如图 8.9 所示设置起点、转角、终点支柱的类型及参数，创建的栏杆如图 8.10 所示。

支柱(S)

	名称	栏杆族	底部	底部偏移	顶部	顶部偏移	空间	偏移
1	起点支柱	欧式立柱：欧式立柱	主体	0.0	顶部扶手	100.0	100.0	0.0
2	转角支柱	中式转角立柱：中式转角立柱	主体	0.0	顶部扶手	100.0	0.0	0.0
3	终点支柱	欧式立柱：欧式立柱	主体	0.0	顶部扶手	100.0	-100	0.0

图 8.9 设置栏杆位置

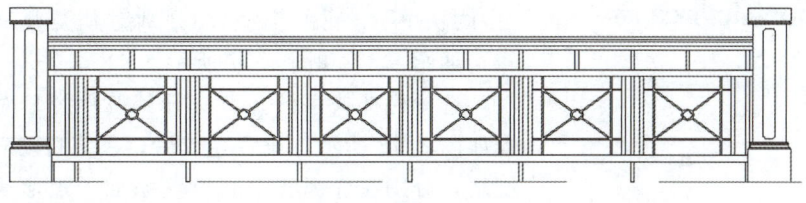

图 8.10 创建栏杆立面图

第 8 章 扶手、楼梯、坡道与洞口

切换到标高 1 楼层平面视图，选择扶手，使用"编辑路径"工具进入路径编辑状态，使用拆分工具将扶手路径拆分为两段，三维视图中创建的栏杆如图 8.11 所示。

图 8.11 创建栏杆效果图

8.3 使用族定义扶手的结构

打开配套资源中"配套资源\RVT\8.2 扶手类型定义练习.rvt"，删除原有栏杆，载入"顶部扶手轮廓.rfa""正方形扶手轮廓.rfa"。使用栏杆扶手工具在标高 1 楼层平面视图中绘制任意扶手。打开属性类型对话框，复制生成"900mm-2020"。编辑"扶栏结构（非连续）"，删除已定义的栏杆；在类型属性对话框中，使用顶部扶栏，设置如图 8.12 所示；编辑"栏杆位置"，设置"顶部"为"顶部扶栏图元"，如图 8.13 所示；在类型属性对话框中，设置"栏杆偏移"为 0。单击"√"按钮，完成当前草图的绘制。

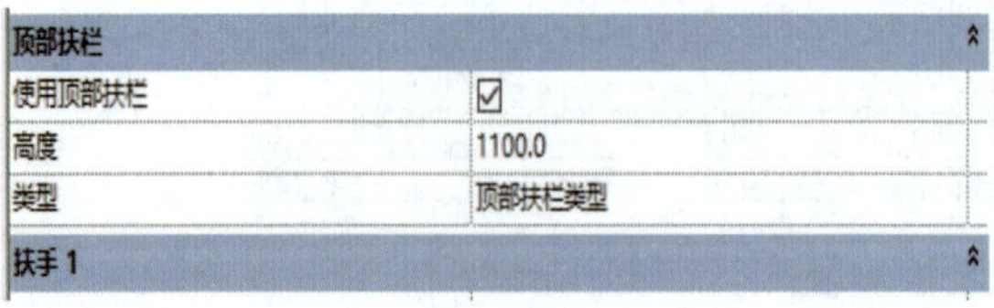

图 8.12 使用顶部扶栏

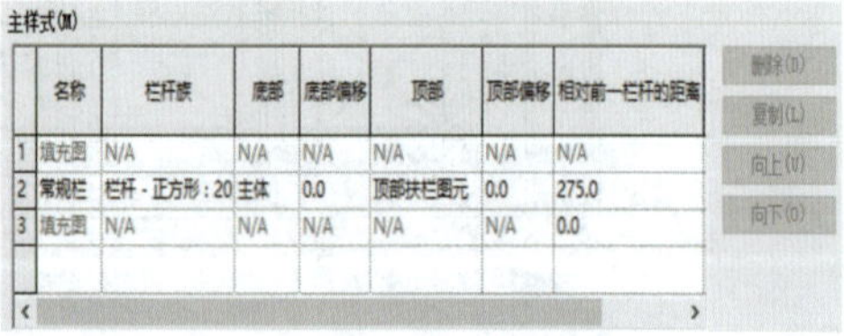

图 8.13 设置"顶部"

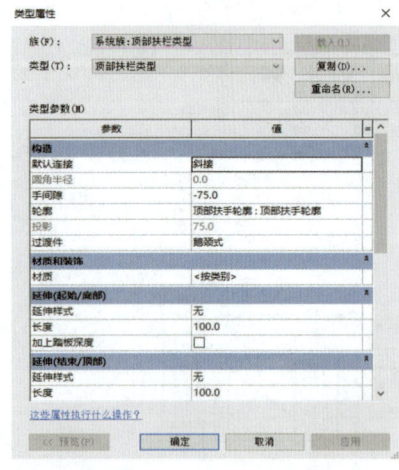

图 8.14 设置顶部扶栏类型参数

在项目浏览器中，依次选择"族—栏杆扶手—顶部扶栏类型—顶部扶栏类型"，打开"类型属性"对话框，如图 8.14 所示进行参数设置，三维视图如图 8.15 所示。

在项目浏览器中，单击"族—栏杆扶手—扶手类型—扶手类型"，右键重命名，将其重命名为"底部扶手"，右键复制、重命名为"中间扶手"。分别双击"中间扶手""底部扶手"，分别对其类型属性进行编辑，如图 8.16 和图 8.17 所示。

选择栏杆扶手图元，打开其属性类型对话框，设置如图 8.18 所示。设置完成后，系统自动对图元进行刷新，分别在底部和中间位置添加了矩形扶手，三维视图如图 8.19 所示。

8.3 使用族定义扶手的结构

配合使用 Tab 键，可以单独选择顶部扶手、中间扶手、底部扶手等，编辑其类型属性，对其属性做进一步的设置。

选定顶部扶栏，在"修改/顶部扶手"上下文选项卡中，可以使用"连续扶栏"面板中的"编辑扶栏"载入新的扶手轮廓，或者使用"编辑路径"方式对其路径修行编辑。Revit 会根据编辑的路径生成扶手，还可以对其进行连接方式（圆角等）的修改，如图 8.20 所示。

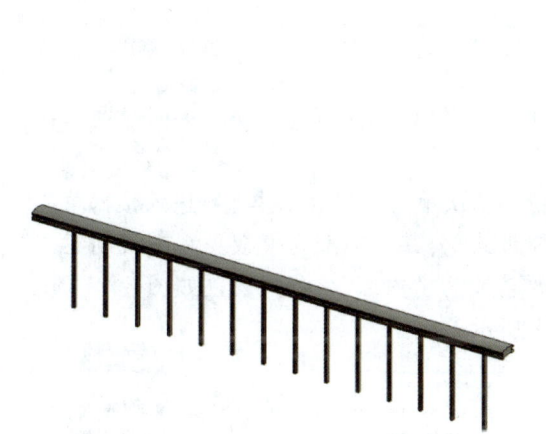

图 8.15 使用"顶部扶栏"效果图

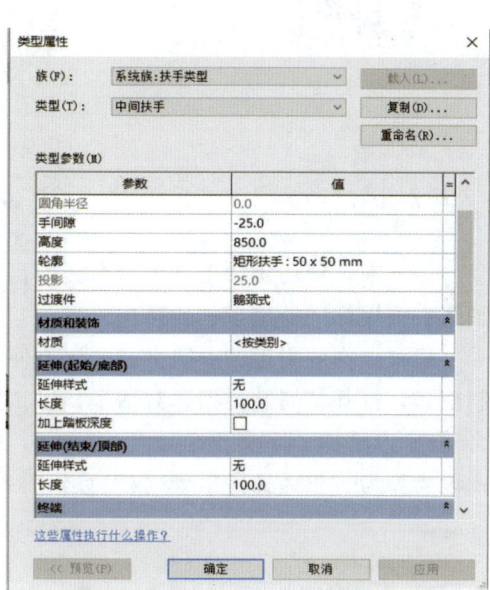

图 8.16 中间扶手类型设置

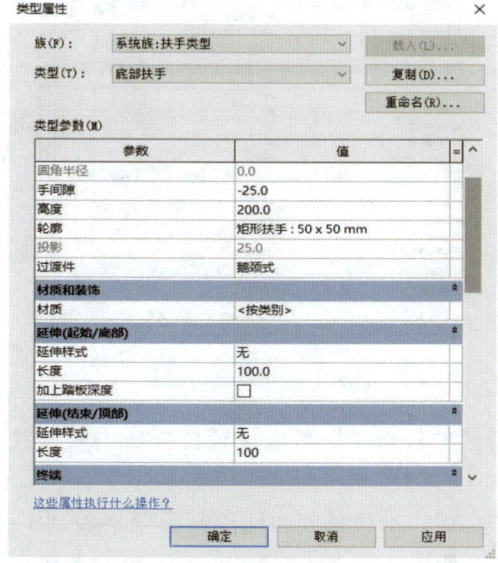

图 8.17 底部扶手类型设置

图 8.18 栏杆扶手参数设置

第 8 章 扶手、楼梯、坡道与洞口

图 8.19 栏杆扶手效果图

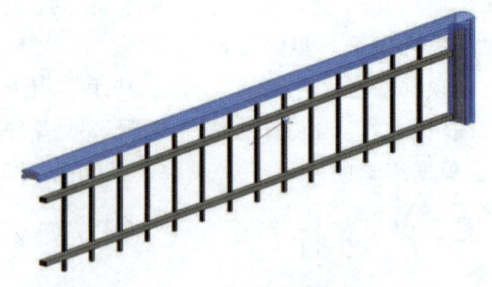

图 8.20 扶手的圆角连接

8.4 添加室内楼梯

接下来,使用楼梯工具为综合楼项目创建室内楼梯。切换到 F1 楼层平面视图,在⑧轴线右侧楼梯间的位置创建楼梯。

隐藏楼梯间附近的参照平面,以方便定位。依次单击"建筑—楼梯"进入楼梯草图绘制模式,打开"属性类型"对话框,以"整体板式-公共"类型为模板复制方式创建"综合楼-室内楼梯-150×300mm"的类型,修改功能为"内部",参数设置如图 8.21 所示。梯段类型为"整体梯段",参数设置如图 8.22 所示。

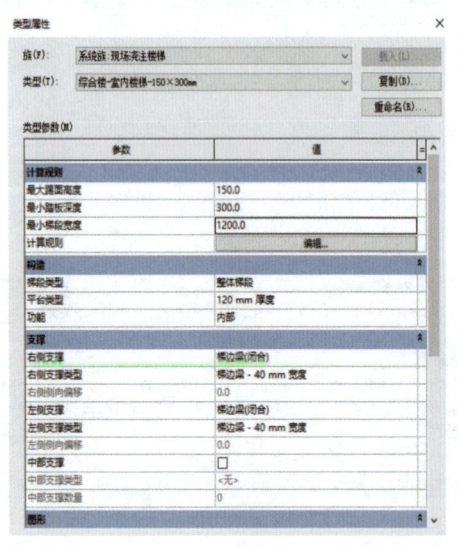

图 8.21 室内楼梯参数

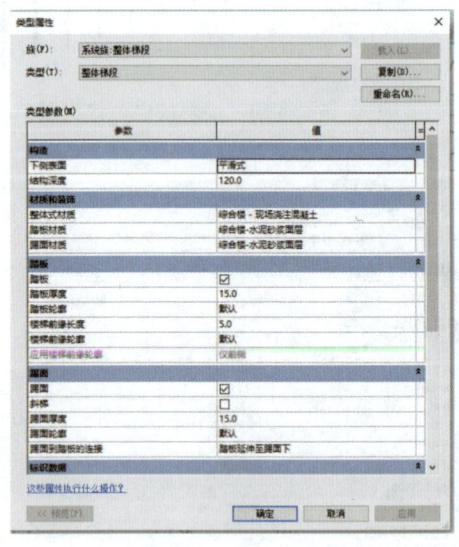

图 8.22 整体梯段参数

Revit 绘制楼梯时,可以同步绘制栏杆,单击"栏杆扶手"可以设置栏杆扶手的位置和类型,如图 8.23 所示。

在 C 轴线上方 2180 的位置绘制参照平面"S-A",沿楼梯间中线绘制参照平面"S-B",⑧轴线右侧 720mm 绘制参照平面"S-C",右侧墙体中心线左侧 720mm 绘制参照平面"S-D"。选择梯段绘制工具,以 S-A 与 S-C 的交点为起点向上绘制 12 个梯段,然后平行向右沿 S-D 向下绘制 12 个梯段到 S-A。使用临时尺寸标注修改休息平台边界与梯段结束点的距离为 1300，使用"平台—创建草图"沿左上方墙面绘制平台边界，使用修剪工具将其与原平台融合。使用复制、粘贴，与指定标高对齐的方式，将楼梯复制到 F2 标高，结果如图 8.24 所示。

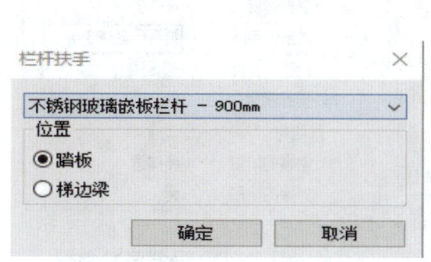

图 8.23 设置栏杆类型

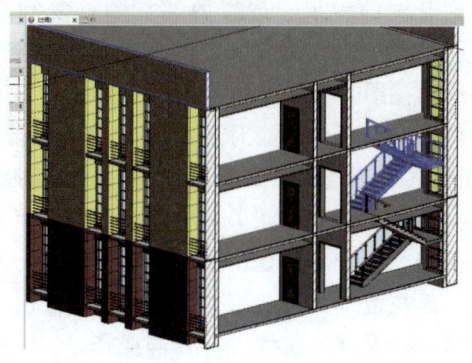

图 8.24 楼梯效果图

使用类似的方式，绘制入口处的楼梯。在④轴线左侧 2000mm、B 轴线下方 2150mm 处放置参照平面，在水平参照平面两侧各 925mm 处放置参照平面。修改楼梯宽度为 1650，创建楼梯，用"对齐"工具将边缘对齐到核心层表面，并将其复制到 F2 标高，结果如图 8.25 所示。

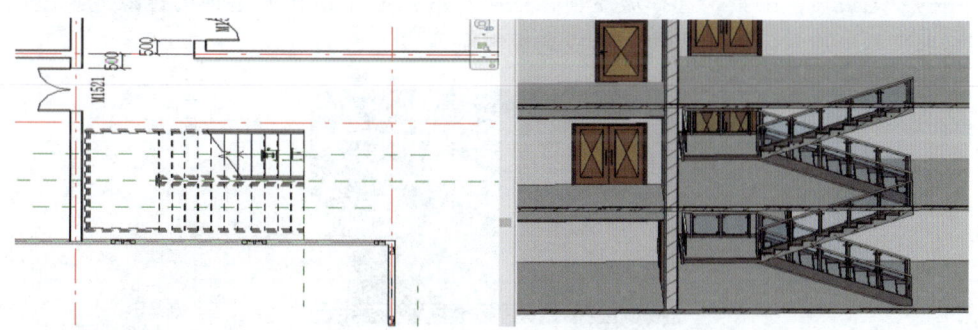

图 8.25 入口处楼梯效果图

放置完楼梯后，系统默认沿楼梯边缘放置扶手。Revit 允许用户根据要求再次修改扶手的迹线、接头和样式。

8.5 使用洞口工具创建楼梯间洞口

在项目中添加楼板、天花板之后，需要在楼梯间、电梯间等部位在天花板和楼板上创建洞口。切换到 F1 楼层平面视图，为了方便编辑，使用"视图—剖面"工具，在⑧轴线右侧用"建筑剖面国内符号"类型绘制剖面，在项目浏览器中双击"section 0"打开刚绘制完成的剖面。使用"建筑"选项卡，"洞口"面板中的"垂直"工具，该工具只能对楼板、天花板、檐底板类的对象进行开洞。选择 F2 位置的楼板，在弹出的"转到视图"对话框中，选择"楼层平面：F2"，转到该视图。采用"拾取线"的方式，拾取楼梯边界或墙的边界，对拾取线进行适当修剪，形成首尾相连的轮廓草图，单击"√"完成开洞操作。返回 F2 楼层平面视图，可以看到开洞的效果。选择剪切洞口，复制、粘贴到F3 标高，完成 F3 楼层标高的开洞。切换到 F2、F3楼层平面视图，楼梯显示正确的投影。

洞口工具通常只能对选定的对象进行操作，Revit 还提供了"竖井"工具用于在一定标高范围进行开洞。单击"竖井"工具，在入口处楼梯周边绘制开洞范围，设置参数如图 8.26 所示。界线范围内的楼板、天花板全部被打穿，形成楼梯洞口。请注意，该工具不能对墙等实体进行开洞操作。

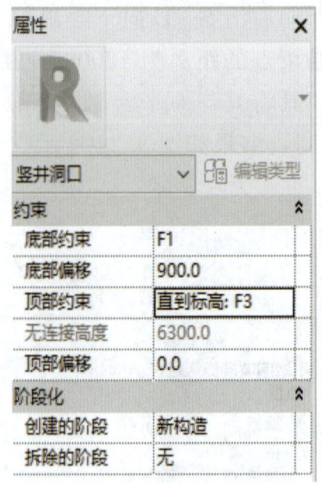

图 8.26　设置竖井参数

8.6　其他形式洞口

除了垂直洞口和竖井外，Revit 还提供了其他几种创建洞口的方式。

打开配套资源中的"配套资源\RVT\7.6 屋顶生成练习-完成.rvt"，使用"洞口"面板中的"老虎窗"工具，选择坡屋顶，依次拾取弧形屋顶和坡屋顶的边缘线、屋檐线，使用修剪工具形成封闭的轮廓线，形成老虎窗屋顶如图 8.27 所示。

图 8.27　老虎窗屋顶

8.7　添　加　坡　道

Revit 提供了坡道工具，为项目添加坡道。切换到室外地坪楼层平面视图，使用坡道工具，复制创建"综合楼-1：12-室外"坡道类型，修改参数如图 8.29 所示。对属性窗口的数据进行修改、设定如图 8.28 所示。单击"栏杆扶手"打开栏杆扶手对话框，设定栏杆扶手样式为"欧式石栏板"。

在室外台阶板下边缘上方 500mm 处绘制参照平面"R—A"，沿④轴线延伸绘制参照平面"R—B"，在"R—A"下方 14m 处绘制参照平面"R—C"。选择绘制方式为"梯段""弧形"，捕捉 R—C 与 R—B 的交点作为圆心，向左上方移动鼠标，输入半径为 16m，顺

8.7 添 加 坡 道

时针方向移动鼠标直到显示为所有的坡道，预览之后确定。选定坡道，以 R—C 与 R—B 的交点作为圆心，旋转坡道边缘与台阶边缘对齐，完成坡道的编辑。

采用复制镜像的方式，将其镜像到另外一侧，坡道创建完成，结果如图 8.30 所示。选择栏杆扶手，对其类型进行编辑。在"栏杆位置"中修改"对齐"为"展开样式以匹配"、"End Post"为"无"，修改后的坡道栏杆扶手如图 8.31 所示。

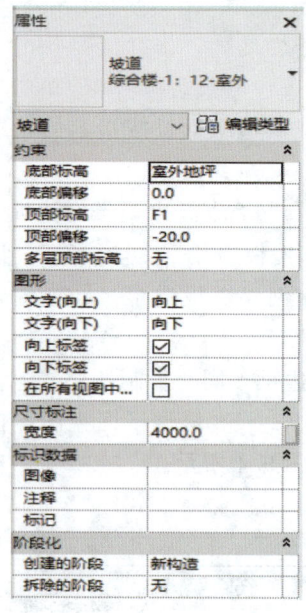

图 8.28　坡道属性

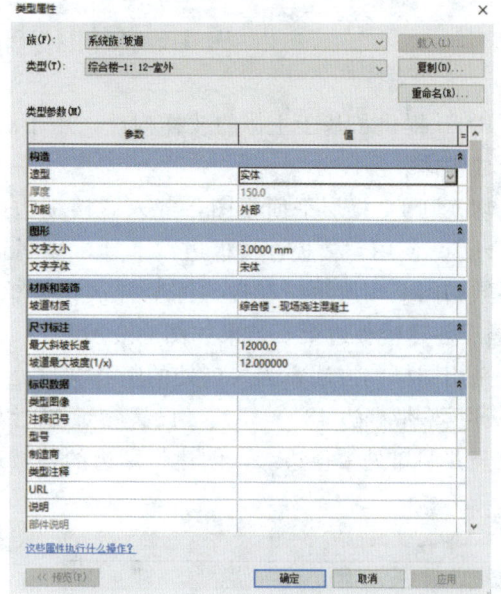

图 8.29　坡道参数

图 8.30　坡道效果图

图 8.31　坡道栏杆效果图

第9章 主体放样与构件

9.1 添加楼梯间楼板边缘

Revit 提供了基于主体的放样构件，用于沿选择的主体或其边缘通过按指定的轮廓放样生成实体。

切换到 F2 楼层平面视图，载入"楼板边梁 480×350.rfa""楼板边梁带翻边 480×350.rfa"。使用"楼板：楼板边"工具，复制新建"综合楼-楼板边梁-480×350"，设置其参数如图 9.1 所示。在楼梯间竖井洞口处拾取楼板边缘，创建楼板边梁。同样的，在 F3 楼层创建楼板边梁，结果如图 9.3 所示。

采用同样的方法，为入口处的竖井洞口处楼板添加楼板边梁。同时复制新建"综合楼-楼板边梁-带翻边 480×350"，设置参数如图 9.2 所示。在 F2、F3 楼层平面视图，依次拾取竖井洞口处楼板边缘，创建带翻边的楼板边梁，结果如图 9.4 所示。

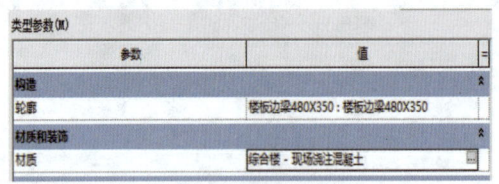

图 9.1 楼板边梁参数

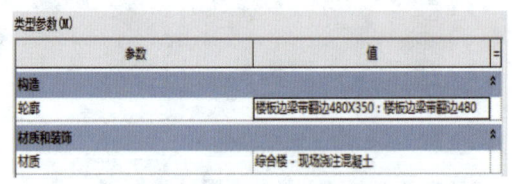

图 9.2 楼板边梁带翻边参数

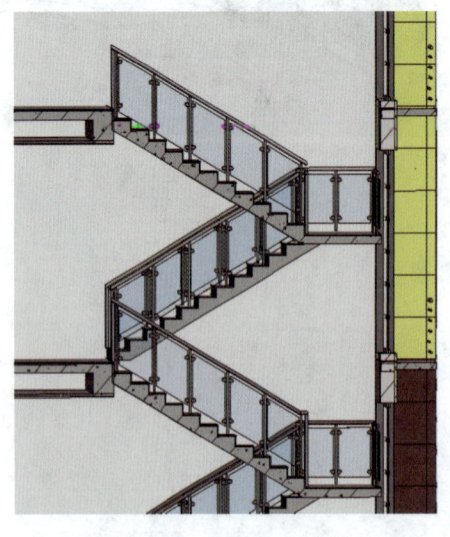

图 9.3 楼板边梁

图 9.4 楼板边梁带翻边

9.2 添加其他位置楼板边梁

切换到 F2 楼层平面视图，使用"楼板边"工具，依次拾取①到④轴线间幕墙边界位置的楼板边缘，生成楼板边梁，如图 9.5 所示。单击"重新放置楼板边缘"，可以对已放置完成的楼板边缘进行修改或重新放置。

使用"栏杆扶手"工具，以"不锈钢玻璃嵌板栏杆-2"为基础复制创建"综合楼-不锈钢玻璃栏杆"，修改其属性"扶栏结构""栏杆位置"，如图 9.6 和图 9.7 所示。采用拾取线方式，沿幕墙内边界、入口楼梯处楼板边布置栏杆扶手。

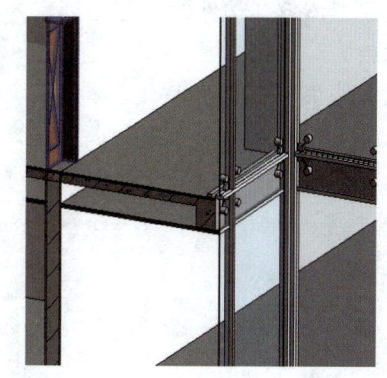

图 9.5 幕墙边界楼板边梁

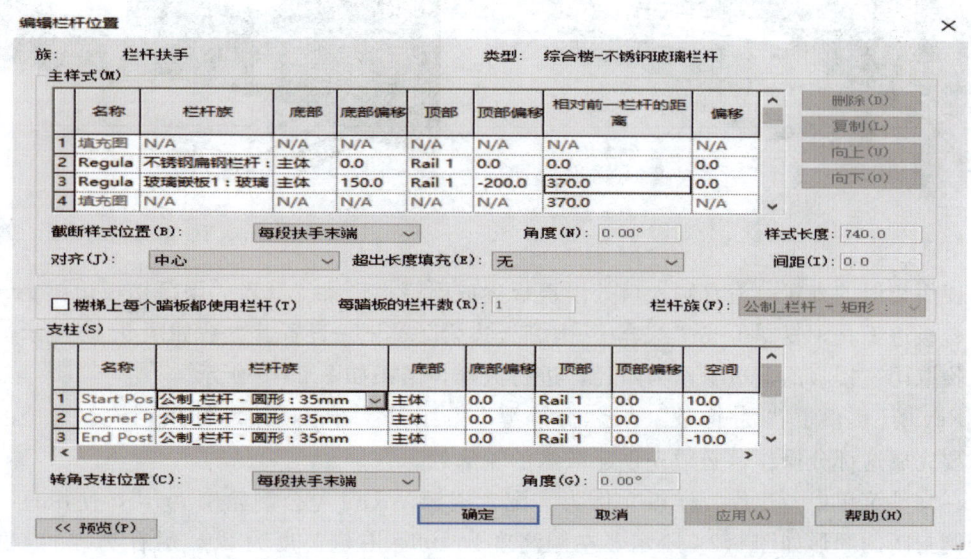

图 9.6 扶栏结构设置

图 9.7 栏杆位置设置

9.3 室外台阶

创建主体放样构件的关键是创建并指定合适的轮廓族，Revit 中可以自定义任意形式的轮廓族。

在文件菜单中新建族，选择样板文件"配套资源\RFT\公制轮廓.rft"，使用直线工具，绘制轮廓如图 9.8 所示，另存为"四级室外台阶轮廓.rfa"，并载入到项目中。

选择楼板边工具，打开类型属性对话框，以"楼板边"为基础复制新建"综合楼-四级室外台阶"类型，设置其属性如图 9.9 所示。

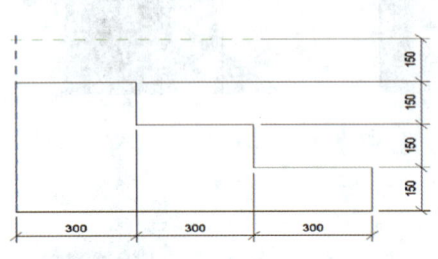

图 9.8 室外台阶轮廓

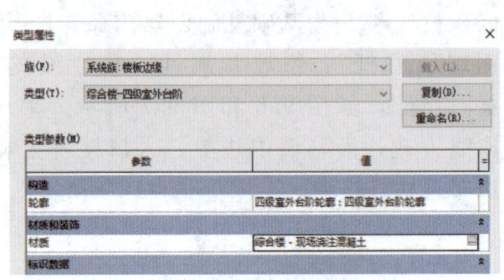

图 9.9 四级室外台阶类型设置

拾取室外台阶的上边缘，Revit 按指定的轮廓生成入口处室外台阶的踏步，三维视图如图 9.10 所示。

单击"重新放置楼板边缘"按钮，在楼体右侧的入口位置拾取楼板边缘，Revit 会形成连续的楼板边缘放样，结果如图 9.11 所示。继续完成食堂入口处的室外台阶创建。

图 9.10 入口处室外台阶

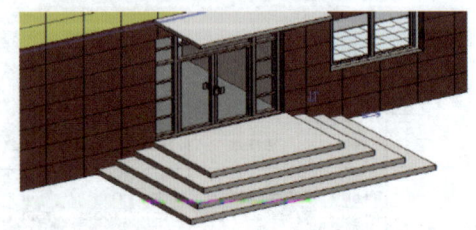

图 9.11 侧门处室外台阶

使用类似的方式，为右侧入口处雨篷板生成雨篷板边梁。载入"雨篷楼板边梁.rfa"，使用楼板边工具，复制生成"综合楼-雨棚板边梁"类型。设置其参数如图 9.12 所示。

拾取雨篷楼板的上边缘作为路径，进行放样，结果如图 9.13 所示。

Revit 还提供了"墙-饰条""墙-分隔缝"等工具，可以使用墙饰条创建综合楼的散水。要完成这部分操作，必须先创建散水的轮廓族。

在文件菜单中新建族，样板文件为"配套资源\RFT\公制轮廓.rft"，使用直线工具绘制封闭的图形如图 9.14 所示，左侧高度为 100、右侧高度为 20。另存为"800 宽室外散水.rfa"，载入到项目。

使用墙饰条工具，复制新建"综合楼-800 宽-室外散水"，修改参数如图 9.15 所示。

9.3 室外台阶

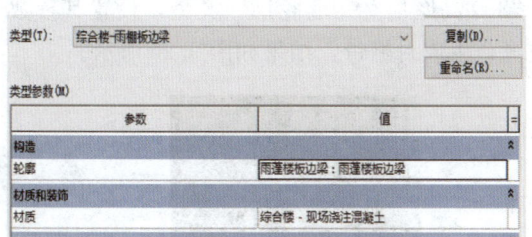

图 9.12 雨篷板类型设置

图 9.13 雨篷板效果图

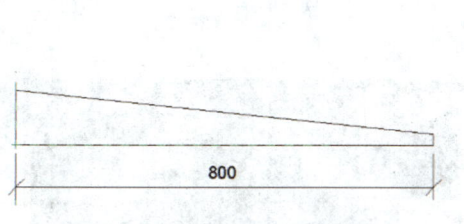

图 9.14 散水轮廓

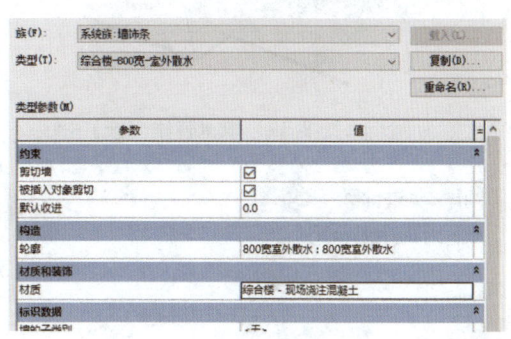

图 9.15 散水参数

散水的生成方式为"水平",依次拾取墙体的底部边缘,完成散水创建,结果如图 9.16 所示。可以通过拖拽夹点的方式,对墙饰条进行编辑。

在食堂散水和办公区散水之间,使用修改转角工具,转角设为 90°,选择办公楼区域转角立面,系统会自动生成转角,结果如图 9.17 所示。完成转角设置后,可以进一步拖拽墙饰条,将其修改为符合条件的样式。使用"连接"工具,可以将两个墙饰条连接为一个对象,重叠部分自动删除,结果如图 9.18 所示。

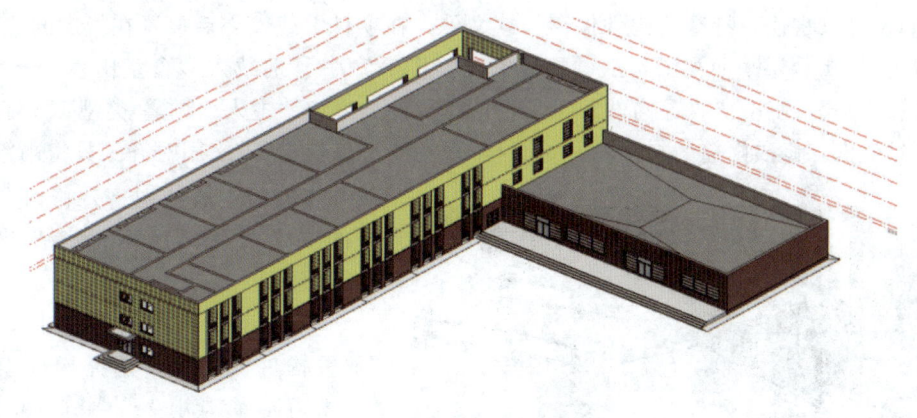

图 9.16 散水效果图

使用主体放样工具可以沿主体方向生成带状的放样,除了可以沿楼板或墙体生成放样对象之外,Revit 还可以沿屋顶生成放样对象。

接下来,为食堂屋顶部分放置封檐板,载入"配套资源\RFA\300高屋顶女儿墙轮廓

.rfa",使用"屋顶:封檐板"工具,复制创建"300高屋顶女儿墙轮廓"类型,设置其参数如图9.19所示。拾取食堂屋顶靠近办公楼的边缘,生成封檐带,结果如图9.20所示。

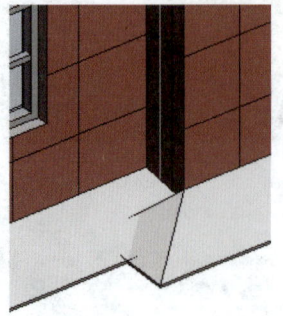

图9.17 散水转角(一)

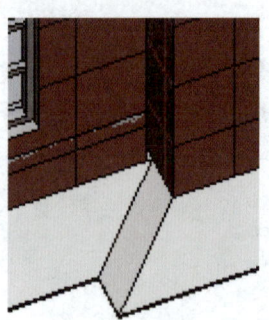

图9.18 散水转角(二)

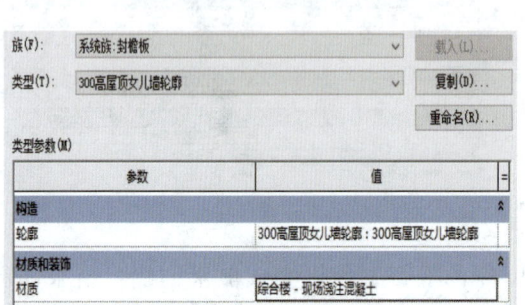

图9.19 封檐板参数

图9.20 封檐板效果图

9.4 添加特殊雨篷

Revit可以将任一特殊的构件保存为族文件,在项目中载入之后放置在指定的位置。

切换到F1楼层平面视图,从"配套资源\RFA"中分别载入"食堂雨篷.rfa""主入口雨篷.rfa",使用"放置构件"工具,选择构件类型为"主入口雨篷 类型1",打开类型属性对话框,修改雨篷的材质为"综合楼-现场浇注混凝土",使用对齐工具将雨篷中心线与入口门中心线对齐,修改"标高中的高程"为3100mm,结果如图9.21所示。

切换到F2楼层平面视图,使用"放置构件"工具,选择构件类型为"食堂雨篷 食堂雨篷",修改雨篷参数如图9.22所示,在③轴线右侧外墙处放置雨篷,使用对齐工具使雨篷下边缘与办公楼外墙面对齐,修改"标高中的高程"为"-100mm",结果

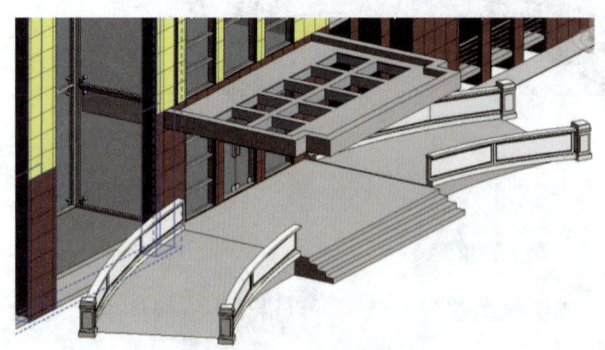

图9.21 入口处雨篷效果图

如图 9.23 所示。

其他	
雨蓬梁间距	1500.0
雨蓬材质	玻璃
雨蓬挑宽	2700.0
雨蓬长度	27400.0
阵列数	19
钢架宽	2700.0

图 9.22 雨篷参数

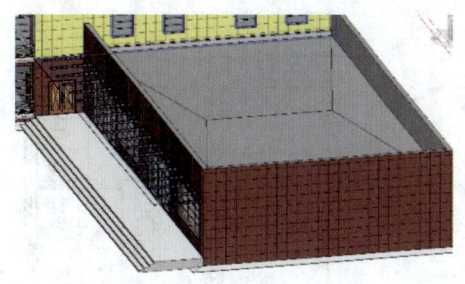

图 9.23 食堂雨篷效果图

9.5 卫生间布置

使用放置构件工具，通过族调用的方式，还可以为项目布置房间内的家具、洁具等图元。

切换到 F1 楼层平面视图，从“配套资源\RFA”中分别载入“综合楼-台式双洗脸盆.rfa”“综合楼-卫生间隔断.rfa”“综合楼-污水池.rfa”“综合楼-悬挂小便斗.rfa”，在盥洗室放置洗脸盆，调整洗脸盆的参数如图 9.24 所示。

继续使用放置构件工具，在卫生间中放置隔断。选择构件类型为“综合楼-卫生间隔断中间或靠墙（150 高地台）”，在属性面板中修改隔断的宽度为 1000mm，拾取⑨轴线的卫生间墙体，放置两个卫生间隔断；修改当前隔断的类型为“尽端靠墙（150 高地台）”，修改其宽度为 1050mm，完成上方卫生间的隔断创建。继续使用放置构件工具，在下方卫生间放置隔断，选择构件类型为“综合楼-卫生间隔断中间或靠墙（150 高地台）”，在属性面板中修改隔断的宽度为 1010mm，放置一个；修改当前隔断的类型为“尽端靠墙（150 高地台）”，再放置一个。

同样的方式，在男厕墙体放置三个小便斗，上方小便斗与 D 轴线的距离为 900m，小便斗中心线间距离为 650mm。在 C 轴线上方的卫生间，与 C 轴线墙体对齐在⑨轴线左侧 1000mm 处放置污水池，卫生间布置结果如图 9.25 所示。

选择已创建的卫生洁具，复制、粘贴到 F2、F3

属性	
综合楼-台式双洗脸盆 台式洗脸盆	
卫浴装置 (1)	编辑类型
约束	
标高	F1
标高中的高程	0.0
主体	楼板：综合楼-1...
主体中的偏移	20.0
与邻近图元一...	☐
机械	
系统分类	
系统类型	
系统名称	
系统缩写	
标识数据	
图像	
注释	
标记	7
阶段化	
创建的阶段	新构造
拆除的阶段	无
其他	
脸盆间距	750.0
脸盆数	3
左右脸盆中心距	1500.0
左侧距墙	450.0
右侧距墙	450.0
台面高	800.0
台面材质	<按类别>
台面总长	2400.0

图 9.24 洗脸盆参数

标高，完成卫生间的布置。

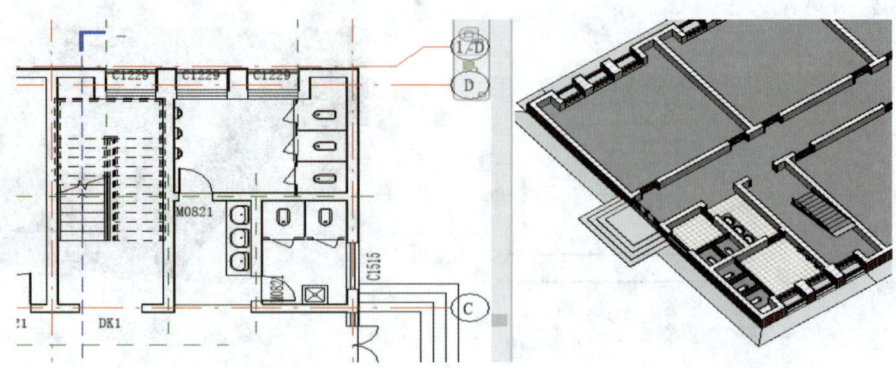

图 9.25　卫生间布置

第10章 结构布置

10.1 布置结构柱

使用结构柱工具,可以为项目添加结构柱图元。

切换到 F1 楼层平面视图,载入"综合楼-混凝土矩形柱.rfa"。在"结构"选项卡中选择"柱"工具,选择"综合楼-混凝土矩形柱 450×450mm",打开属性类型对话框,复制创建"300×300mm",将 b、h 均设置为 300mm。放置垂直柱,不勾选"放置后旋转",高度为 F2,勾选"房间边界",在"多个"选项卡中选定"在轴网处",以虚线框方式选定食堂区域的轴网,放置食堂部分的结构柱。使用对齐工具,勾选"多重对齐",首选:参照核心层表面,将外墙上的结构柱对齐至外墙核心层表面。选定某一结构柱,右键选取视图中可见的全部实例,修改结构柱的参数,如图 10.1 所示。

使用同样的方式,创建办公部分结构柱。结构柱类型为"综合楼-混凝土矩形柱 450×450mm",沿办公区域的轴网放置结构柱。使用对齐工具,勾选"多重对齐",首选:参照核心层表面,将 A、D 轴线的结构柱对齐至窗的内墙表面,将⑨轴线的结构柱对齐至办公楼外墙核心层表面,将 B、C 轴线的结构柱对齐至内墙的核心层表面,如图 10.2 所示将幕墙外侧的结构柱对齐至叠层墙核心层中心线,并在②、③轴线幕墙上方 350mm 的距离处放置两个结构柱。选择办公楼区域的全部结构柱,修改结构柱的参数如图 10.3 所示。

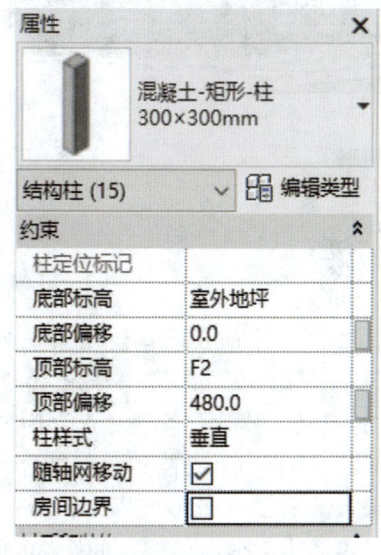

图 10.1 结构柱参数

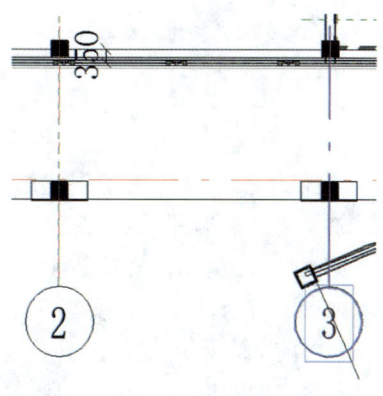

图 10.2 结构柱对齐

选用"综合楼-混凝土矩形柱-450×500mm"类型，为办公楼室外雨篷创建结构柱。如图10.4所示，在入口台阶两侧分别绘制结构柱，将其与台阶边缘对齐。修改其底部标高为室外地坪、顶部标高为F2，顶部偏移为1800mm，三维视图如图10.5所示。

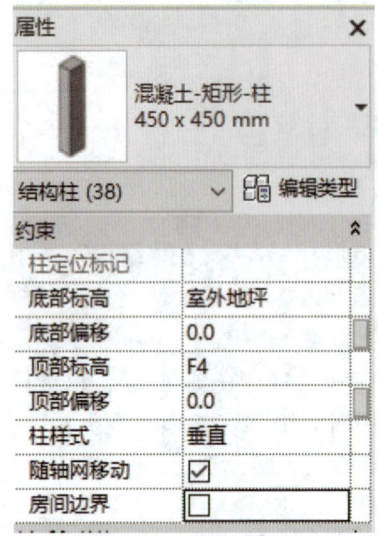

图10.3 修改结构柱参数

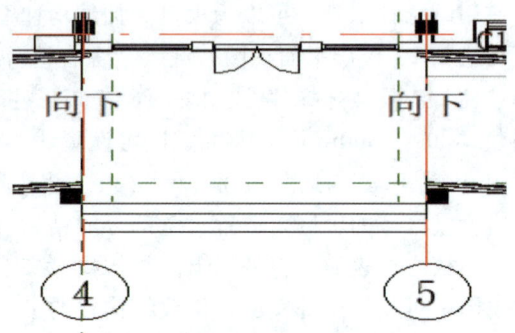

图10.4 雨篷结构柱创建

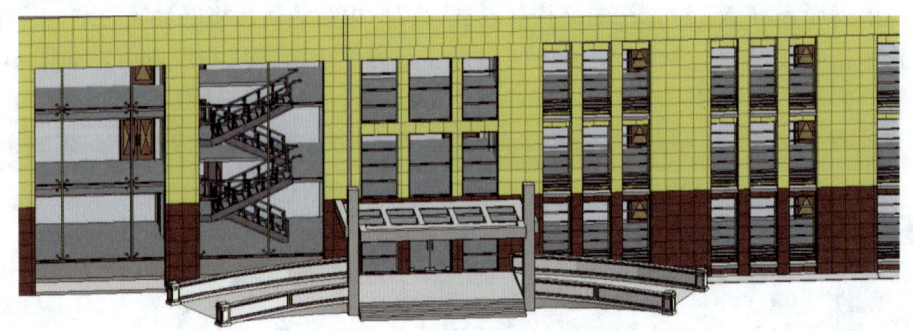

图10.5 雨篷结构三维视图

10.2 绘 制 梁

Revit 提供了梁工具，用于创建结构梁。切换至F4楼层平面视图，使用梁工具，以"矩形梁-加强版 矩形梁"为基础，复制创建"250×500mm"类型，修改其梁宽为250mm、梁高为500mm。放置平面为F4，结构用途：自动，修改"Z轴对正"为"中心线"，如图10.6所示，以②轴线与女儿墙的交点为起点，垂直向下绘制到垂直复合墙的中心线。选中当前梁，使用复制工具，勾选多个、约束，向右沿水平方向以1800mm的间距复制生成梁，向左以3000mm间距复制。同样的方式，绘制横向的梁，间距2000mm。创建的梁三维视图如图10.7所示。

10.2 绘制梁

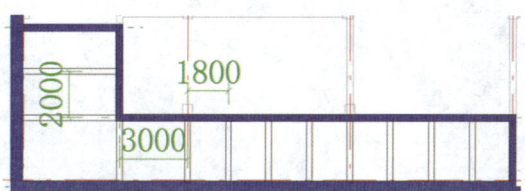

图 10.6　创建梁

图 10.7　梁三维视图

第11章 场地与场地构件

Revit 场地工具可以创建项目的场地。

11.1 放置点方式生成地形表面

切换到"场地"楼层平面视图,如图11.1所示编辑视图范围。

在"体量和场地"选项卡中,可以进行体量、面、场地的建模。使用"地形表面"工具,通过"放置点"的方式生成场地地形表面,在选项栏修改高程为−600,在办公楼周边4个角点的位置放置4个高程点。在属性窗口中选择材质打开材质浏览器,以"场地-草"为基础复制创建"综合楼-场地-草"类型,完成使用高程点创建场地的操作,结果如图11.2所示。

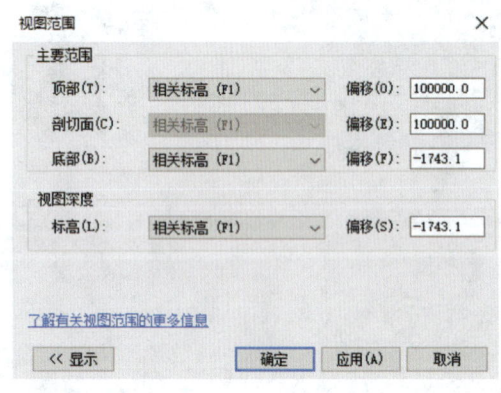

图 11.1 设置视图范围

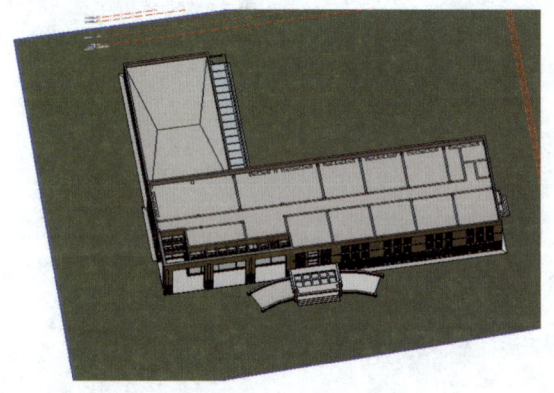

图 11.2 放置点方式生成地形表面

11.2 通过导入 DWG 数据创建地形表面

打开配套资源中的"配套资源 \ RVT \ 11.2 地形生成练习.rvt",切换到场地楼层平面视图,在"插入"选项卡中使用"导入 CAD"工具,导入"配套资料 \ DWG \ 等高线.dwg",如图11.3所示。

在"体量和场地"选项卡中使用"地形表面"工具,选择"通过导入创建—选择导入实例",拾取导入的.dwg文件,选择"主等高线""次等高线"图层,创建地形如图11.4所示。

自动生成后,高程点比较密集。继续使用"简化表面"工具,输入表面精度为100,对地形表面进行简化,完成了地形创建。

11.2 通过导入 DWG 数据创建地形表面

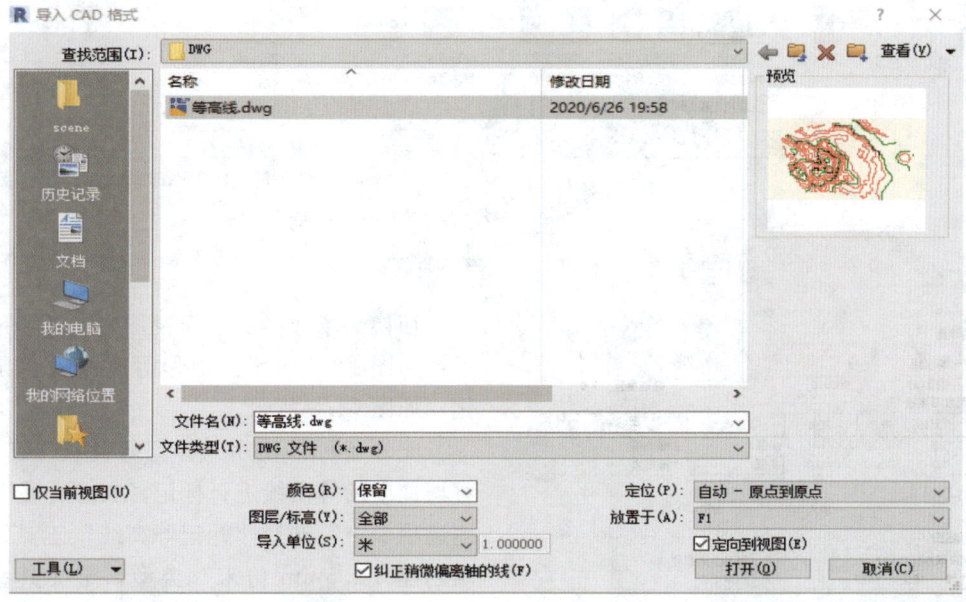

图 11.3 导入 CAD

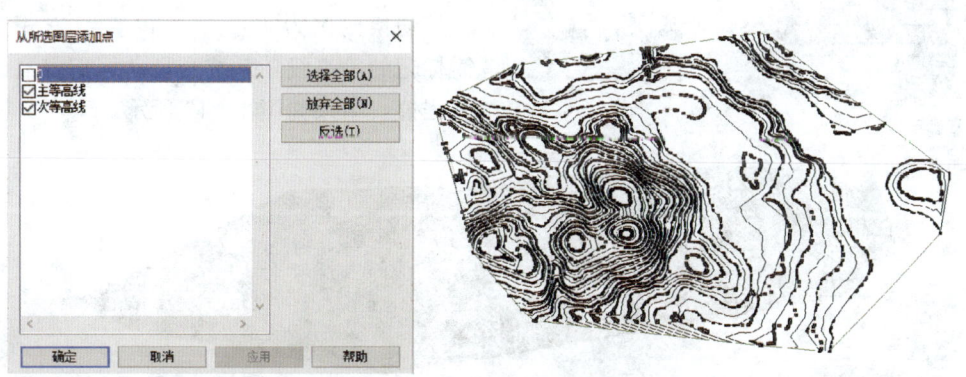

图 11.4 通过导入创建地形

注意：此处导入的等高线，系统自动提取了等高线的 Z 值作为高程。此时需要删除导入的等高线，只保留地形表面，结果如图 11.5 所示。

图 11.5 简化表面地形创建

创建完成后，使用"场地设置"工具，如图 11.6 所示，可以修改地形表面的显示形式。

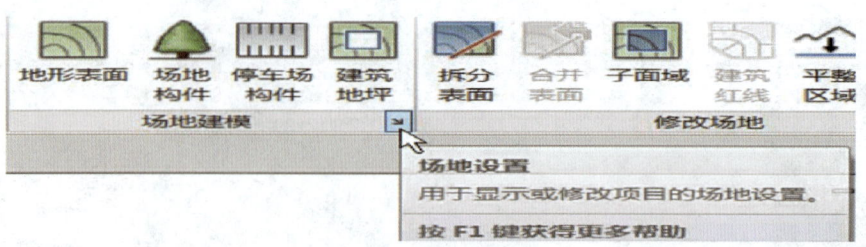

图 11.6　应用场地设置

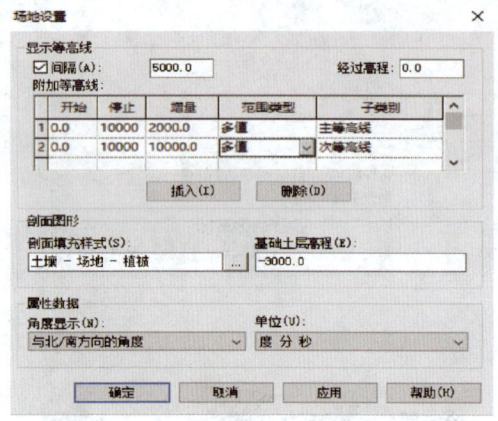

图 11.7　场地设置参数

切换到场地楼层平面视图，进行场地设置，如图 11.7 所示。地形等高线发生了变化，如图 11.8 所示。

此外还可以使用"标记等高线"工具，对场地中的等高线进行标记。在"体量和场地选项卡中"选择"标记等高线"工具，复制创建"3.5mm 仿宋"类型，定义其参数如图 11.9 所示。注意：设置"单位格式"，等高线通常是以"米"为单位标记的。

切换比例为 1∶500，以直线方式穿越需标记的等高线，系统会自动标记等高线的高程值，结果如图 11.10 所示。

图 11.8　场地设置地形创建

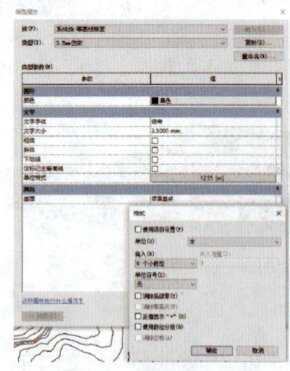

图 11.9　标记等高线参数

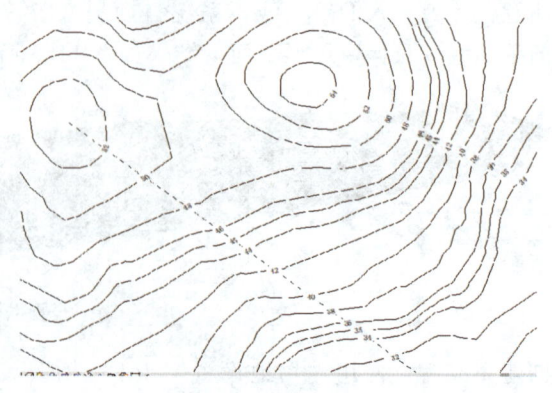

图 11.10　标记等高线

11.3 通过导入测量点数据创建地形表面

除了采用导入等高线的方式生成地形表面之外，还可以通过导入测量点文件的方式生成地形表面。打开配套资源中的文件"配套资源＼RVT＼ 11.2 地形生成练习.rvt"切换到"场地"楼层平面视图，在"体量和场地"选项卡中使用"地形表面"工具，选择"通过导入创建-指定点文件"，导入"配套资源＼Other＼高程文本.txt"（逗号分隔文本），生成与上节相同的地形表面。

11.4 添加建筑地坪

创建地形表面后，可以沿建筑轮廓创建建筑地坪。切换到 F1 楼层平面视图，在"体量和场地"选项卡中使用"建筑地坪"工具，复制创建"综合楼-450mm-地坪"类型，修改其参数如图 11.11 所示。在属性窗口中，设置标高为 F1，自标高的高度偏移为"-150"，选择绘制方式为"拾取墙"，偏移值为 0，勾选延伸到墙中（至核心层）。拾取食堂内墙，使用直线绘制，将其封闭。沿办公区外墙内侧边缘，拾取轮廓线；幕墙部分，采用拾取线方式，拾取幕墙的内表面边缘。使用修剪工具对边界线进行修剪，使其首尾相连，生成办公区域的室内地坪如图 11.12 所示。

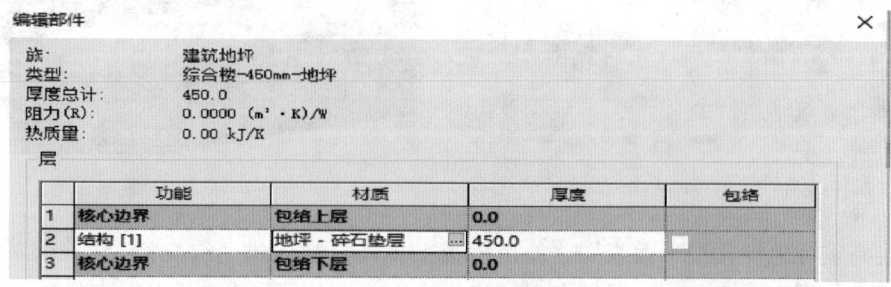

图 11.11 建筑地坪参数

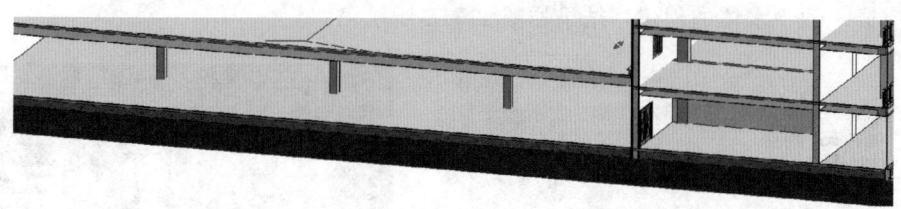

图 11.12 室内地坪效果图

使用"建筑地坪"工具，可以创建室外水池。

切换到"场地"楼层平面视图，在 A 轴线下方 10m、14.5m 处分别放置参照平面，沿①、②轴线延长线分别放置参照平面如图 11.13 所示；在"体量和场地"选项卡中使用"建筑地坪"工具，复制创建"综合楼-水池底"类型，修改其参数如图 11.14 所示。使用矩形、弧线段方式，创建水池轮廓如图 11.13 所示。设置标高为"室外地坪"，自标高的高度偏移为"－600mm"，完成创建。

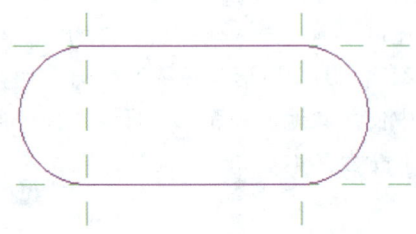

图 11.13 水池室外地坪轮廓

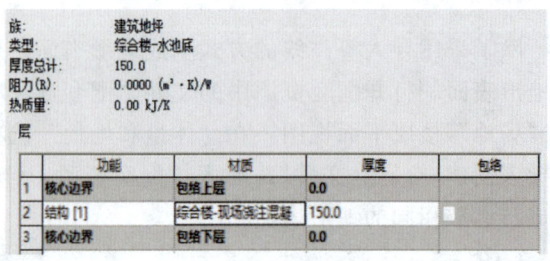

图 11.14 水池底参数

切换到室外地坪楼层平面视图，调整视图范围如图 11.15 所示。使用墙工具，修改当前墙类型为"综合楼-240mm-内墙"，修改底部约束为"室外地坪"、底部偏移为"－600mm"、顶部约束为"未连接"、无连接高度为 900。设定墙的绘制方式为拾取线，修改墙的定位线为"面层面：外部"，拾取水池底轮廓，在水池底边缘线内部绘制墙，结果如图 11.16 所示。

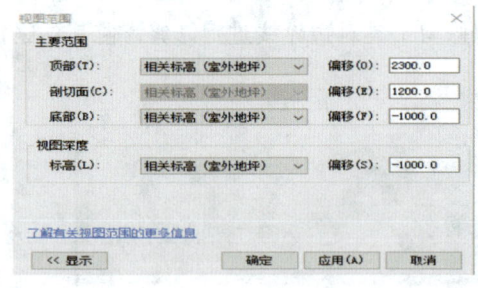

图 11.15 视图范围

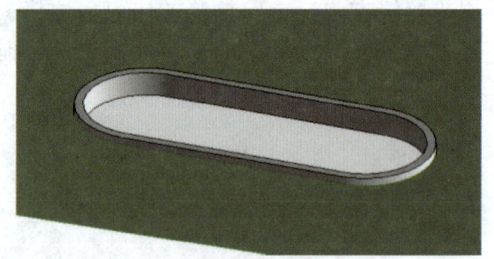

图 11.16 水池效果图

切换到室外地坪楼层平面视图，使用楼板工具，复制创建"综合楼-400mm-室外水面"类型，如图 11.17 所示编辑其参数。修改标高为"室外地坪"、自标高的高度偏移为"－200"，楼板绘制方式为"拾取线"，偏移量为 0。拾取水池墙的内边缘作为水池楼板的轮廓，完成水池中水体的创建，结果如图 11.18 所示。

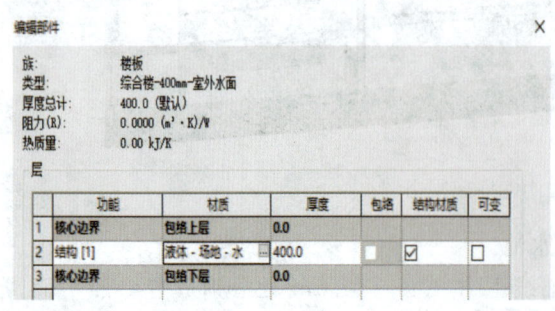

图 11.17 水面参数

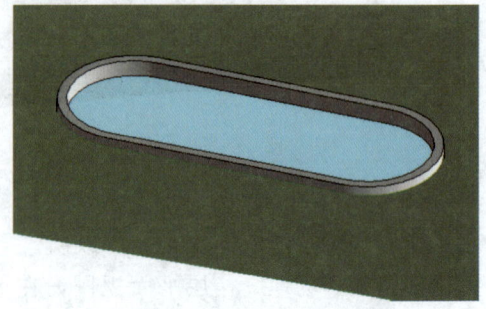

图 11.18 水体效果图

11.5 创建场地道路

使用"子面域"工具,可以为项目创建道路。

切换到场地楼层平面视图,在"体量和场地"选项卡中使用"子面域"工具,在④、⑤轴线下方创建半径为 6m 的圆,采用"注释"选项卡下的"对齐"工具,调整圆心与 A 轴线的距离为 13m,绘制半径为 15m 的同心圆。沿办公区域右半部轮廓绘制折线道路,尺寸与位置关系如图 11.19 所示。分别以 5m、3m 的半径修改折线道路为圆角转折。拾取室外台阶、坡道的边缘,配合使用拆分、修剪、圆角工具,完成道路轮廓的创建。其中:B、C 轴线处的圆角半径为 1.5m,注意子面域的范围不得超出场地。拾取室外台阶、坡道的边缘,注意子面域的范围不得超出场地。属性窗口中点击材质,打开材质浏览器,选择"混凝土-柏油路"材质,完成当前编辑。切换到三维视图查看场地道路,结果如图 11.20 所示。

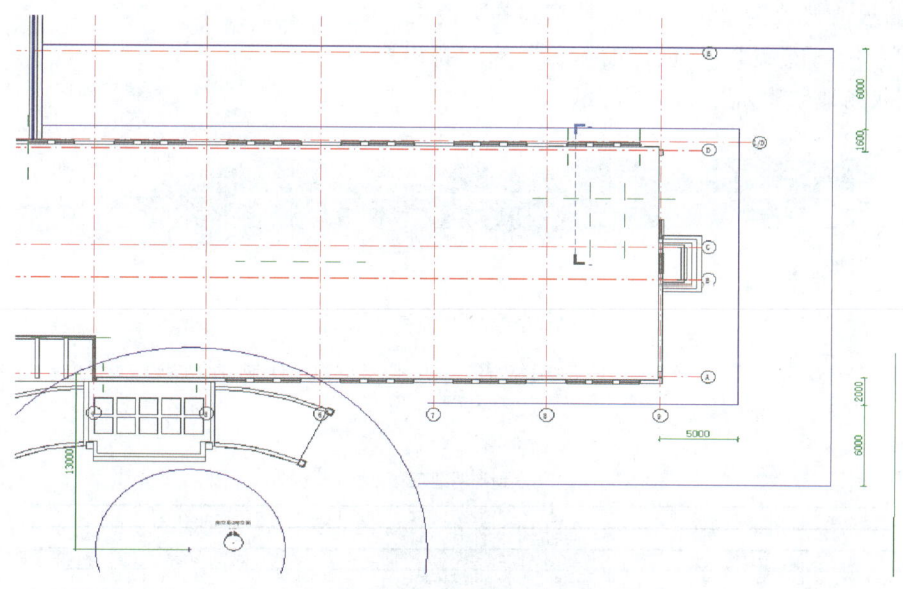

图 11.19 道路轮廓

图 11.20 场地道路效果图

11.6 场地平整

Revit 提供了平整区域工具,可以计算场地区域整平后的土方量。

打开配套资源中的"配套资源\RVT\11.6 地形整平练习.rvt",切换到场地楼层平面视图,使用"体量和场地"选项卡中的"建筑红线",沿场地中的 A、B、C、D 四个角点创建建筑红线;将地形表面"创建的阶段"修改为现有;使用"体量和场地"选项卡中的"平整区域",弹出"编辑平整区域"对话框如图 11.21 所示,选择"仅基于周界点新建地形表面",选定现有地形表面,分别将边界上的邻近高程点拖拽至 A、B、C、D 点,删除其余高程点。框选四个边界点,将其立面高程值修改为 28m。在属性窗口中,将名称修改为"整平场地","创建的阶段"为"新构造",完成场地创建如图 11.22 所示。

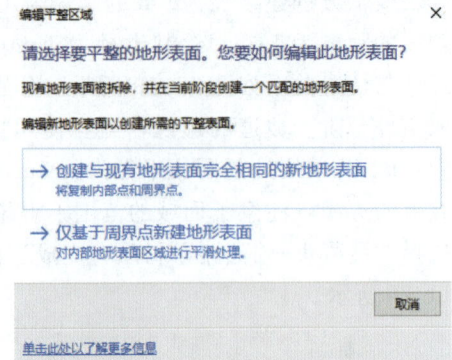

图 11.21 编辑平整区域

图 11.22 场地平整效果图

在项目浏览器窗口中选择"地形明细表",可以查看已有场地与新建场地之间的土方量情况,如图 11.23 所示。

<地形明细表>

A	B	C	D	E	F
名称	投影面积	表面积	填方	挖方	净填方量
整平场地	45512.12 m²	45512.12 m²	7959.95 m³	175680.28 m³	-167720.33 m³

图 11.23 场地平整明细表

11.7 场地构件

使用 Revit 的场地构件,可以为项目添加停车场、树木、人物等场地构件,这些构件均依赖于载入的构件族。

切换到室外地坪楼层平面视图,载入"RPC 灌木.rfa""RPC 甲虫.rfa""RPC 男性.rfa""RPC 女性.rfa""篮球场.rfa""室外路灯.rfa"。选用"体量和场地"选项卡中的"场地构件"工具,放置篮球场,将其上部边缘对齐至 H 轴线,切换到三维视图如图 11.24 所示。

11.7 场地构件

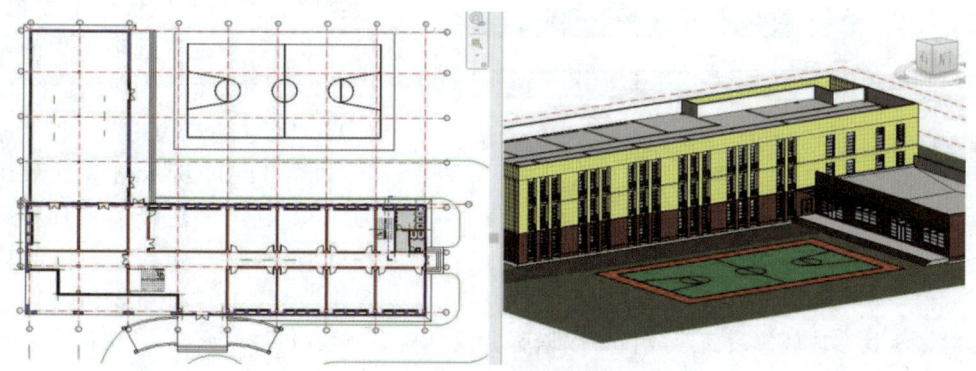

图 11.24 放置篮球场

切换到室外地坪楼层平面视图，使用墙工具，以"砖墙 240mm"为基础创建"综合楼-120mm-其他"类型，如图 11.25 所示修改其属性，设置绘制特征如图 11.26 所示。在办公楼左下角 B 轴线下方及②、③轴线间绘制墙体，使用对齐工具对齐至外墙外表面，如图 11.27 所示，完成办公楼体外侧花坛轮廓的绘制。

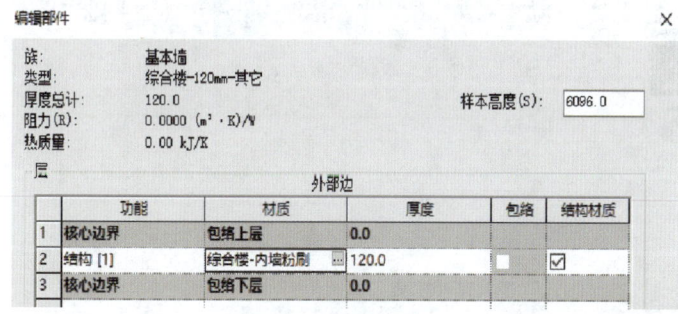

图 11.25 花坛参数

图 11.26 绘制花坛墙体选项栏

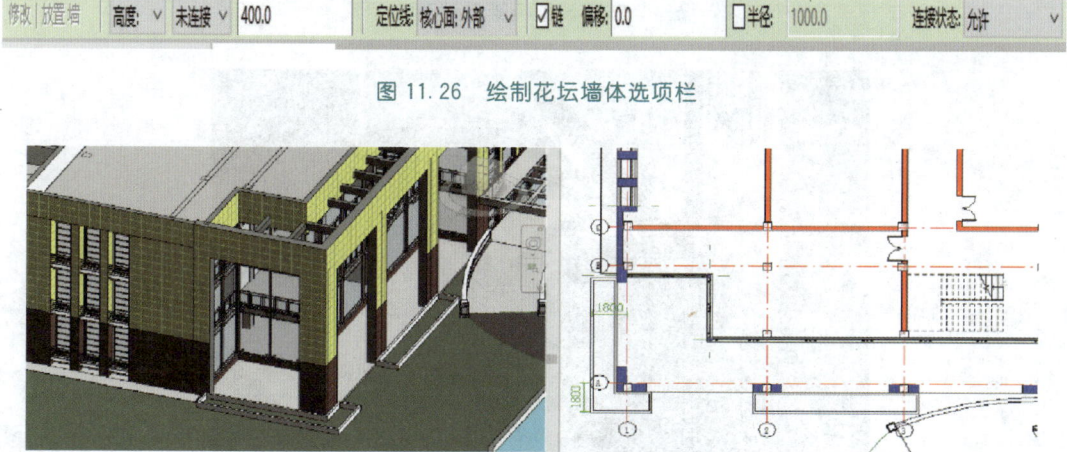

图 11.27 创建花坛

121

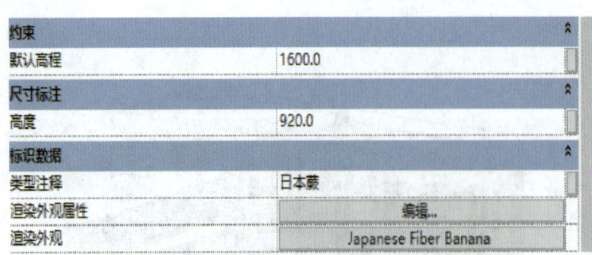

图 11.28　日本蕨参数

切换到室外地坪楼层平面视图，选用"体量和场地"选项卡中的"场地构件"工具，以"RPC 灌木 杜松－0.92m"为基础复制创建"日本蕨"，如图 11.28 所示修改其默认高度为 1.6m、类型注释为"日本蕨"，设置渲染外观"Juniper"，修改渲染外观属性为"Cast Reflections"（投射反射，使其在玻璃等表面形成投影以增强其真实性，如图 11.29 所示）。切换至三维模式，选择视觉样式为"真实"，查看放置效果。

使用类似的方法，在场地中放置人物、车辆、路灯等构件，结果如图 11.30 所示。

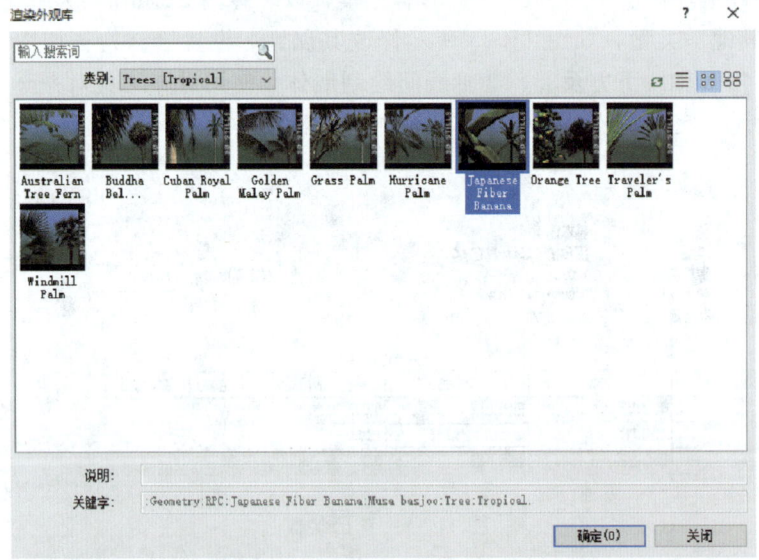

图 11.29　设置渲染外观属性

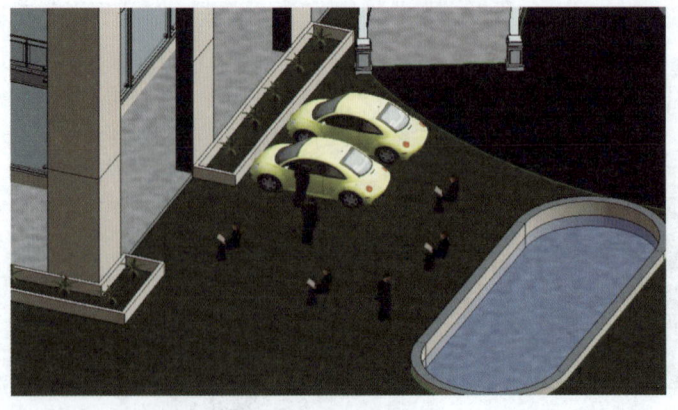

图 11.30　放置场地构件

第12章 房间和面积报告

12.1 创 建 房 间

使用 Revit 房间工具,可以标识每一个房间、计算房间面积。

切换到 F1 楼层平面视图,使用"建筑"选项卡"房间和面积"面板的"面积和体积计算"工具,设置房间面积的计算方法如图 12.1 所示;使用"房间"工具,激活"在放置时进行标记"选项,设定上限为 F1、高度偏移为 3.1m,放置房间;如图 12.2 所示,在属性窗口中类型选择"房间面积标记",可以同时标记房间名称和面积。选中标记完成的房间,单击标签或在属性窗口中修改其名称,可以看到属性窗口与模型的联动;继续放置其他房间。盥洗室与走廊处于联通状态,Revit 自动识别其为一个房间,可以使用"房间分割"工具绘制房间分割线后,再行创建。

继续创建 F2、F3 楼层的房间。

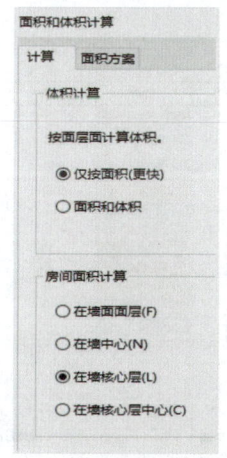

图 12.1 房间面积计算方法

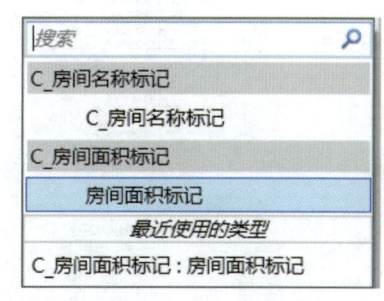

图 12.2 "房间"类型选择

12.2 房 间 图 例

添加房间后,可以在视图中添加房间的图例,并且使用颜色、填充等方式更清晰地表示房间的范围、分布等。

在项目浏览器中,在 F1 上右键复制创建新的楼层平面视图,重命名为"F1 房间图例",选择"标记房间"工具,依次拾取已创建的房间可以为房间添加标记;也可以使用"标记所有未标记的对象"批量完成房间的标记。如图 12.3 所示,为 F2 房间标记。

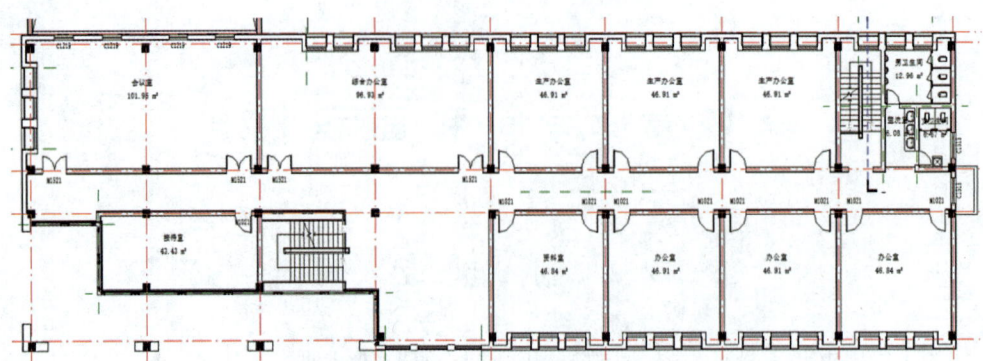

图 12.3　F2 房间标记

不选择任何图元,按快捷键"VV"调出"可见性/图形替换"对话框,切换到"注释类别",关闭"剖面""剖面框""参照平面""立面""轴网";使用"建筑"选项卡"房间和面积"面板的"颜色方案"工具编辑颜色方案,如图 12.4 所示。

使用"注释"选项卡中的"颜色填充图例"可以为视图添加颜色填充图例,选择的空间类型和颜色方案如图 12.5 所示。打开属性类型对话框,将"显示的值"修改为"按视图",并勾选"显示标题"。

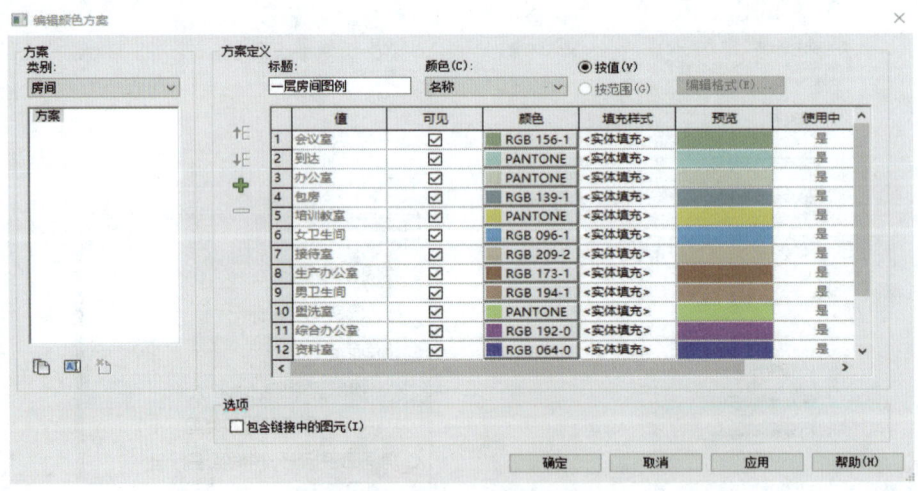

图 12.4　颜色方案

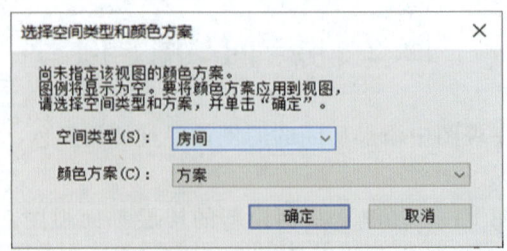

图 12.5　空间类型和颜色方案

12.3 面 积 分 析

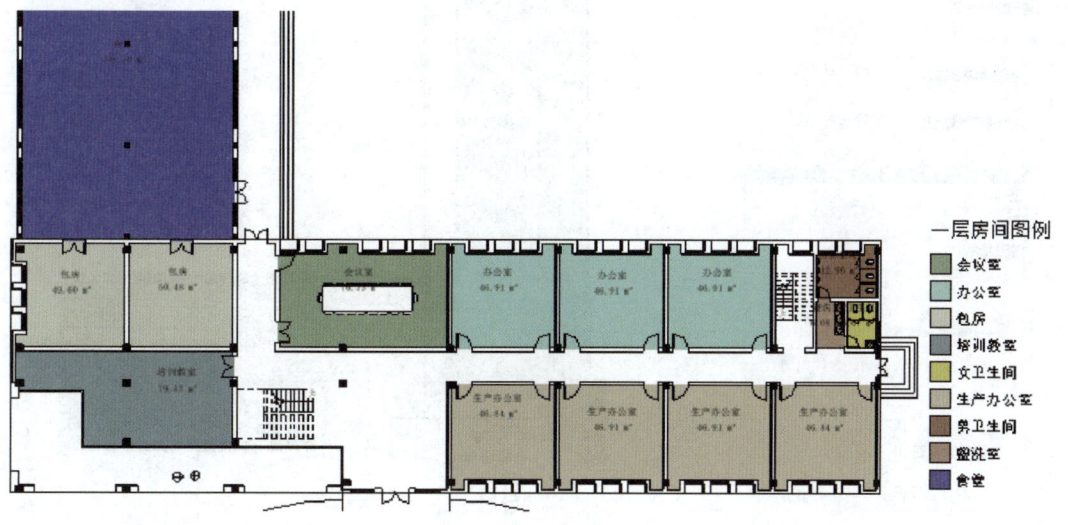

图 12.6　F1 房间图例

使用类似的方式，可以为其他标高的房间添加图例。

12.3　面　积　分　析

使用"面积平面"工具，可以在项目中创建面积平面。通过自动搜索或者绘制面积边界线，统计和显示项目的各类面积（占地面积、楼层平面面积等）。

使用"建筑"选项卡"房间和面积"面板的"面积和体积计算"工具，设置房间面积的计算方案，新建名称为"综合楼基底面积"，如图 12.7 所示。

图 12.7　面积方案

使用"建筑"选项卡"面积-面积平面"工具，切换类型为"综合楼基底面积"，如图 12.8 所示，为 F1 创建面积平面视图。使用"面积边界"工具，采用拾取线方式，不勾选"应用面积规则"。拾取外墙边界，生成面积边界线。注意使用修剪工具，形成封闭的面积边界。使用"面积-面积平面"工具，在绘制完成的面积边界封闭区域内标记面积。修改其名称为"基面积"、面积类型为"楼层面积"，设置颜色方案，添加颜色图例，结果如图 12.9 所示。

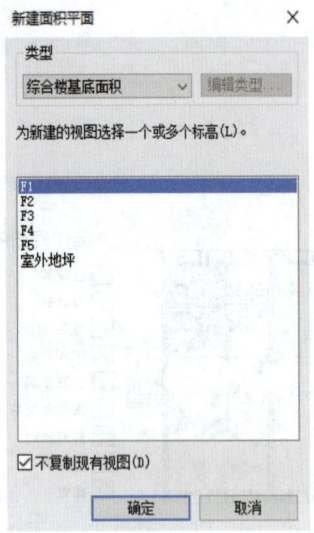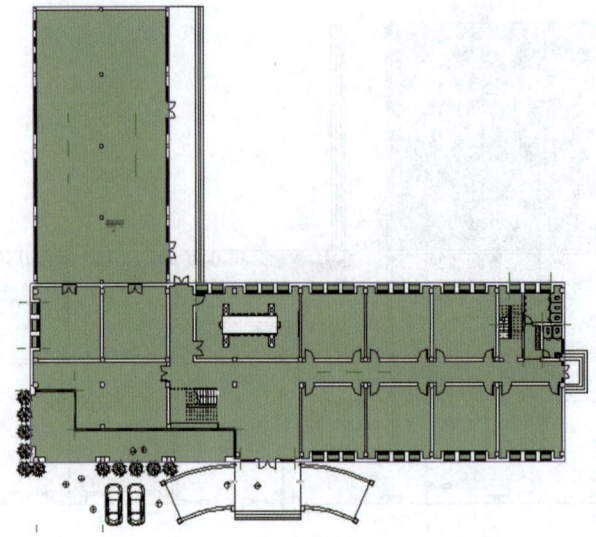

图 12.8 新建面积平面　　　　图 12.9 基底面积图例

第 13 章 设 计 表 现

13.1 Revit 视觉样式

完成模型设计之后,可以使用 Revit 提供的视觉样式和渲染的功能进行表达。

打开配套资源中的"配套资源\RVT\13.1视觉样式练习.rvt",在三维视图中,选择视图控制栏中的"视觉样式"切换为"线框"模式,模型所有边线全部显示,如图 13.1 所示;切换为"隐藏线"模式,Revit 将对模型边线进行遮挡,显示如图 13.2 所示;切换为"着色"模式,Revit 会对图元进行颜色着色,如图 13.3 所示;切换为"一致的颜色"模式,Revit 会去除图元上的明暗阴影关系,使其保持颜色为"一致",如图 13.4 所示;切换为"真实"模式,Revit 将显示为真实的材质状态,这种状态的资源消耗量是比较高的,如图 13.5 所示;切换为"光线追踪"模式,可以对模型进行真实照片级渲染,使其更接近真实状态,但资源的开销也是最大的,如图 13.6 所示。

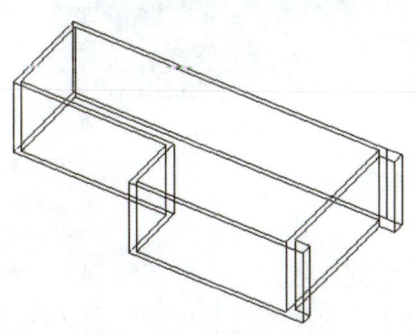

图 13.1 "线框"样式

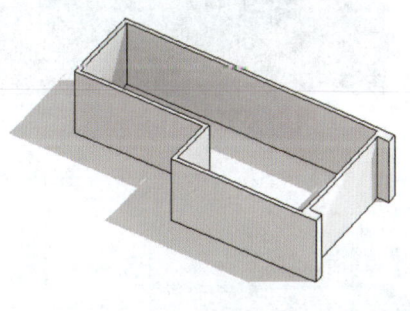

图 13.2 "隐藏线"样式

图 13.3 "着色"样式

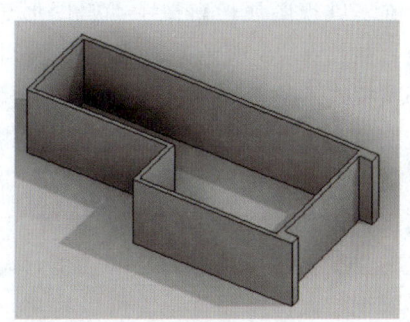

图 13.4 "一致的颜色"样式

图 13.5 "真实"样式

图 13.6 "光线追踪"样式

Revit 中通过材质的设置，确定图元的外观。在"管理"选项卡中，使用"材质"工具，可以编辑材质库中材质。着色视图和与渲染外观（真实）视图可以分别定义颜色，选择"砌体-瓷砖"，编辑其"着色"中的颜色为"RGB 255 255 128"，可以看到其只影响着色模式，如图 13.7 所示。

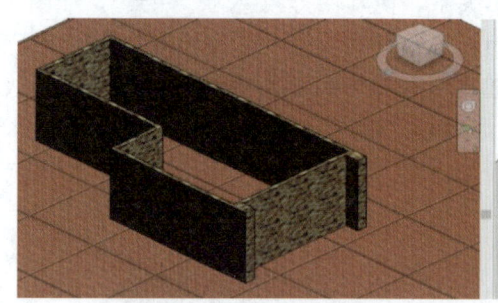
（a）着色视图

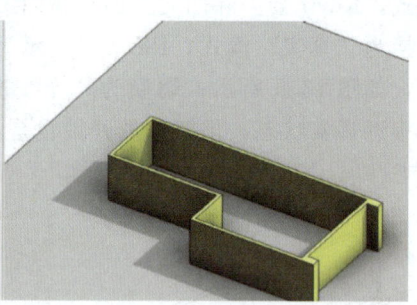
（b）真实视图

图 13.7 着色和真实视图

13.2 图形显示选项

Revit 中，还可以对渲染样式做进一步的设置。

在三维视图属性窗口中编辑图形显示选项，如图 13.8 所示，可以设置在着色或真实模式下是否显示模型边，调节模型的透明度和轮廓的线性，设置是否在视图中投射阴影和是否显示环境光阴影，设置当前视图中使用的照明方式、投射方向、日光的强度、环境光和阴影的强度，设置摄影曝光参数，修改背景。可以将用户修改后的显示样式保存为视图样板，以方便视图显示样式的传递。

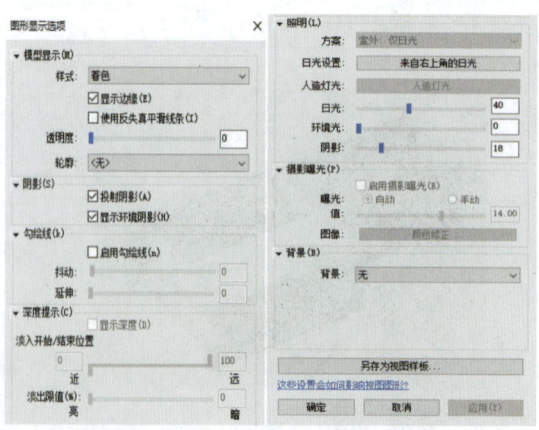
图 13.8 编辑图形显示选项

13.3　赋予墙体材质的渲染外观

在三维视图中，选定 F2~F5 的任意外墙；编辑类型属性，如图 13.9 所示，可以在外观中替换材质外观；为方便使用可右键添加材质到收藏夹或文档，除此之外，还可以在"管理"选项卡的"材质"中，打开材质浏览器，修改材质外观，如图 13.10 所示。

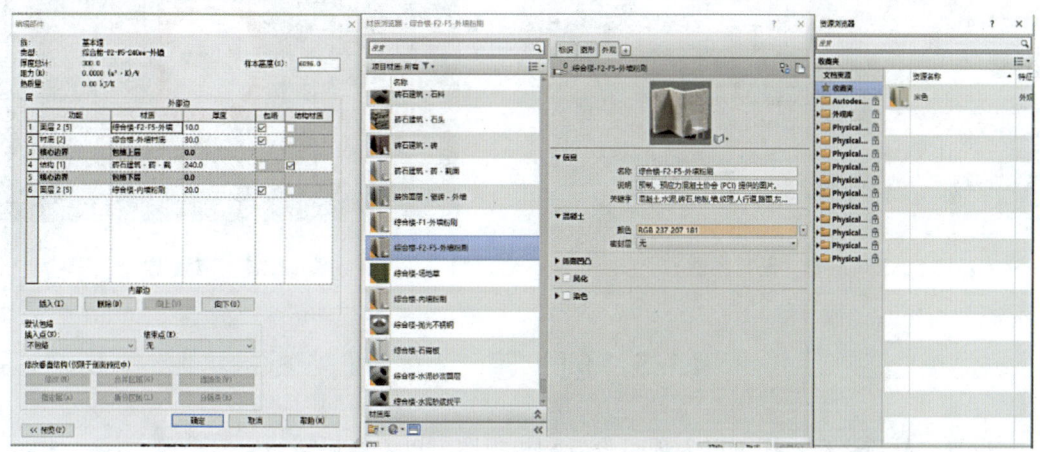

图 13.9　修改墙体外观 1

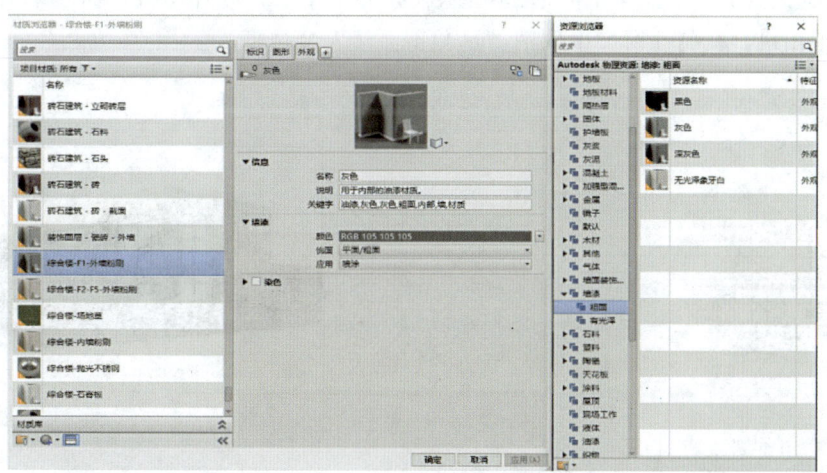

图 13.10　修改墙体外观 2

13.4　贴　　花

除了使用材质之外，还可以使用贴花工具，在对象表面生成贴花。
在"插入"选项卡中，选择"贴花—贴花类型"，新建名为"食堂标识"的贴花类型，如图 13.11 所示设置参数：源为"食堂标志.jpg"（见配套材料），剪切为"图像文件"，并同时设置源（见配套材料）；在"插入"选项卡中，选择"贴花—放置贴花"在食堂入口处墙面上放置贴花；在属性窗口设定宽度为900，勾选"固定宽高比"。调整视觉样式为真实，可以查看贴花放置的效果如图13.12所示。

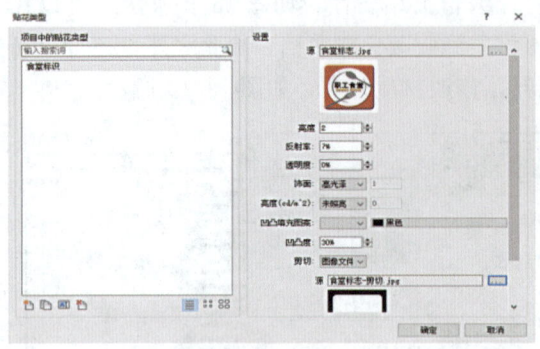

图13.11 贴花类型

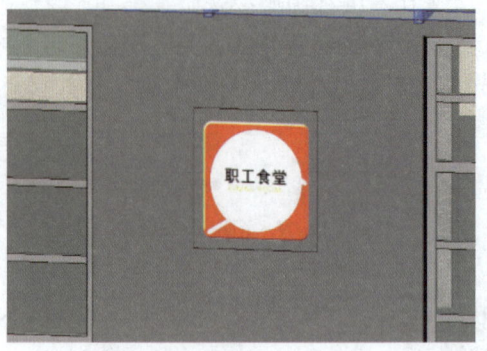

图13.12 放置贴花

13.5 创建相机

设置完材质之后，还可以为项目设置相机视图，以方便后期的渲染表现。

切换到F1楼层平面视图，使用"视图—三维视图—相机"，选项栏中勾选"透视图"，偏移量设置为1750，如图13.13所示在办公楼左下方放置相机，向右上方设置视图范围；选定相机，在属性窗口中取消"远裁剪激活"复选框。

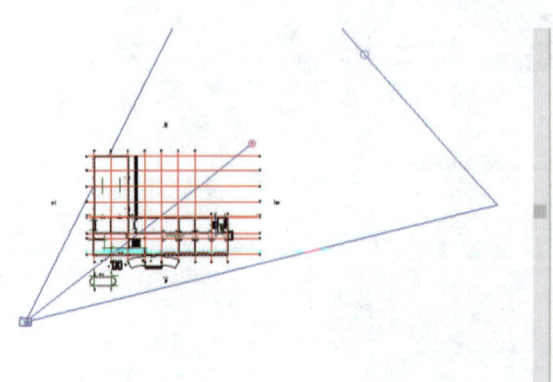

图13.13 设置"室外"相机

返回F1楼层平面视图，如图13.14所示在食堂入口位置创建相机。

同理，可以在楼梯间、会议室等位置创建室内相机视图。切换到F2楼层平面视图，在楼梯间位置放置相机，如图13.15所示。

切换到F1楼层平面视图，为卫生间创建相机视图，如图13.16所示。

注意：在项目浏览器中会生成相应的三维视图，在三维视图上右键选择"显示相机"，可以对相机的位置和参数进行修改设置。

13.6 室外渲染

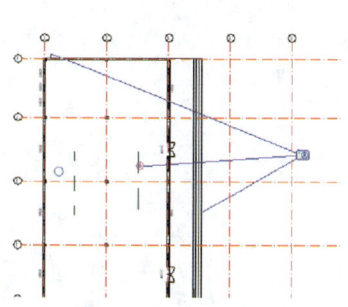

图 13.14 设置"入口"相机

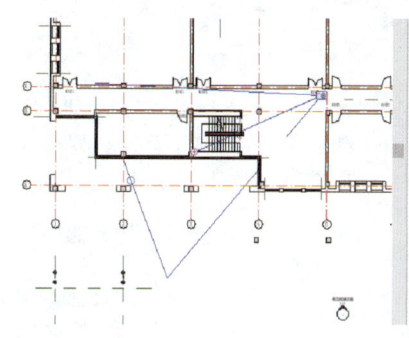

图 13.15 设置"楼梯口"相机

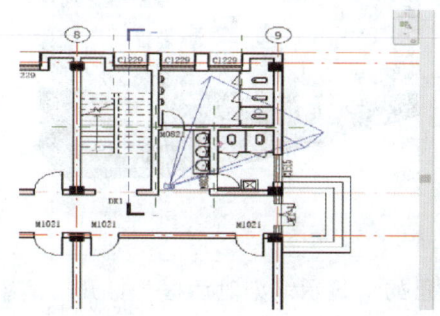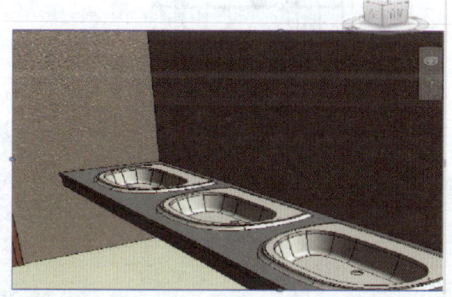

图 13.16 设置"卫生间"相机

13.6 室 外 渲 染

设置完材质和相机视图后,可以对视图进行渲染和表达。

切换到"室外"三维视图,在视图控制栏中点击左下角的 (显示渲染对话框)打开"渲染"对话框,如图 13.17 所示设置渲染参数。设置完成后,点击"渲染"按钮,进行相机视图的渲染。渲染的时间与"质量""输出设置"等参数有关。渲染完成后,可以使用"曝光控制"对话框,调整曝光参数,如图 13.18 所示。点击"保存到项目中",将渲染结果保存到项目中,名为"室外1"。如此,会在项目浏览器中生成相应的渲染视图,如图 13.19 所示。

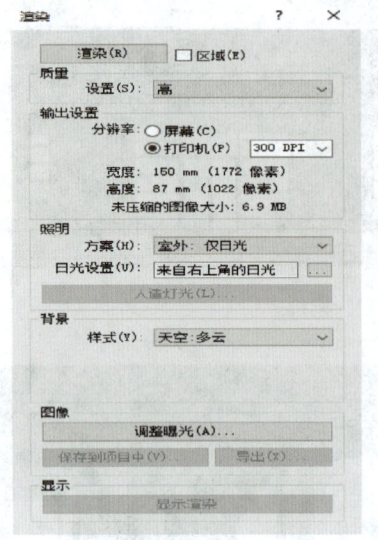

图 13.17　渲染参数

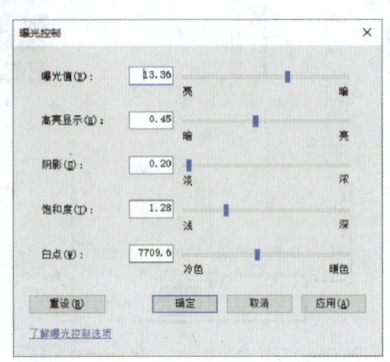

图 13.18　"曝光控制"对话框

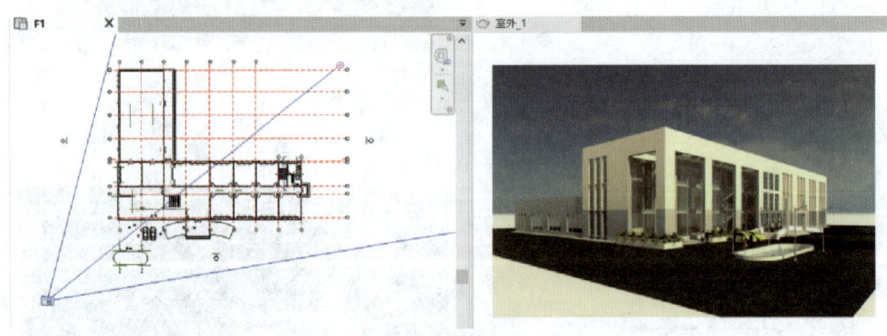

图 13.19　"室外 1"相机渲染结果

在三维视图中选择"食堂入口",点击左下角的"显示渲染对话框"打开"渲染"对话框,为了加快渲染的速度,将质量设置为"中",分辨率设置为"屏幕"进行渲染,将渲染结果保存到项目中。

打开项目浏览器的"渲染"对话框,可以查看已经保存的渲染结果。

13.7　室　内　渲　染

与室外渲染类似,可以进行室内场景的渲染。

切换到"楼梯"三维视图,打开"渲染"对话框,渲染质量设置为:"编辑"打开"渲染质量设置"对话框,选择"自定义(视图专用)",选取合适的渲染方式,保存渲染结果。

对室内渲染来说,除了使用日光之外,还可以使用人造灯光。切换到 F1 楼层平面视

13.8 漫游动画

图,使用"视图—平面视图—天花板投影平面",不勾选"复制现有视图",选择F1,创建天花板平面视图F1。载入"暗灯槽-抛物面矩形.rfa",使用"放置构件"工具在天花板平面放置灯具;切换到室内会议室三维视图,打开"渲染"对话框,如图13.20设置渲染参数。将渲染结果保存到项目中,如图13.21所示。

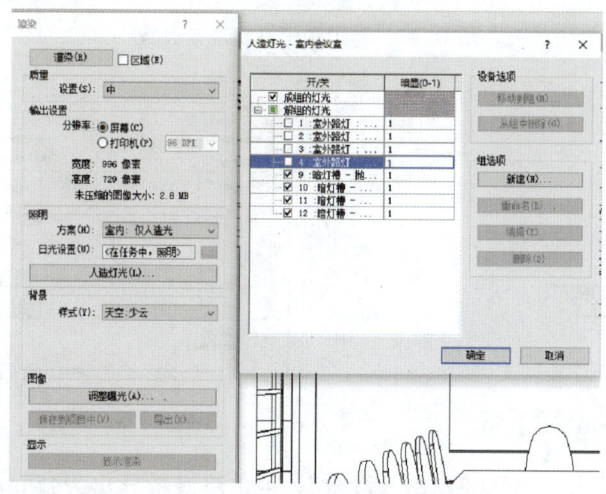

图 13.20 室内渲染参数设置

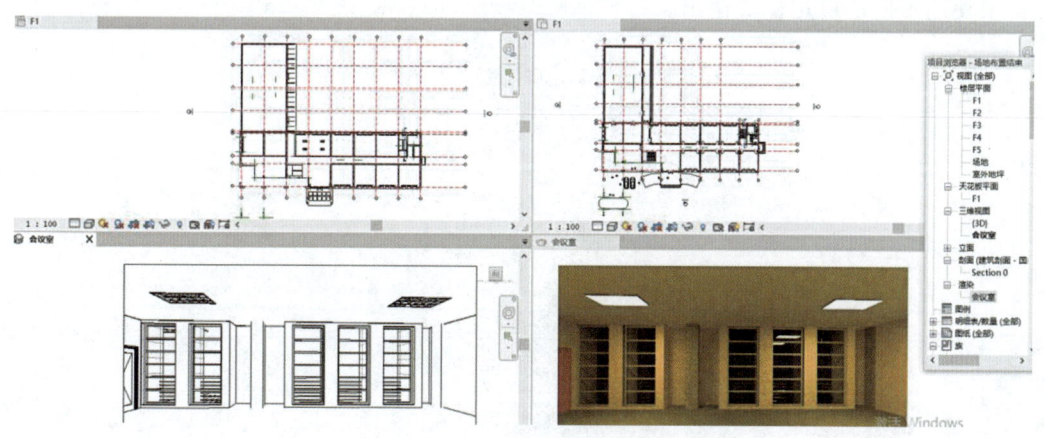

图 13.21 室内渲染效果

13.8 漫 游 动 画

Revit中除使用相机创建渲染之外,还可以在三维视图中创建漫游动画。

切换到F1楼层平面视图,使用"视图—三维视图—漫游"工具,设置基本参数如图13.22所示。在室外绘制漫游路径,点击面板上的"编辑漫游"按钮,可以对活动相机、漫游路径进行适当编辑,也可以添加、删除关键帧,如图13.23所示。点击属性窗口"漫游帧"后面的按钮,可以改变"总帧数",也可以对每个关键帧进行编辑,如图13.23所示。继续单击"编辑漫游"选项卡,设置当前帧为 1,点击播放,Revit 将沿漫游路径生产漫游动画。

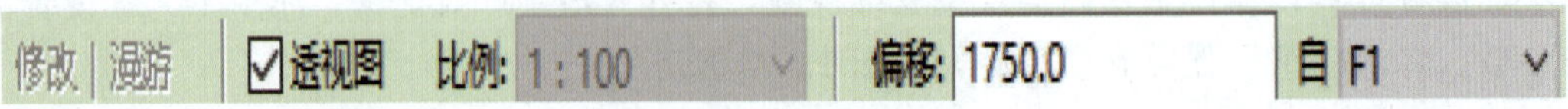

图 13.22 漫游动画设置基本参数

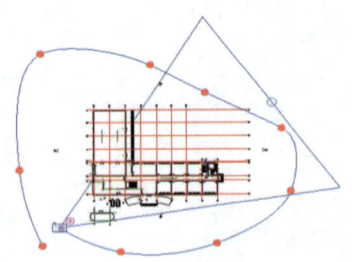

图 13.23 创建漫游路径和相机

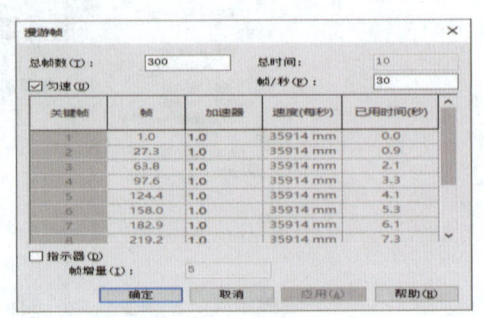

图 13.24 编辑"漫游帧"

使用"文件—导出—图像和动画—漫游",可以将漫游导出为独立的视频或图片文件。导出的文件保存在配套材料中的文件夹"配套资料\Other"中。创建的漫游动画可以根据需要使用不同的视觉样式输出。

第14章 概 念 设 计

14.1 概念体量中定位

体量是 Revit 中的族,因此在新建体量的时候,会选择族样板。使用"文件—新建—概念体量",以"公制体量.rft"为样板新建体量族。进入体量编辑模式后,Revit 提供了默认的标高以及默认相交的参照平面,可以将标高与参照平面的交点认为是体量的原点。

单击"工作平面"面板中的"显示",可以显示当前激活的工作平面,绘制时,首先需要指定工作平面。注意:鼠标单击不同的参照平面或标高时,可以将相应的工作平面激活。

使用标高工具,在45m处创建标高2。在项目浏览器中切换到"标高1"楼层平面视图,在中心点左上方创建长度为40m、宽度为30m的矩形(可以通过 Tab 键切换选择对象,调整临时尺寸标注完成矩形的长、宽值的修改)。切换到"标高2"楼层平面视图,如图14.1所示修改属性窗口中为"楼层平面标高2",将"底图范围"设置为"标高1"后即显示标高1上的矩形;以已有矩形的左上角点为起点,向右下角绘制长度为25m、宽度为20m的矩形。在三维视图中,选择已绘制的两个矩形,使用"创建形状—实心形状",创建楔形体;使用直线工具,勾选"三维捕捉",拾取楔形体顶面和侧面的三个面的棱线中点,绘制三角形;选择三角形,使用"创建形状—空心形状",即选择剪切模式对楔形体进行剪切,过程和结果如图14.2所示。

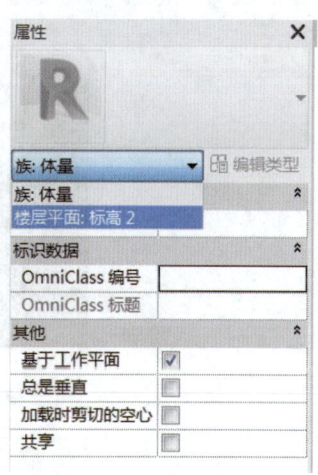

图 14.1　修改属性窗口

使用直线工具,并激活"在面上绘制",在创建的三角形平面上绘制中线。

 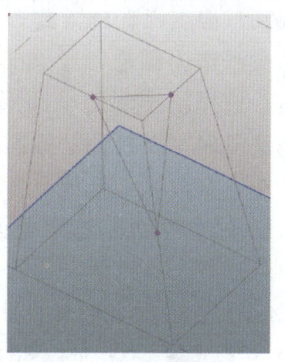 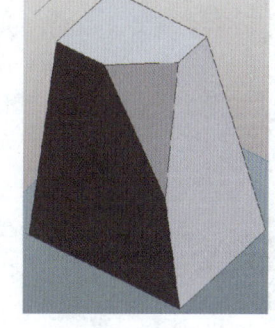

图 14.2　创建楔形体

第14章 概念设计

Revit 中,除可使用面作为工作平面之外,还可以使用点确定绘制的工作平面。使用"绘制面板"中的"点图元"工具,在中线上放置一个点图元;选中点图元,在属性窗口将"规格化曲线参数"设置为 0.5,即在中线中点处创建垂直于中线的工作平面。为了便于在该工作平面上进行编辑,Revit 提供了"工作平面查看器"工具;点击"工作平面查看器",形成垂直于当前工作平面的视图(查看器中的参照点需要通过双击鼠标滑轮产生)。在该视图中绘制长为 2500、宽为 1500 的矩形(使用"创建—尺寸标注—对齐"工具,标注并修改矩形的尺寸)。使用移动、旋转工具将矩形调整到图示位置如图 14.3 所示。关闭工作面查看器,在三维视图中选定该矩形,使用默认拉伸高度创建实心形状;调整其拉伸高度为 8m,结果如图 14.4 所示。亦可通过拖拽方式修改拉伸实体的形状。注意:按空格键可以在垂直于当前所选择对象法线方向的局部坐标系和 Revit 默认坐标系之间切换。

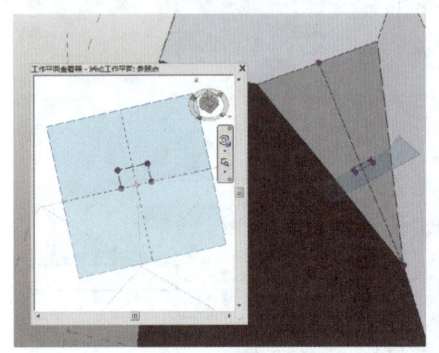

图 14.3 使用"查看器"

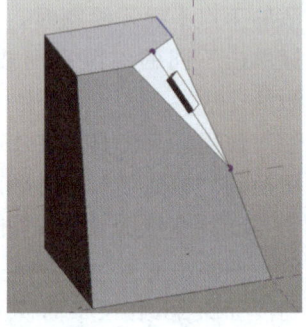

图 14.4 创建局部形体

14.2 创建和编辑曲面

使用"文件—新建—概念体量",以"公制体量.rft"为样板新建体量族。

切换到"标高 1"楼层平面视图,在中心线左右两侧分别创建距离中心线 30m 的参照平面。切换到三维视图,激活"工作平面"面板中的"显示",选择"参照平面:中心(左/右)",激活该工作平面。单击 ViewCube 上的"右",切换到右侧三维视图中;使用"圆心-端点弧"的方式,拾取视图下方参照平面与工作平面的交点作为圆心,绘制半径为 30m 的半圆。切换到轴测视图,选择新绘制的半圆形,单击"创建形状-实心形状"以创建曲面。切换到"标高 1"楼层平面视图,分别选择曲面的左、右边缘,拖拽至参照平面,以修改曲面的长度,结果如图 14.5 所示。选定曲面,选择"透视"可以将曲面修改为透视状态;选择"添加轮廓"在适当位置添加轮廓线。在"标高 1"楼层平面视图上,将新添加的轮廓线拖拽到"中心(左/右)"平面,如图 14.6 所示修改中间轮廓线的半径为 15m。

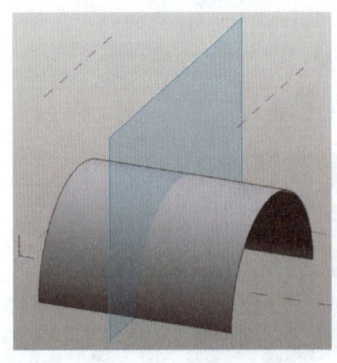

图 14.5 创建曲面

14.2 创建和编辑曲面

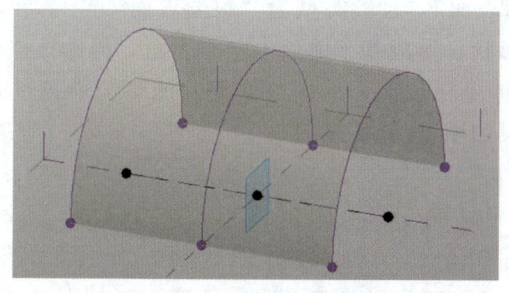
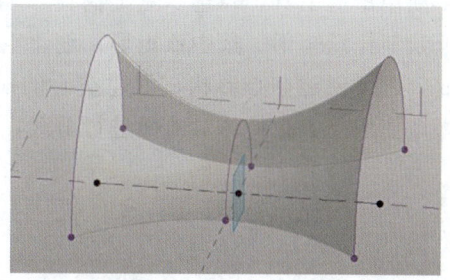

图 14.6　编辑曲面

在"标高 1"楼层平面视图中,将轮廓的左下角点向右移动 10m,可创建异形轮廓如图 14.7(a)所示;在三维视图中,选定曲面,选择"添加边",使用移动工具将其控制点向右移动 10m,也以改变曲面形状如图 14.7(b)所示。

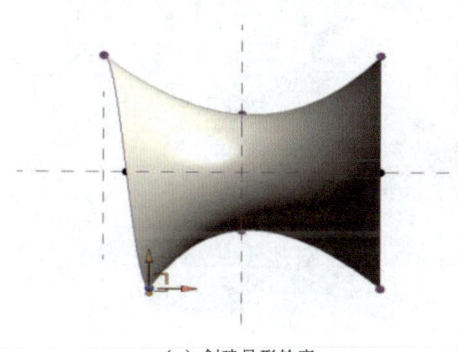

(a) 创建异形轮廓　　　　　　　　　　(b) 改变曲面形状

图 14.7　修改曲面

使用基于实体的点,可以确定垂直于实体的参照平面,使用该参照平面上所创建的封闭形状,可以将主体作为路径,以该封闭形状作为放样的轮廓,形成放样。使用绘制工具,在左右两侧边上放置点图元,形成基于实体的点;选择左侧的点激活工作平面,在该平面上绘制半径为 1m 的圆;同时选择圆和边界曲线,创建实心形状,则圆沿所选择的曲线生成放样;同样的方式,在右侧生成放样。结果如图 14.8 所示。

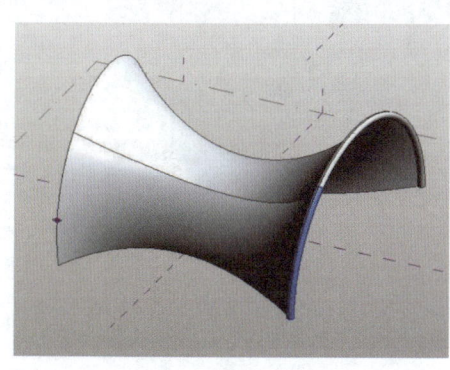

图 14.8　生成放样　　　　　　　　　　图 14.9　创建空心表面

137

使用矩形工具，勾选"三维捕捉""跟随表面"，投影类型为"跟随表面 UV"，在曲面上绘制任意矩形。选中该矩形，创建空心形状，形成基于曲面的空心表面；再选择空心表面，继续创建空心形状，创建空心的拉伸体。在拉伸体的内外两侧，调整拉伸体的厚度，即使用空心拉伸体对曲面进行剪裁，结果如图 14.9 所示。

14.3 使用 UV 网格分割表面

打开配套资源中的"配套资源 \ RFA \ 使用 UV 分割表面.rfa"，选择曲面，使用"分割表面"工具进行表面分割，Revit 以网格线的形式显示当前的表面，如图 14.10 所示。

选择网格，修改其参数。Revit 自动使用新的参数（UV 网格距离分别为 3000）来划分表面，如图 14.11 所示。

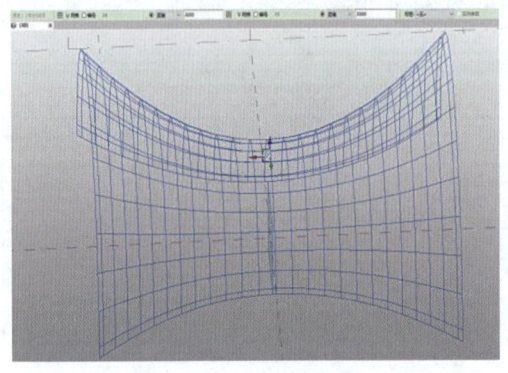
图 14.10 分割曲面

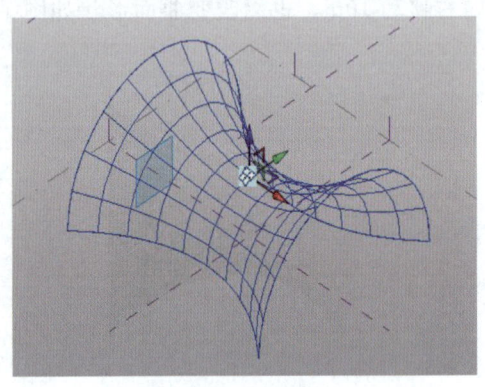
图 14.11 改变网格距离

选中网格，点击"配置 UV 网格布局"图标，进入 UV 网格编辑状态，如图 14.12 所示。Revit 中曲面 UV 网格（沿曲面本身方向所生成的坐标系）的编辑形式，与幕墙的 UV 网格形式类似。图 14.12 中可以看出，默认曲面网格的对正位置在中心处，可以通过拖拽方式调整对正位置。拖拽"对正位置"到左下角的附近，Revit 会自动调整对齐的方式，如图 14.13 所示。

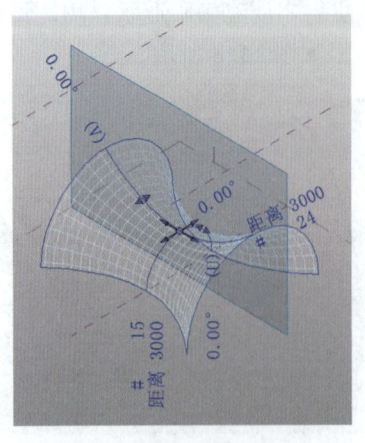
图 14.12 默认网格中心

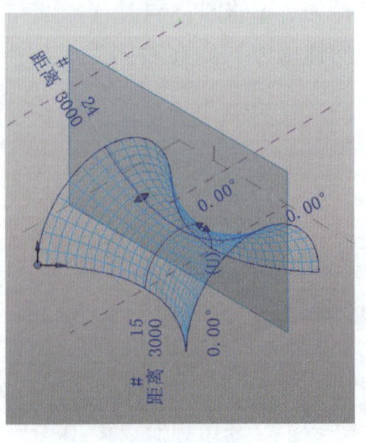
图 14.13 调整网格中心

14.4 自定义曲面分割

除此之外，Revit 还提供了 UV 方向的网格测量基准带，也就是说在 U、V 方向上，Revit 会以基准带的位置进行网格大小的划分。如拖拽 U 方向的基准带到曲面左侧或右侧边缘，则 U 方向的网格数量会发生变化，如图 14.14 所示。再将 U、V 平面的角度均修改为 30°，结果如图 14.15 所示。

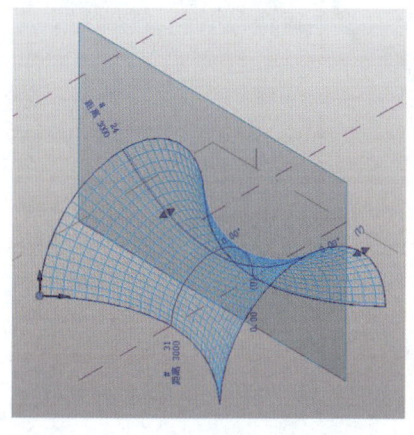

图 14.14　拖动网格测量基准　　　　图 14.15　修改网格角度

选定表面网格，使用"表面表示"工具，可以修改显示的内容，结果如图 14.16 所示。

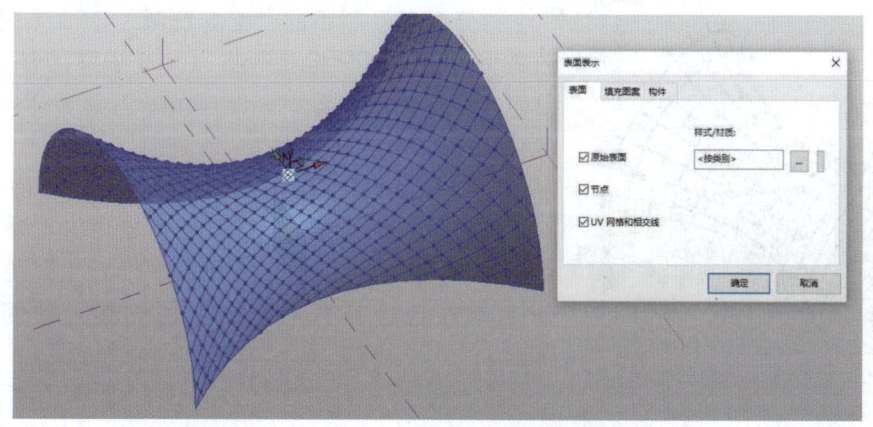

图 14.16　使用"表面表示"

14.4　自定义曲面分割

Revit 中，除根据曲面的 UV 网格分割曲面外，还可以根据标高、参照平面、模型线分割表面。

打开配套资源中的"配套资源 \ RFA \ 利用参照平面分割曲面.rfa"，切换到"南"立面视图，如图 14.17 所示。选择项目中的曲面，使用"分割表面"工具，可以使用 UV 网格线对表面进行划分。这里依次点击"U 网格""V 网格"将其关闭。在"交点"下拉框中选择"交点",选择当前视图中已创建的所有的标高和参照平面,则完成曲面分割。选定表面网格,使用"表面表示"工具,勾选"节点",结果如图 14.18 所示。

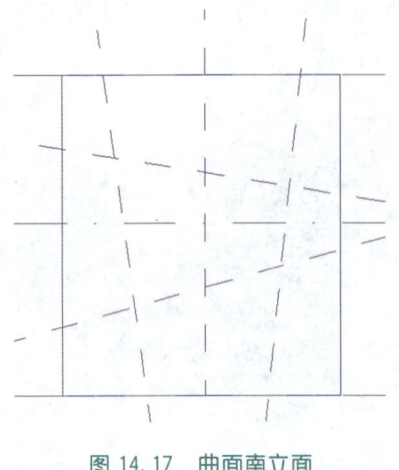

图 14.17　曲面南立面

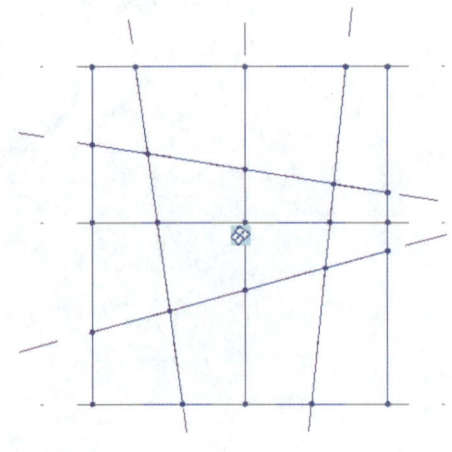

图 14.18　自定义曲面分割

14.5　使用自动表面填充图案

对曲面进行表面划分之后,可以指定表面填充图案以增强方案的表现能力。

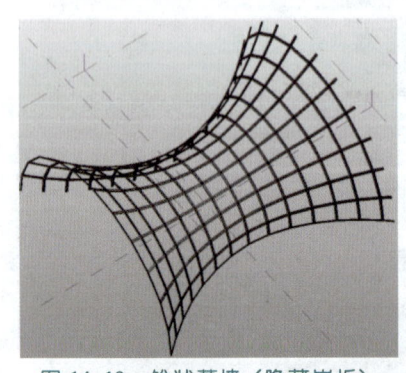

图 14.19　锥状幕墙(隐藏嵌板)

打开配套资源中的"配套资源 \ RFA \ 表面填充图案.rfa",载入"锥状幕墙.rfa",选择已划分表面的曲面;在类型选择器中,设定填充图案为"锥状幕墙(隐藏嵌板)"方式如图 14.19 所示。

切换填充图案为"锥状幕墙(显示嵌板)",Revit 自动更新为新的显示方式如图 14.20 所示。将属性列表中的"边界平铺"修改为"悬挑",Revit 自动在边缘位置显示完整的图案,如图 14.21 所示。

图 14.20　锥状幕墙(显示嵌板)

图 14.21　边界悬挑

14.6 使用自适应构件

除使用自动表面填充图案替换分割曲面之外，Revit 还允许采用手工的方式放置自适应的表面填充图案。该方式允许用户根据任意不规则的表面分割形式生成曲面的表面。

打开配套资源中的"配套资源 \ RFA \ 自适应表面填充练习.rfa"，切换到"南"立面视图。选定当前的曲面，在"表面表示"方式对话框中勾选"节点""UV 网格和交线"；载入"自适应嵌板族.rfa"，使用"创建"选项卡中的"构件"工具，轮流切换"实体嵌板""玻璃嵌板"，拾取各网格的角点，完成自适应嵌板构件的布放，结果如图 14.22 所示。

图 14.22　使用自适应构件

14.7　半自动布设自适应构件

打开配套资源中的"配套资源 \ RFA \ 自适应表面填充练习.rfa"，切换到"南"立面视图。

选定当前的曲面，在"表面表示"方式对话框中勾选"节点""UV 网格和交线"；载入"自适应嵌板族.rfa"，使用"创建"选项卡中的"构件"工具，局部布设嵌板如图 14.23 所示，采用手动方式布设左上角的四个单元。注意：必须精确捕捉到网格的交点，否则自动布设不能达到预期的效果。全部选中四个嵌板单元，使用"修改"面板的"重复"工具，一次性完成剩余嵌板的自动布设，结果如图 14.24 所示。

如果对表面进行新的分割，可完成嵌板的自动更新。绘制一个新的参照平面，使用临时隐藏工具，隐藏已完成的嵌板填充；选择已分割完成的表面，使用"交点"工具，拾取所有参照平面添加到表面分割中，点击"重设临时隐藏/隔离"，结果如图 14.25 所示。

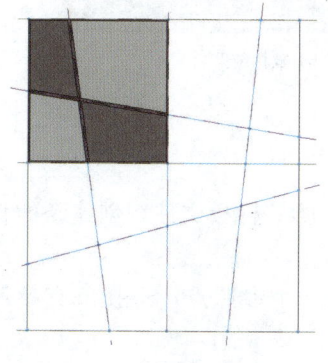

图 14.23　局部布设嵌板

图 14.24　完成剩余嵌板布设

图 14.25　嵌板自动更新

14.8 创建表面填充图案

要使用体量填充图案,必须先行创建体量填充图案族。Revit 提供了基于公制幕墙嵌板填充图案和自适应公制常规模型两种族样板,用于自定义所需要的填充图案。

14.8.1 基于公制幕墙嵌板填充图案的自定义填充图案族

在"文件—新建—族"中,选择"基于公制幕墙嵌板填充图案.rft"样板文件,创建新的自定义填充图案族。

选定默认网格,在属性窗口中设置其水平间距和垂直间距均为 5m,网格的尺寸根据设定数值调整的同时,定位到的位置也随之联动。默认网格方式为矩形,下拉列表中可以选择其他的网格类型。

在网格的对角"自适应点"位置,使用"点图元"工具,放置两个"参照点"。选定两个参照点,将其偏移设为 800;调节网格间距为 3m,参照点的位置与网格交点联动。使用参照线工具,激活"在面上绘制",勾选"三维捕捉",不勾选"跟随表面",在两个参照点之间绘制参照线;在四个角点和直线中点间分别绘制参照线。使用点图元工具,在外侧参照平面的任意位置放置点图元;点击点图元激活工作平面,在工作平面中绘制宽度为 300、高度为 150 的矩形,并将矩形移动到如图 14.26(a)所示位置;选择矩形和四周的参照平面,使用"创建形状—实心形状"沿参照平面创建放样,结果如图 14.26(b)所示。再选择四周的参照平面和三角形的参照线,使用创建平面方式,创建表面,完成嵌板族的制作,结果如图 14.27 所示。将其载入到"表面填充图案.rfa"中,测试创建是否成功。

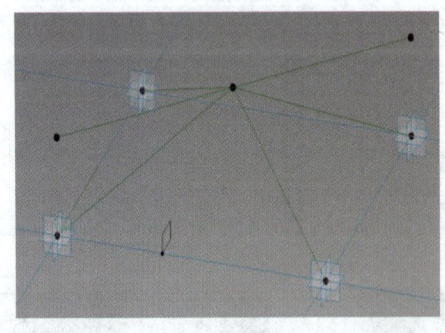
(a)放样过程

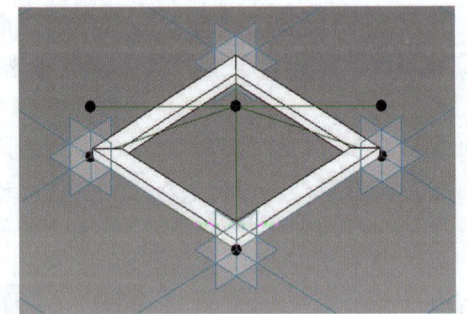
(b)放样结果

图 14.26 完成放样

14.8.2 创建自适应构件

在"文件—新建—族"中,选择"自适应公制常规模型.rft"样板文件,创建新的自定义填充图案族。

切换到"参照标高"楼层平面视图,在四个象限各放置一个参照点;选择所有参照点,"使自适应"将四个参照点变更为驱动点。

切换到三维视图,使用参照线工具,勾选"三维捕捉",不勾选"跟随表面",在四个

14.10 体量转换为建筑设计模型

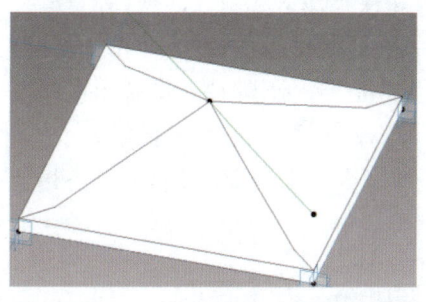

图 14.27 完成嵌板族创建

驱动点之间绘制封闭的草图轮廓。使用点图元工具，在参照线上的任意一点绘制点图元；选择点图元，激活工作平面，不勾选"三维捕捉"；在工作平面上绘制高度为 50、宽度为 100 的矩形。选定矩形和参照线，使用"创建形状—实心形状"工具，创建放样后结果如图 14.28 所示。再选择参照线，使用创建平面方式，创建平面，结果如图 14.29 所示。完成自适应构件族创建后，将其载入到"自适应表面填充练习.rfa"中，测试创建是否成功。

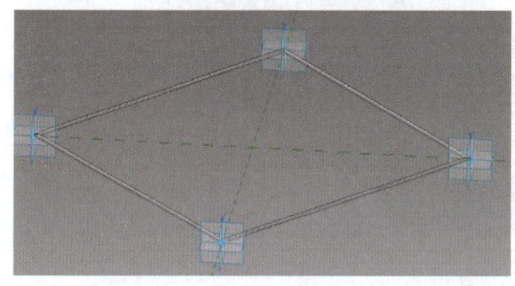

图 14.28 创建放样

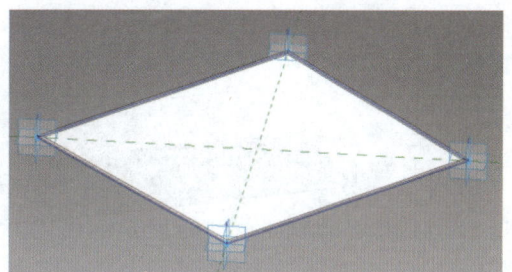

图 14.29 创建平面

14.9 体 量 研 究

生成体量之后，可以将体量载入到项目中，对其进行分析和研究。

打开配套资源中的"配套资源\RVT\14.9综合楼体量研究.rvt"，载入配套资源中的"配套资源\RFA\体量研究综合楼办公楼部分.rfa、体量研究综合楼食堂部分.rfa"。

切换到 F1 楼层平面视图，使用"体量和场地"选项卡中的"放置体量"工具，放置办公楼和食堂的体量族。切换到三维视图，选定办公楼部分的体量，使用"体量楼

〈体量楼层明细表〉		
A	B	C
标高	楼层面积	外表面积
F1	1326.69 m²	1362.07 m²
F2	921.46 m²	601.34 m²
F3	921.46 m²	1522.80 m²
总计：4	3169.60 m²	3486.21 m²

图 14.30 体量明细表

层"工具，选择 F1、F2、F3 楼层，对办公楼部分体量进行楼层划分；选定食堂部分的体量，使用"体量楼层"工具，选择 F1 楼层，对食堂部分体量进行楼层划分。切换到体量楼层明细表，可以查看各楼层的体量明细，如图 14.30 所示。

14.10 体量转换为建筑设计模型

体量载入到项目中之后，可以将体量模型图元转化为建筑构件。

打开配套资源中的"配套资源\RVT\14.10综合楼体量研究完成.rvt",在三维视图中,使用"体量和场地—按视图设置显示体量—显示体量形状和楼层"。使用"楼板"工具,激活"选择多个",设置楼板的类型为"混凝土120mm",使用Ctrl键选中已经生成的F1、F2、F3、食堂部分楼层,单击"创建楼板",Revit为项目自动创建楼板,结果如图14.31所示。除此之外,也可使用"建筑—楼板—面楼板"工具进行创建,基本操作类似,不再一一赘述。

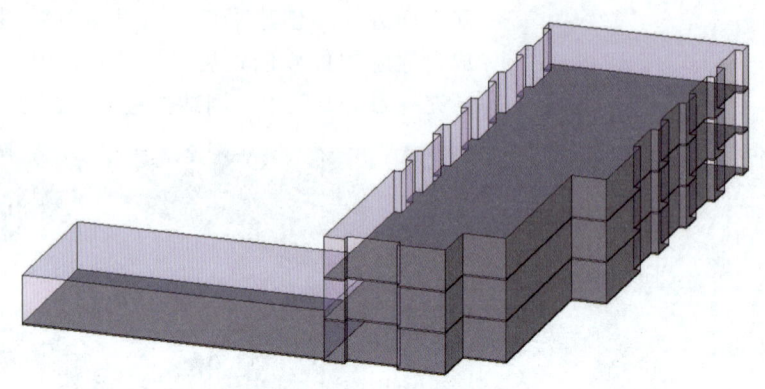

图 14.31 创建楼板

使用"体量和场地"选项卡中的"墙"工具,或者使用"建筑—墙—面墙"工具设置标高为F1,高度为:自动,墙类型设置为"砖墙240mm-外墙-带饰面"依次拾取体量的外表面,生成建筑外墙。使用"体量和场地"选项卡中的"幕墙系统"工具,拾取体量外表面,单击"创建系统",生成幕墙。

使用"体量和场地"选项卡中的"屋顶"工具,或者使用"建筑—屋顶—面屋顶"工具,选择屋顶类型为"基本屋顶混凝土-带构造层",参照标高F4,放置选项中的标高设置为F4,不激活"选择多个",拾取食堂和办公部分的屋顶,分别生成屋顶图元,结果如图14.32所示。

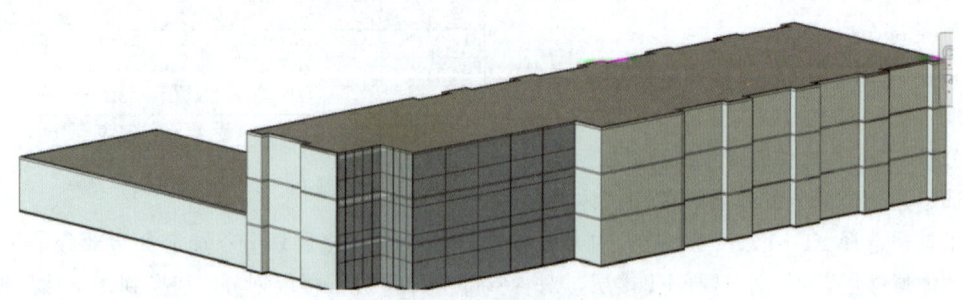

图 14.32 创建墙体和屋顶

第 15 章　项目位置与阴影、日光设置

15.1　项目位置的设定

要对项目进行准确的日照分析，必须先设定项目的所在位置和正确的朝向。

打开配套资源中的"配套资源 \ RVT \ 15.1 项目位置的设置练习.rvt"项目，在"管理"选项卡中使用"地点"工具，打开"位置、气候和场地"对话框。定义位置的依据有"默认城市列表"和"Internet 映射服务"两种方式。如图 15.1 所示，在默认城市列表中可以选择项目所在的城市，也可以直接输入经纬度。如图 15.2 所示，Internet 映射服务以 Google Map 为基础，提供定位服务，可通过地图定位或手动输入经纬度。

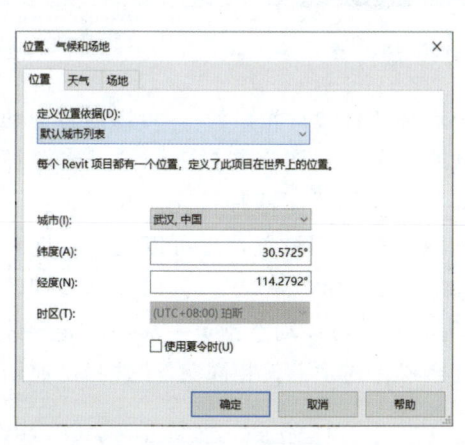

图 15.1　项目定义位置 1

图 15.2　项目定义位置 2

切换到 F1 楼层平面视图，在楼层平面属性中将方向设置为"正北"，在"管理"选项卡的"位置"下拉列表中选择"旋转正北"，将项目按逆时针方向旋转 15°，以确定项目的朝向。

15.2　阴影及日光路径开启

设置项目的正北方向之后，可以打开视图中的阴影来显示当前视图中阴影的遮挡关系，或者打开日光设置来设置太阳光的位置。

切换到三维视图，单击视图控制栏中的"视觉样式"，选择图形显示选项打开"图形显示选项"对话框。如图 15.3 所示，选择模型显示样式为"隐藏线"，勾选"投射阴影"可以看到项目中的阴影遮挡关系。因为阴影的位置遮挡、显示与太阳光的设置相关，在

"照明"选项卡中,点击"日光设置"后面的按钮弹出日光设置对话框,在日光设置对话框中选择"静止",使用项目当前所在位置在当前时间的太阳位置进行设置,勾选"地平面的标高"并设置为"室外地坪"。

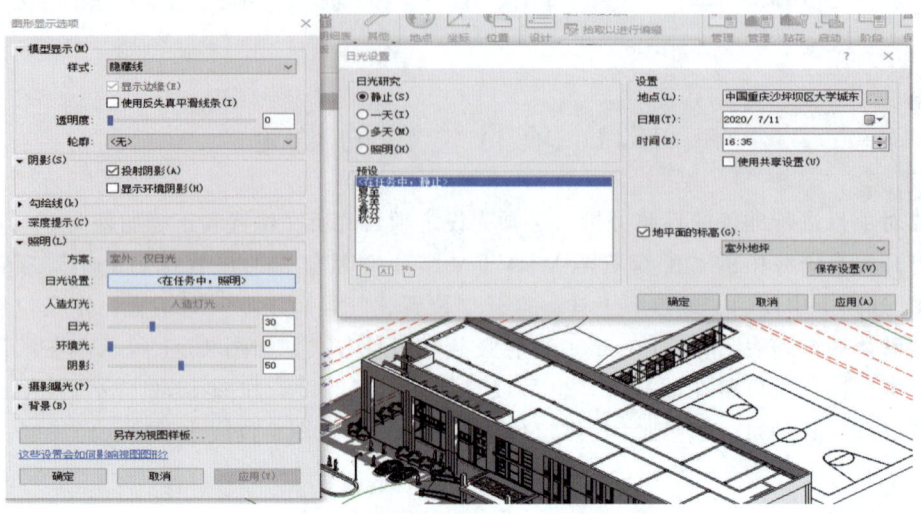

图 15.3 项目阴影设置

单击视图控制栏中的"日光路径",在列表中选择"打开日光路径",可以通过拖动太阳位置观察一天中不同的阴影遮挡情况。也可以通过单击视图控制栏中的"日光路径",在列表中选择"日光设置"打开日光设置对话框。Revit 提供了四种日光研究方式:①选择"静止",默认使用项目当前所在位置、在当前时间的太阳位置,也可以通过日期和时间的选择查看不同日期、不同时间的阴影遮挡关系;②选择"一天",可以选择日期、时间段以及时间间隔,点击视图控制栏的"日光研究预览"可以动态预览一天中阳光导致的阴影情况;③选择"多天",可以设置日期段,其余操作与"一天相同";④选择"照明",则把太阳作为一个超大功率的光照源。

所有日光研究的成果都可以导出为动画文件。如图 15.4(a)所示,进行"一天"的日光设置,点击"文件-图像和动画-日光研究"后,如图 15.4(b)所示,设置"长度/格式"。导出的文件保存在配套材料中的文件夹"配套资料\Other"中。

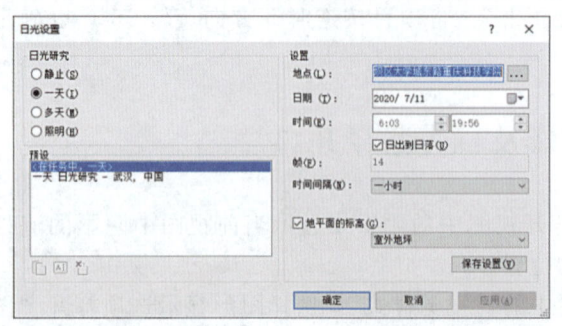 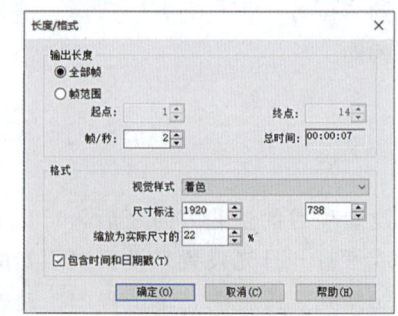

(a)日光设置　　　　　　　　　　　　(b)设置"长度/格式"

图 15.4 项目日光研究

第 16 章 对象管理及视图控制

本章主要介绍对象管理和视图控制的内容，为输出符合国家标准图纸作必要的准备。

16.1 线型与线宽设置

Revit 通过线型、线宽、线样式等来控制对象在视图中的显示。

切换到 F1 楼层平面视图，在"管理"选项卡中打开"其他设置"列表，选择"线型图案"打开"线型图案"对话框；新建"GB 轴网线"，设置参数如图 16.1 所示。注意，此处的长度值为实际打印的长度值，在不同的视图中 Revit 会根据视图比例自动调整线的显示的方式。选中轴线，如图 16.2 所示，编辑其类型属性，以实现对轴线样式的修改。

在"管理"选项卡中打开"其他设置"列表，选择"线宽"打开"线宽"对话框，可以分别对模型对象的线宽、透视视图线宽和注释线宽进行编辑。对注释线宽进行修改，结果如图 16.3 所示，在上一步的设置中轴网的线宽设置为 2 号，则轴网将打印为 0.18mm 线宽。

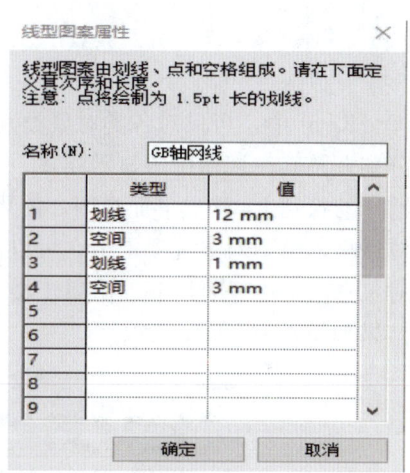

图 16.1 新建线型

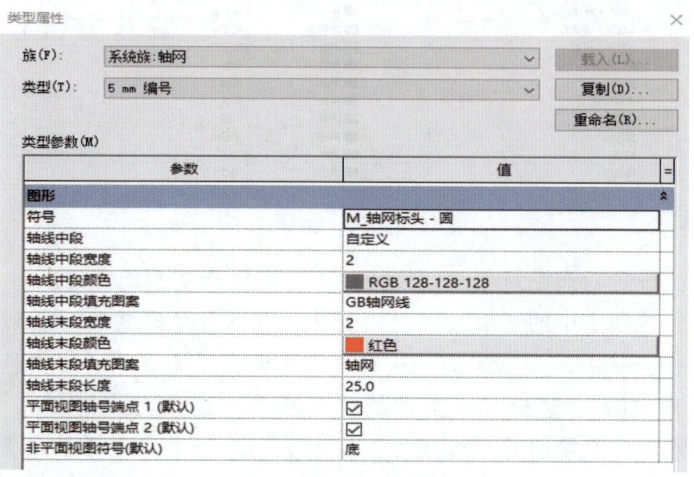

图 16.2 线型应用

第 16 章 对象管理及视图控制

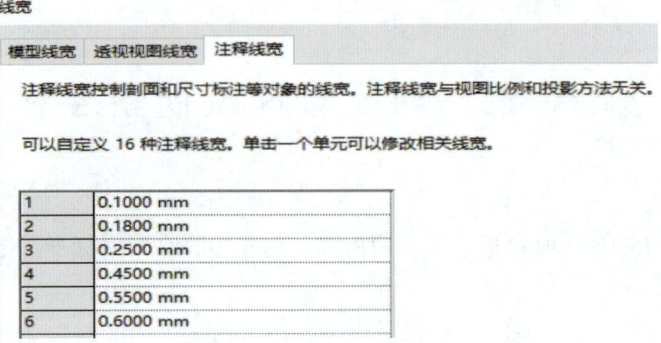

图 16.3 修改注释线宽

16.2 对象样式设置

Revit 中，可以对各类对象类别和子类别分别设置截面和投影的线型、线宽、颜色来分别调整其在视图中的显示样式。

切换到 F2 楼层平面视图，使用"管理"选项卡中的"对象样式"工具，在对象样式对话框的模型对象选项卡中，可以修改楼梯及其子类型的样式，如图 16.4 所示；在注释对象选项卡中，可以修改附属于楼梯路径的注释类对象的样式如图 16.5 所示。修改后的结果如图 16.6 所示。

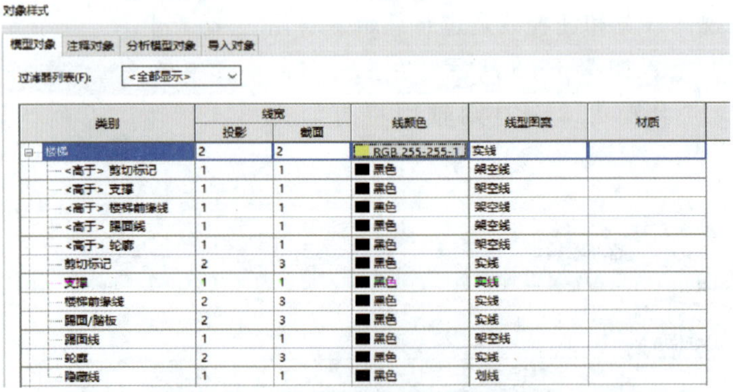

图 16.4 修改楼梯样式

此种对象样式设置对该类对象的修改，对所有视图和实例均有效。

使用"管理"选项卡中的"对象样式"工具，在"对象样式"对话框的"模型对象"选项卡中，将"栏杆扶手"类别中的"栏杆""扶栏"子类别的"线颜色"修改为紫色，将"窗"类别及其"框架/竖挺"子类别的"线颜色"修改为蓝色，将"门"类别及其"嵌板""框架/竖挺"子类别的"线颜色"修改为蓝色，将"幕墙嵌板"类别及其"2""玻璃"子类别的"线颜色"修改为蓝色，将"幕墙竖挺"类别的"线颜色"修改为蓝色。点击确定，以查看修改效果如图 16.7 所示。三维视图中也会同步修改，如图 16.8 所示。

16.2 对象样式设置

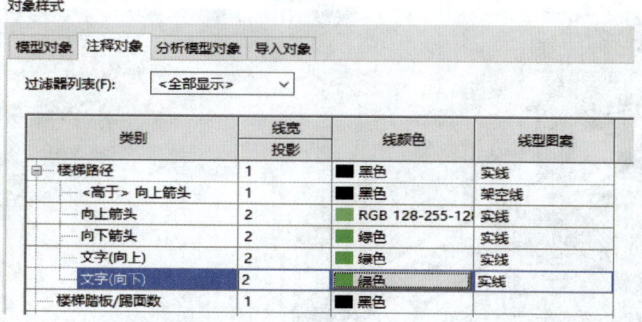

图 16.5 修改楼梯路径样式

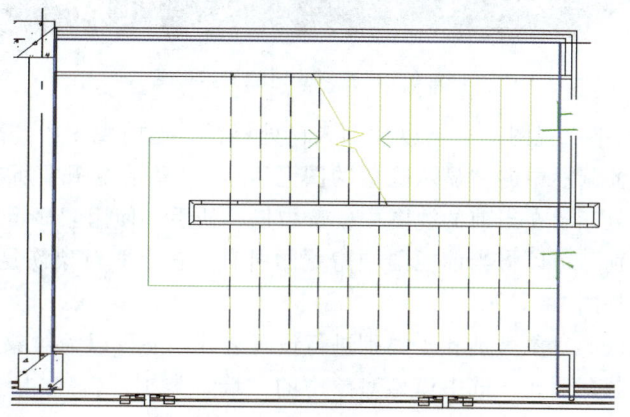

图 16.6 修改样式后的楼梯平面

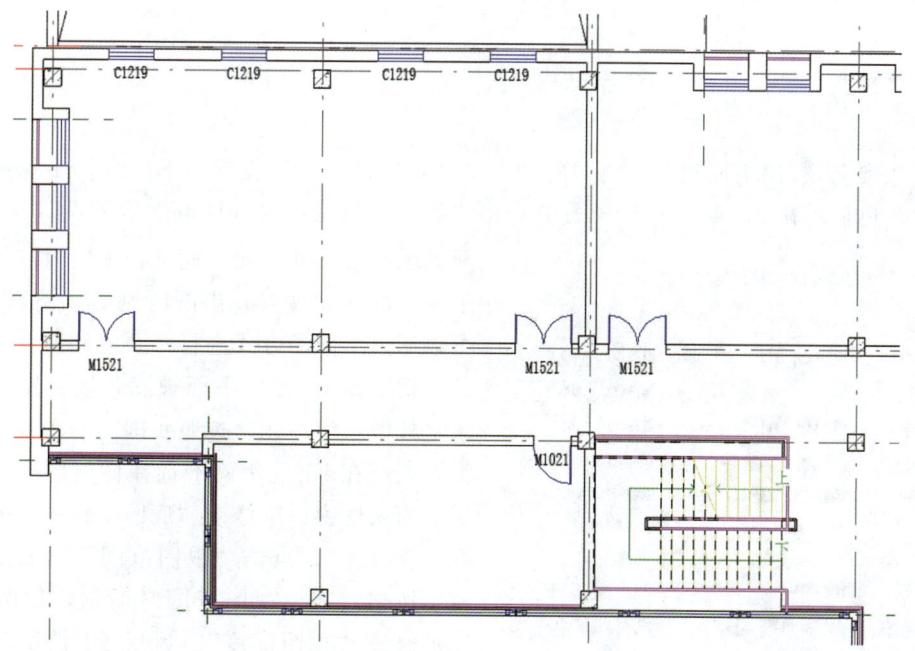

图 16.7 修改样式后的二层平面

第 16 章　对象管理及视图控制

图 16.8　修改样式后的三维视图

切换到 F1 楼层平面视图，适当放大到入口处楼梯。当前视图中，隐藏了"扶手"对象类别；点击视图控制栏中的"显示隐藏的图元"，可以显示视图中所有隐藏图元，被隐藏的"扶手"以红色显示在当前的视图中。选中任一扶手，使用"显示隐藏的图元"选项卡中"取消隐藏类别"可以将当前视图中隐藏的所有"扶手"对象恢复显示，其与 F2 视图中扶栏对象显示相同。

除了可以对默认的对象类别和子类别进行设置之外，还可以为对象定义任意的子类别并进行视图显示控制。例如，选中模型对象中的"墙"类别，新建"室外散水"子类别，设置投影线宽为 2、截面线宽为 3、线颜色为黄色。在视图中选中任一室外散水图元，编辑其类型，将标识数据中墙的子类别设置为"室外散水"。

16.3　视图显示属性

切换到 F2 楼层平面视图，将"底图—范围：底部标高"设置为 F1，则 F1 标高的图元将以灰色显示在 F2 楼层平面视图中；将"底图—范围：底部标高"设置为"无"，则只显示本楼层的图元。通常，编辑时需要参考下一层的图元位置，出图时则必须将其隐藏，可以通过上面的方式进行必要的调整。

切换到 F1 楼层平面视图，该视图中未显示室外散水等图元。按照我国的制图规范，这类图元应在 F1 显示。不选择任何图元，在楼层平面属性窗口中修改"底图—范围：底部标高"为"无"；点击"视图范围"后面的"编辑"按钮，弹出视图范围对话框，如图 16.9 所示修改"视图深度"。返回 F1 楼层平面视图，可以看到室外散水以红色虚线的形式显示

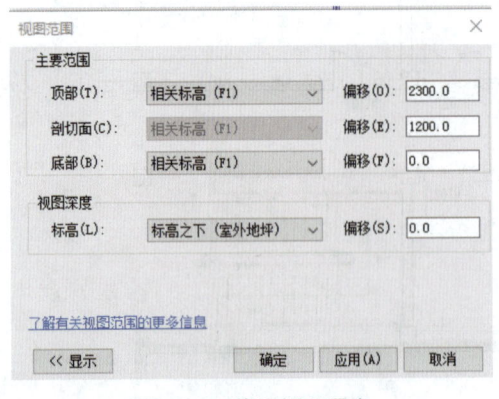

图 16.9　修改视图深度

16.3 视图显示属性

在视图中,如图 16.10(a)所示;在"管理"选项卡的"其他设置"下拉列表中选择"线样式",弹出"线样式"对话框,设置"超出"类别的线颜色为黑色、线型图案为实线,完成线样式的修改,使其符合我国的制图标准,结果如图 16.10(b)所示。

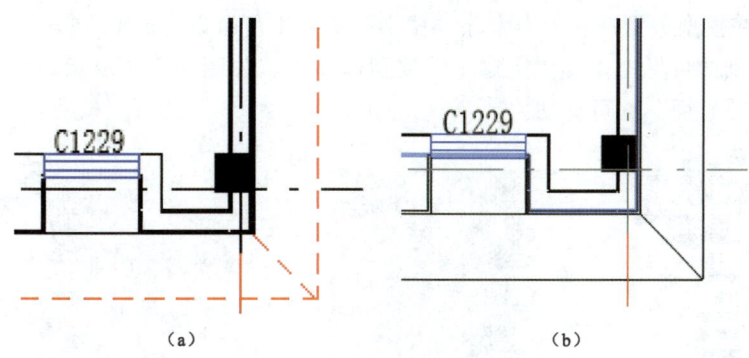

图 16.10 显示室外散水

Revit 将"视图范围"划分为"主要范围"和"视图深度",仅设置"视图深度"则 Revit 以"超出"的方式显示位于"底部"标高以下的对象。如在"视图范围"对话框的"主要范围"中同时修改"底部"标高与"视图深度"一致,则 Revit 使用"对象样式"对话框中所设置的室外散水样式则直接显示。

切换到 F2 楼层平面视图,并未发现④、⑤轴线间的雨篷,这是因为在当前的视图范围中没有剖切到雨篷。Revit 中,可以对局部的视图范围进行调整。

切换到"视图"选项卡,展开"平面视图"下拉列表,选择"平面区域";使用矩形工具,在④、⑤轴线间雨篷的位置绘制平面区域;点击属性窗口中"视图范围"后面的"编辑"按钮,如图 16.11 所示,对绘制的平面区域的视图范围进行设置;此处的设置只对绘制的区域有效,并不会影响 F2 楼层平面视图的其他区域。完成编辑模式后如图 16.12 所示,雨篷出现在 F2 楼层平面视图中。

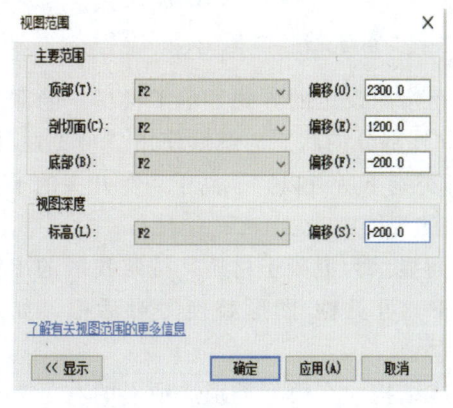
图 16.11 修改视图主要范围

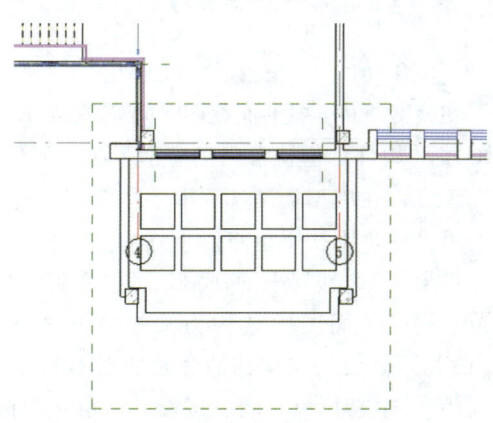
图 16.12 显示雨篷

16.4 控制视图图元显示

切换到 F1 楼层平面视图，在"视图"选项卡中使用"可见性/图形"工具，如图 16.13 所示，在模型类别选项卡中去除"楼梯"类别下所有以"＜高于＞"开头的子类别和"环境"类别的可见性；再切换到注释类别选项卡，如图 16.14 所示，去除"参照点""参照线""参照平面"的可见性。

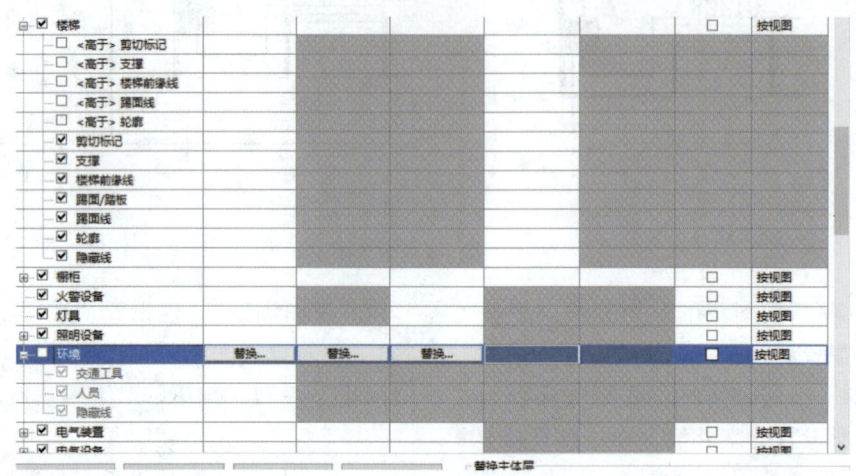

图 16.13 设置楼梯可见性

图 16.14 设置参照平面等注释类别可见性

切换回 F1 楼层平面视图，可以发现 Revit 已经按照设定的方式显示了楼梯，隐藏了 RPC 类的构件。但扶手仍然显示了超出剖切截面以外部分的状态。继续使用"可见性/图形"工具，在模型类别选项卡中去除"栏杆扶手"类别下所有以"＜高于＞"开头的子类别的可见性，则扶手也将以正确的方式显示在当前的视图中。

切换到 F2 楼层平面视图，可以看到结构柱截面显示为混凝土材质。按照我国的出图规范，楼层平面图中结构为涂黑方式表示。打开"可见性/图形替换"对话框，如图 16.15 所示，设置结构柱的截面填充图案为黑色实体。

Revit 中，可以对墙、楼板、屋顶对象设置主体结构。在模型类别选项卡的右下方勾选"替换主体图层"中的"截面线样式"，点击"编辑"，可以修改主体层的线样式。可对主体结构的每一层功能分别进行设置，如图 16.16 所示。

16.4 控制视图图元显示

图 16.15 设置结构柱可见性

图 16.16 修改主体层线样式

对模型类别选项卡中墙及其子类别进行参数设置，可改变其在视图中的显示样式。如图 16.17 所示，将公共边的可见性勾选取消，修改其详细程度为"精细"。

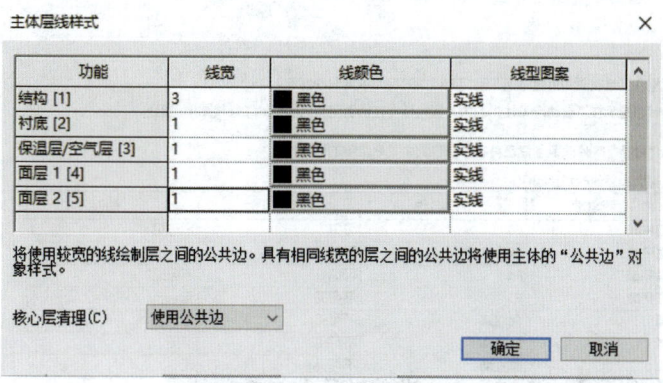

图 16.17 修改墙可见性对话框

在注释类别中，将当前视图中的参照平面、参照点、参照线、立面、剖面类别的可见性置为不可见。

切换到南立面视图，在参照平面上右键选择"在视图中隐藏类别"，所有参照平面不显示。框选②～⑧轴线，右键选择"隐藏图元"。在"可见性/图形替换"对话框注释类别中去除"剖面"的可见性。

返回 F1 楼层平面视图，使用"视图"选项卡中的"范围框"工具，如图 16.18 所示，沿食堂的外部轮廓绘制范围框。选中 1/D～H 之间的轴线，在属性窗口中设置其范围框为刚绘制

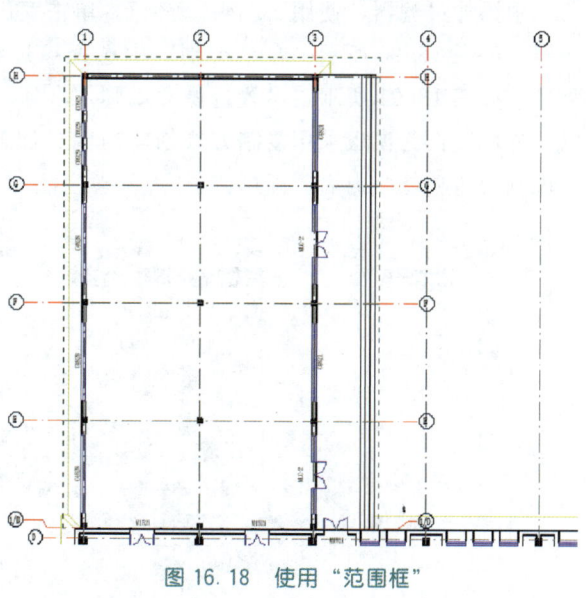

图 16.18 使用"范围框"

153

完成的范围框，实现对轴网对象显示范围的设定。切换到 F2 楼层平面视图，可以看到选定的轴线根据范围框进行了长度缩减。

选定范围框，点击属性窗口中"视图可见"后面的"编辑"按钮，如图 16.19 所示编辑范围框，以确定已经应用了范围框的轴线在不同视图中的可见性。分别切换到 F3、F4、东立面、西立面，查看可见性替换的修改效果。

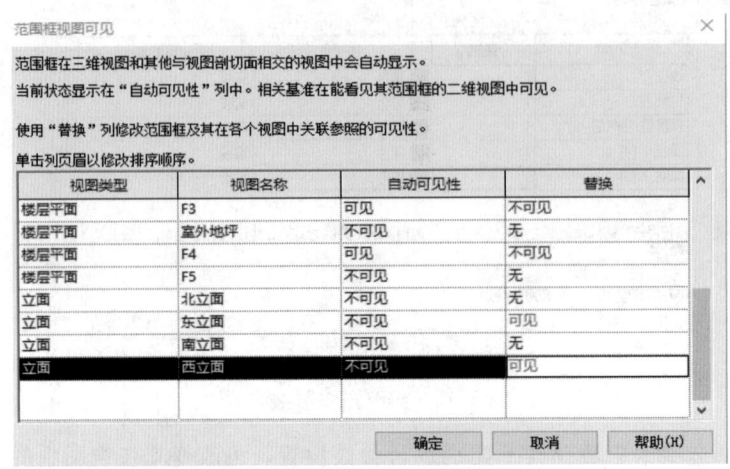

图 16.19　编辑范围框

16.5　视　图　过　滤　器

Revit 中，可以使用视图过滤器控制图元的显示。

视图过滤器使用前，必须先进行创建。打开"可见性/图形替换"对话框，在"过滤器"中添加过滤器，使用"编辑/新建"，单击底部的"新建"按钮新建名为"外墙"的过滤器，如图 16.20 所示。在"类别"中选择该过滤器应用于何种类别的对象，此处选择"墙"；如图 16.21 所示，设置过滤器规则"功能＝外墙"，完成外墙过滤器的设置。可以以"外墙"作为模板采用复制方式创建内墙过滤器，修改复制后的名称为"内墙"、过滤器规则为"功能＝内墙"即可。

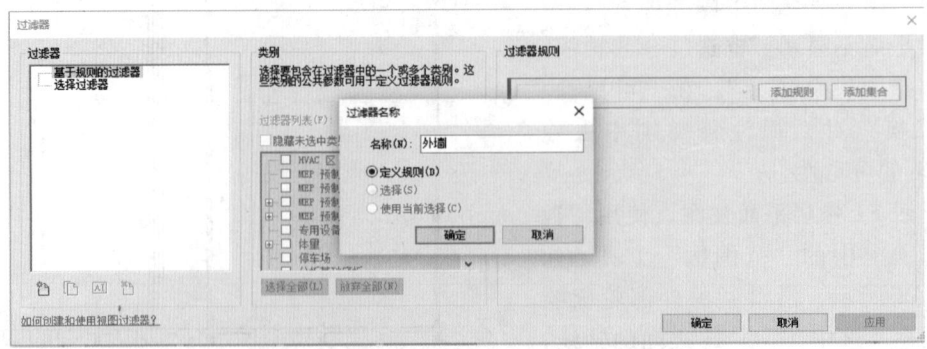

图 16.20　新建过滤器

16.5 视图过滤器

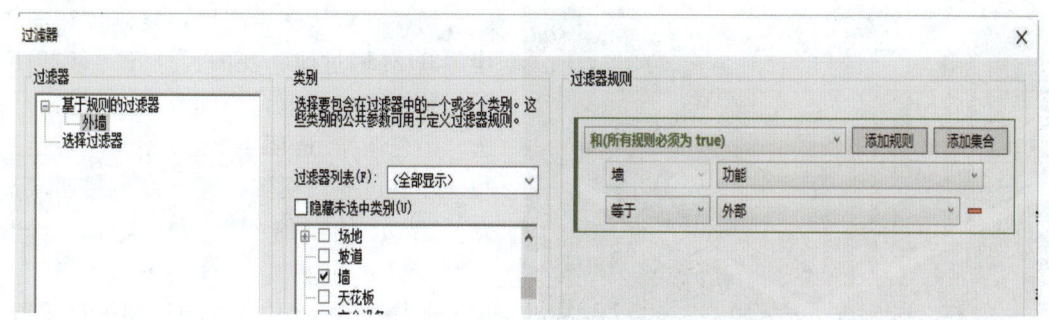

图 16.21 设置过滤器规则

复制 F1 楼层平面视图,并将其命名为"F1 外墙",系统将自动切换到该视图。打开"可见性/图形替换"对话框"过滤器"选项卡,将创建完成的"外墙""内墙"过滤器添加到过滤器列表中,如图 16.22 所示,在列表中修改其显示参数。返回 F1 外墙视图,可以看到 Revit 根据定义的过滤器将外墙替换为红色实体填充、内墙以淡显的方式显示,如图 16.23 所示。

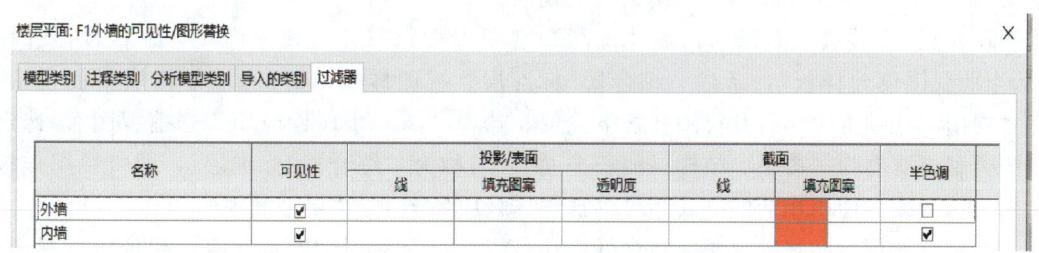

图 16.22 使用过滤器设置显示参数

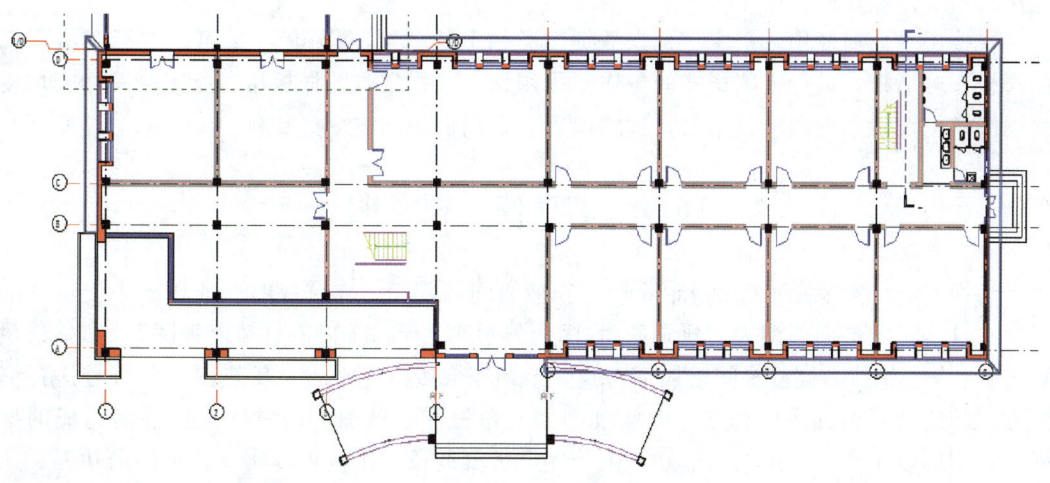

图 16.23 使用过滤器的视图显示

第 16 章　对象管理及视图控制

图 16.24　在三维视图中使用过滤器

切换到默认三维视图，复制该视图创建"3D 外墙过滤"视图，打开"可见性/图形替换"对话框，添加外墙过滤器，勾选"半色调"，透明度替换为 60；切换到"3D 外墙过滤"视图，外墙以半透明淡显方式显示在当前视图中，如图 16.24 所示。

如欲在 Revit 中成功使用视图过滤器，必须事先按规则组织好 Revit 图元的信息，这也是 BIM 的必然要求。

16.6　使用视图样板

在 Revit 中，使用"可见性/图形替换"对话框设置的对象类别可见性以及视图替换，仅对当前视图有效。如果有多个视图需要用相同的设置，则需要用到视图样板。使用视图样板功能，可以快速地将设置应用到其他视图。

切换到 F2 楼层平面视图，在"视图"选项卡中，打开"视图样板"下拉框，选择"从当前视图创建样板"，新建"综合楼-标准层"视图样板；切换到 F3 楼层平面视图，在"视图"选项卡中，打开视图样板下拉框，选择"将样板属性应用于当前视图"，选定视图类型过滤器为"楼层、结构、面积平面"、名称为"综合楼-标准层"，即将视图样板应用于该视图。使用相同的方式，可将视图样板应用于 F4 楼层平面视图。

除可以使用定义好的视图样板之外，还可以将已有视图中的定义应用到选定的视图。打开"视图样板"下拉框，选择"将样板属性应用于当前视图"，在"应用视图样板"对话框中，勾选"显示视图"，可以在可用视图中选择；选定 F3，则可以将 F3 的视图设置应用到当前选定视图（F4）。

在楼层平面属性中，指定"标识数据"类别下的"视图样板"，也可以打开"应用视图样板"对话框，进行视图样式的操作。采用该方式指定视图样板后，所有视图样式均按照视图样板设置，视图样板中已设置的内容，在当前视图中变为灰显。

16.7　创 建 视 图

切换到 F1 楼层平面视图，删除⑧、⑨轴线间的剖面。在"视图"选项卡中使用"剖面"工具，选定剖面类型为"建筑剖面-国内符号"，不勾选"参照其他视图"，偏移量设置为 0。在⑧轴线右侧楼梯间绘制剖面线。绘制完成后可以点击"反转剖面"符号进行剖面方向的反转，通过拖拽夹点可以修改剖面的范围和远裁剪的位置。选定绘制完成的剖面，在"修改|视图"上下文选项卡中使用"拆分线段"工具可以实现转折剖的功能，如图 16.25 所示。

双击剖面的蓝色箭头，可以进入剖面视图。通过调整属性窗口中"详细程度"的设

16.7 创建视图

置,可以控制视图显示的详尽程度。选定某一图元(如:F3 标高处的楼板),打开类型属性对话框,可以对该类图元的显示样式进行调整。取消"裁剪区域可见"复选框,可以设置裁剪区域为不可见。

打开"可见性/图形"对话框,调整楼梯的截面填充图案为"实体填充""场地-建筑地坪"的截面填充图案为"级配砂石",修改后的图元在剖面视图中的显示样式如图16.26 所示。

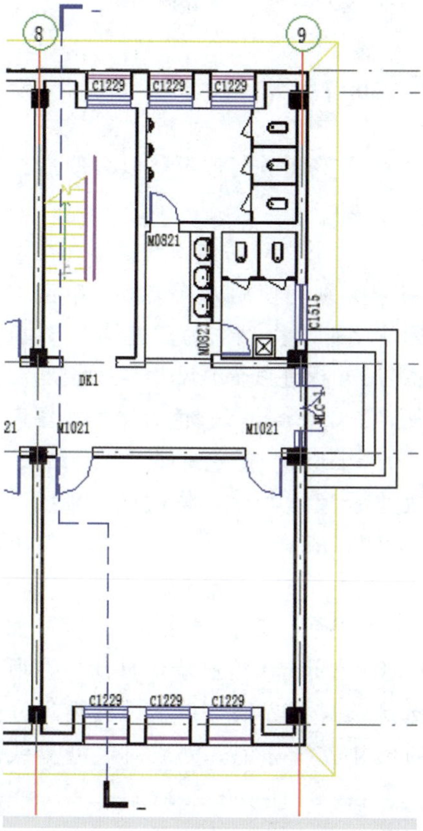

图 16.25 使用"剖面"工具

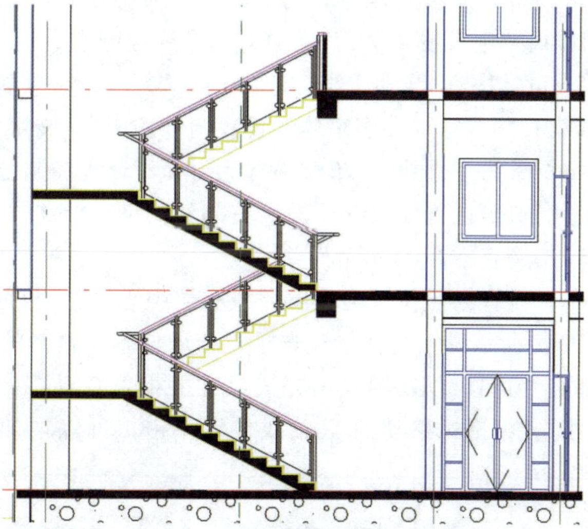

图 16.26 设置剖面样式

选定 B、C、1/D 轴线,右键将图元隐藏,可以实现视图的精细化调整。

设置完成后,可以将当前视图的设置保存为视图样板。在"视图样板"下拉框中选择"从当前视图创建样板",命名为"剖面",方便在后续的剖面类型视图中使用。

第17章 应 用 注 释

Revit 注释选项卡中,提供了丰富的二维注释工具,以协助进行图纸输出。

17.1 添加尺寸标注

切换到 F1 楼层平面视图,拖动轴网的夹点将其长度调整到适当位置,以方便后续的标注。

单击"对齐尺寸标注"进入"修改|放置尺寸标注"上下文对话框,选定标注类型为"固定尺寸界线",Revit 中尺寸标注与墙、门、窗等对象类别的使用方式类似。单击"编辑类型"按钮,打开"类型属性"对话框,设置"标注字符串类型"为"连续""线宽"为 1、"记号线宽"为 3,"尺寸界线控制点"为"固定尺寸标注线""尺寸界线长度"为 8mm、"尺寸界线延伸"为 2mm、"尺寸标注线捕捉距离"为 8mm、颜色为绿色、宽度系数为"0.7"、"文字字体"设置为"仿宋"、文字大小为 3.5mm、文字偏移为 0.5mm、文字背景为"透明"、单位格式为 mm,设置控制栏参数如图 17.1 所示。依次拾取轴线、门窗洞口等位置完成前、左、右侧面的尺寸标注;选中标注,取消"引出线"复选框,可以局部调整标注的位置。

设置参照位置为"参照核心层中心线"、拾取选项为"整个墙",单击"选项",如图 17.2 所示设置自动标注选项;拾取③轴线食堂的右侧墙体,Revit 沿该墙体自动标注所有的门窗洞口以及轴线,完成尺寸的批量自动标注。选定该尺寸界线,单击"编辑尺寸界线",将鼠标移动到 D 轴线位置单击,可以增加新的尺寸界线标记,完成对尺寸界线的编辑。

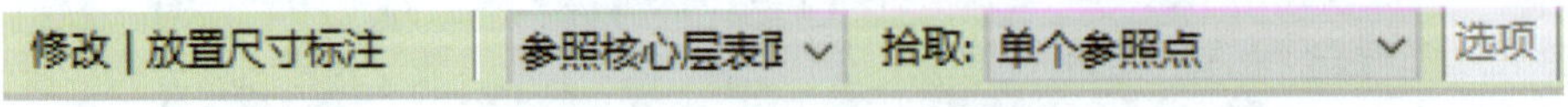

| 修改 \| 放置尺寸标注 | 参照核心层表面 | 拾取:单个参照点 | 选项 |

图 17.1 设置控制栏参数

使用对齐尺寸标注,设定"参照核心层中心线"、拾取"整个墙",拾取内墙进行自动标注。连续拾取两段墙,可以将其视为一个标注整体(盥洗室开口处),进行连续标注。切换为拾取单个参照点模式,对楼梯间、盥洗室、卫生间的内部尺寸进行细部标注。

采用"半径"方式,如图 17.3 所示设置标注参数,标注入口处坡道的半径,拖到夹点改变其标注线的长度。在视图控制栏中,单击"显示隐藏的图元",选中任一参照平面,点击"取消隐藏类别",单击"关闭'显示隐藏的图元'",将参照平面显示在视图中;以直线方式绘制参照平面,捕捉坡道端点,以垂足方式绘制参照平面;选用对齐尺寸标注,拾取参照平面,捕捉坡道的另外一侧,创建坡道宽度标注。

17.2 添加高程点和坡度

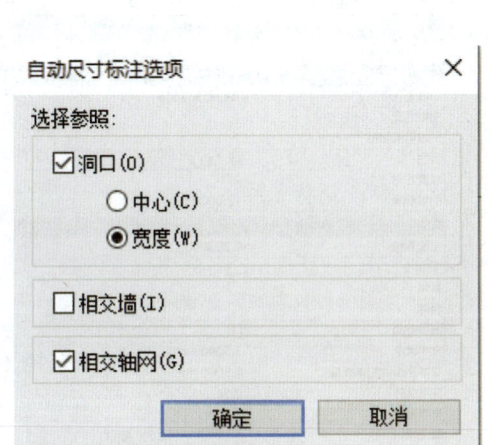

图 17.2 设置标注选项

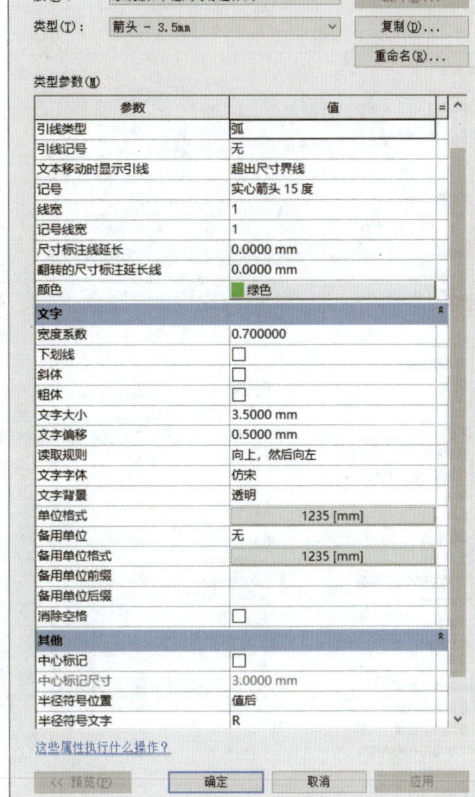

图 17.3 设置"半径"标注参数

完成 F1 楼层平面的标注，可以使用同样的方式完成 F2、F3 楼层平面的标注。对于相同的尺寸标注，可以采用对齐粘贴的方式将其粘贴到其他楼层平面视图。继续使用尺寸标注工具，完成 F2、F3、F4 楼层平面视图的标注。

17.2 添加高程点和坡度

在平面施工图中，除表达各构件的平面定位尺寸之外，还必须表达当前所在楼层的标高、室内外高差、排水坡度等信息。在 Revit 中，可以使用高程点标注和高程点坡度标注工具完成这类信息的标注。

切换到 F1 楼层平面视图，使用"注释"选项卡中的"高程点"工具，以"高程点垂直"类型为基础，复制新建"综合楼-零标高高程点标注"，如图 17.4 所示设置参数。移动鼠标到适宜位置，分别在食堂和办公楼内部标注高程。

切换高程点类型为"立面空心"，打开类型属性对话框，设置颜色为绿色、文字与符号的偏移量为"−8mm"、文字字体为"仿宋"，标注卫生间标高。使用类似的方式，继续完成 F2、F3、F4 楼层平面高程点标注。

第 17 章 应 用 注 释

切换到 F2 楼层平面视图，使用"高程点 坡度"工具为食堂屋顶添加坡度注记。如图 17.5 所示，设置标注类型属性参数，在食堂屋顶适当位置放置坡度标注。

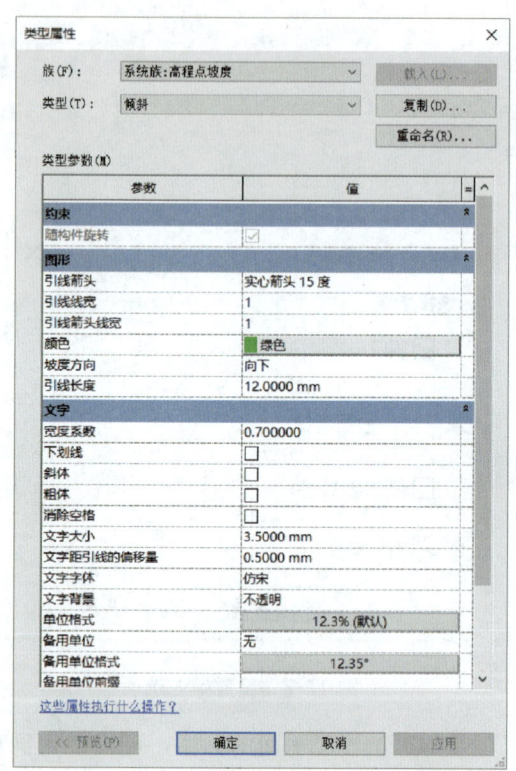

图 17.4 设置"高程"标注参数　　　　图 17.5 设置"坡度"标注参数

17.3 使 用 符 号

对于没有生成坡度的楼板、屋顶等图元，无法使用"高程点—坡度"工具对其进行坡度标注。

切换到 F4 楼顶平面视图，使用"注释"选项卡中的"详图线"工具，采用线方式绘制，线样式为"细线"，在 B、C 轴线的中间绘制排水脊线；使用"视图"选项卡中的"可见性/图形替换"，将注释类别的"参照平面"置为可见。在 A 轴线上方 3m，D 轴线下方 3m 处分别绘制参照平面，使用"详图线"工具绘制排水坡度，如图 17.6 所示。

使用"符号"工具，选定符号样式为"C_排水符号"，放置排水符号，并修改其坡度值为 2‰ 和 1‰，如图 17.6 所示，完成坡度标注的放置。请注意，此处的坡度值放置，只是放置了一个二维表达符号，与模型无关。

17.5 立面施工图

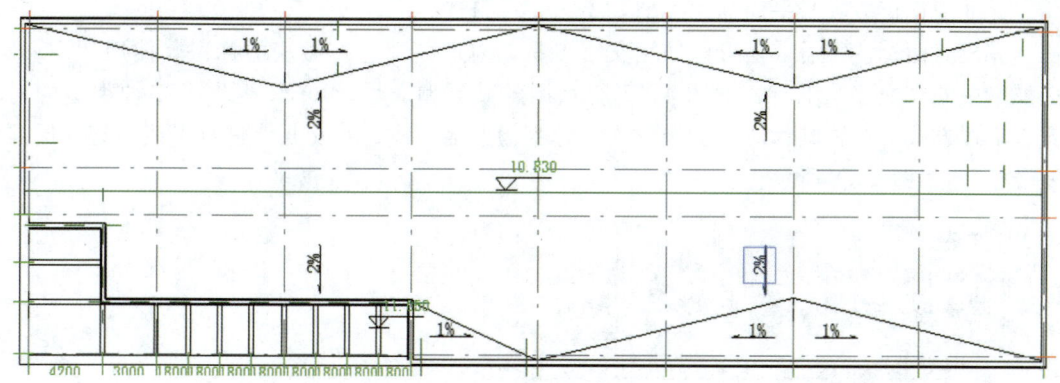

图 17.6 使用"符号"

17.4 添加门窗标记

切换到 F1 楼层平面视图,载入"综合楼_窗标记.rfa""综合楼_门标记.rfa""综合楼_幕墙嵌板标记.rfa""综合楼_墙标记.rfa",使用"注释"选项卡中的"全部标记"工具,打开"标记所有未标记对象"对话框,分别选择门、窗进行标记。采用同样的方法,可以为 F2、F3 楼层添加门、窗标记。

除了用自动标记以外,还可以用手工方式添加标注。展开标记面板,选择"载入的标记和符号",打开"载入的标记和符号"对话框,可以为指定的对象设定默认的标记族。

单击"按类别标记",不勾选"引线",配合使用 TAB 键,完成入口处幕墙门、幕墙的标记。Revit 中的标记是选取了图元中的某一个属性,选择 MQ1 幕墙,在属性对话框中可以看到当前的"标记"为"MQ1",修改该信息则标记自动进行修改;同样的,修改标记值,则属性中的信息同步进行修改。

不同的墙标记可以提取不同的字段,在后续的"族"章节中,会对标记进行详细的介绍。

17.5 立面施工图

采用类似的方式,可以在立面视图中,通过添加高程点标注和尺寸线标注的方式生成立面施工图。

切换到南立面视图,在视图控制栏中依次点击"显示裁剪区域""裁剪视图",Revit 显示裁剪框,并使用该裁剪框对视图进行剪裁。拖动裁剪框的位置或拖拽剪裁框夹点可以修改视图范围。在属性面板中复选"注释裁剪",显示虚线的裁剪框。在视图中放置尺寸标注、高程点标注时,只有放置在注释裁剪框内的注释才会正确显示。

立面视图中,通常需要对立面的轮廓进行加粗处理。使用"修改"选项卡,视图面板中的"线处理"工具,选择线样式为"宽线",设置当前视图的显示方式为粗线方式,拾取立面轮廓线,绘制宽线。采用对齐标注方式,拾取标高和窗的安装位置进行立面尺寸标注。此处的标记方式与平面标注类似，不再一一赘述。

完成立面标注之后，还可以使用文字工具，对墙立面进行做法的标识。使用"注释"选项卡中的"文字"工具，如图 17.7 所示调整其类型属性。Revit 提供了多种类型的对齐、引线方式，设置其为两段引线方式、标签为左上引线，对女儿墙进行引线注记"保温复合板"，如图 17.8 所示。

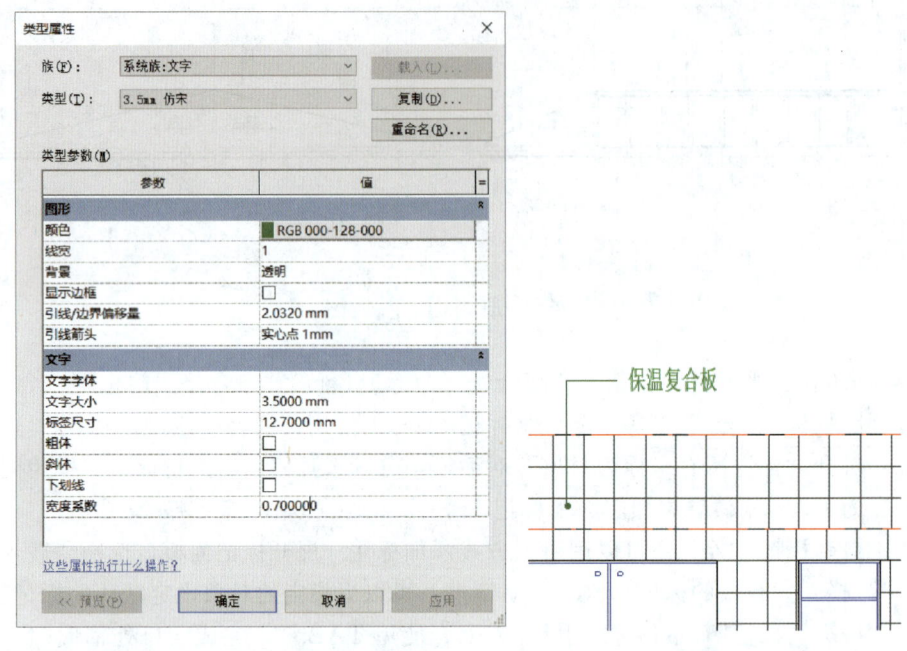

图 17.7 设置"文字"标注参数　　　　图 17.8 使用"文字"工具

使用相同的方法，对东、西、北立面视图进行处理，为其添加文字注释和尺寸标注的信息。

17.6 剖面施工图

使用类似的方式，可以为剖面视图设置注释信息，以完成剖面施工图。

切换到剖面 1，调整视图中的轴网，将其对齐。使用对齐标注工具，选定"固定尺寸界线"类型，依次进行视图中的尺寸标注。使用"高程点"工具，选定"立面空心"类型，对楼梯休息平台、天花板底部的高程进行标注。

双击尺寸标注文字，可以对其进行修改，修改其前缀、后缀，或以文字替换其标注值（注意：Revit 不允许以纯数字替换标注值）。

第18章 剖面图深化及详图设计

18.1 处理剖面信息

Revit 提供区域填充、详图构件、重复详图构件等详图工具，用于深化施工图的设计。

切换到剖面1，之前已经完成了尺寸注记、高程注记等信息，接下来使用"区域填充"方式生成剖面梁。

在"管理"选项卡中展开"其他设置"选择"线样式"，新建"粗线"子类别，修改其参数：线宽设定为3、颜色为黑色、线型图案为实线。在"注释"选项卡中展开"区域"选择"填充区域"；打开类型属性对话框，复制创建"综合楼-剖面梁"类型，设置填充区域的样式为"实体填充"、填充图案类型为"绘图"（注意："绘图"方式指填充图案随视图比例的变化而变化，"模型"则是将填充图案作为模型的一部分，且不随视图比例尺的变化而改变）；绘制方式为矩形，线样式为"粗线"，以左上角屋顶端点为起点绘制450mm×600mm的矩形，完成当前编辑，创建剖面梁如图18.1所示。注意，此处添加的是二维填充方式绘制的"梁"，并未生成实体梁。

除此之外，还可以使用"详图构件"方式生成剖面梁。

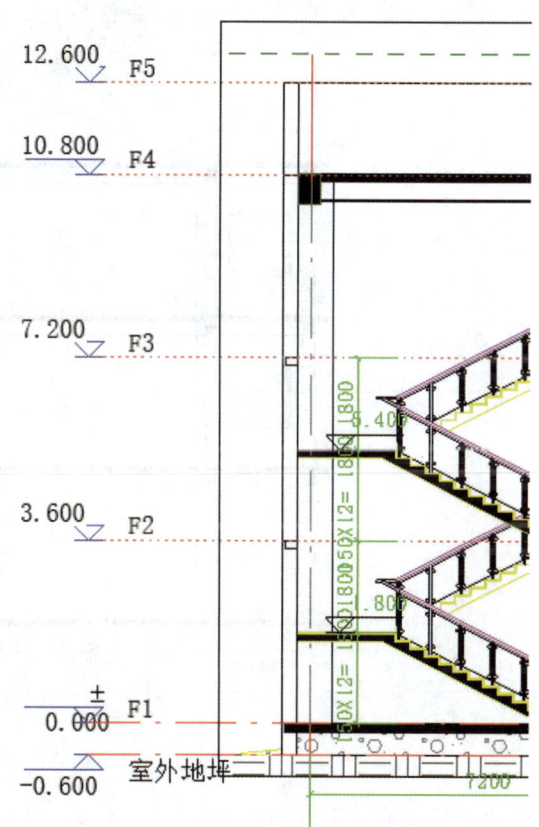

图18.1 使用"填充区域"处理剖面

载入"2D剖面梁.rfa"，在"注释"选项卡中展开"构件"选择"详图构件"，设置当前族类型为"2D剖面梁 T型梁"，复制创建"T型梁-250×450mm"，如图18.2所示，修改其参数。在F4标高下屋顶与C、B轴线及A轴线左侧墙体相交的位置分别放置T型梁。选择三个T型梁图元，单击"创建"面板中的"创建组"工具，创建名为"剖面梁"的详图组；选定"剖面梁"详图组，复制该组到F3、F2标高，结果如图18.3所示。

切换到"视图"选项卡，使用"剖切面—轮廓"工具，编辑方式为"面"，拾取楼梯边缘，进入"修改|创建剖切面轮廓草图"上下文选项卡；使用直线方式绘制，捕捉楼梯

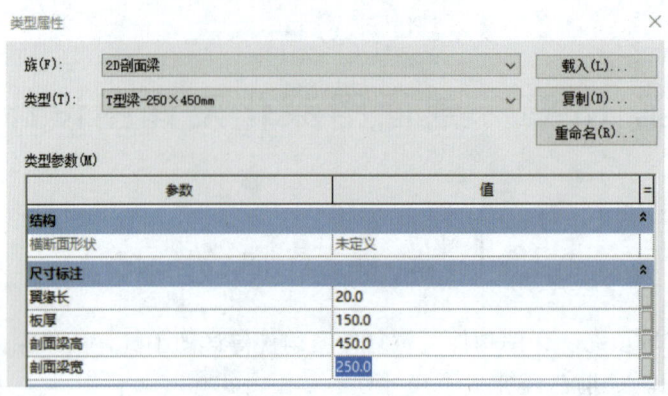

图 18.2 修改"详图构件"参数

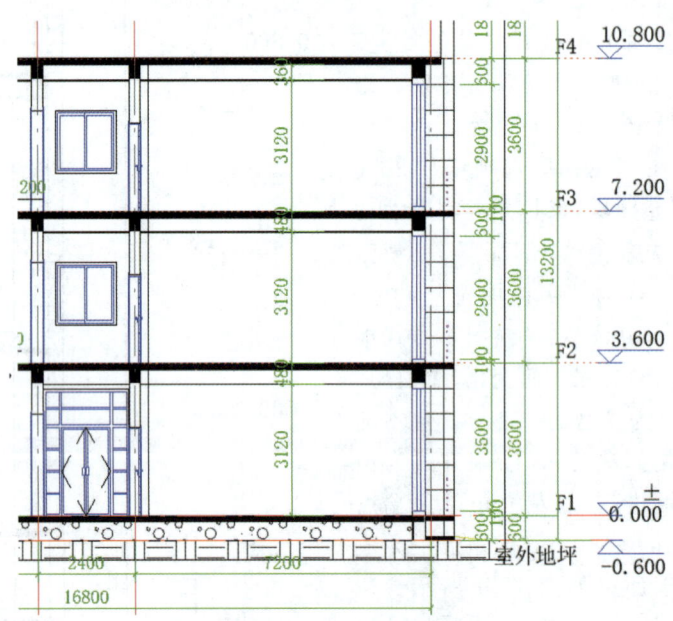

图 18.3 使用"详图构件"处理剖面

端点,依次向下 250mm、向左 150mm、向上 250mm 绘制轮廓边界。需要注意的是,在创建剖切面轮廓草图状态下,必须沿已有的楼梯边界绘制,所绘制的草图必须与原有的边界相交,同时确定箭头指向欲保留的面域的位置。完成草图编辑,Revit 使用与楼梯截面相同的材质生成梯梁,结果如图 18.4 所示。使用类似的方式,编辑其余楼层的楼梯。使用该种方式创建的梯梁只是在当前二维视图中的示意,并未生成三维梯梁实体。

在"注释"选项卡中展开"区域"选择"遮罩区域",设置线样式为"不可见线"、绘制方式为矩形,捕捉室外地坪上的点绘制矩形将已有的地坪剖面进行遮挡,完成编辑,则将原有的地形区域进行了遮挡,结果如图 18.5 所示。

在"注释"选项卡中展开"构件"下拉框选择"重复详图构件",选择类型为"重复详图—素土",采用直线方式沿室外地坪绘制,为项目创建素土夯实的符号,结果如图 18.6 所示。

18.2 生成详图

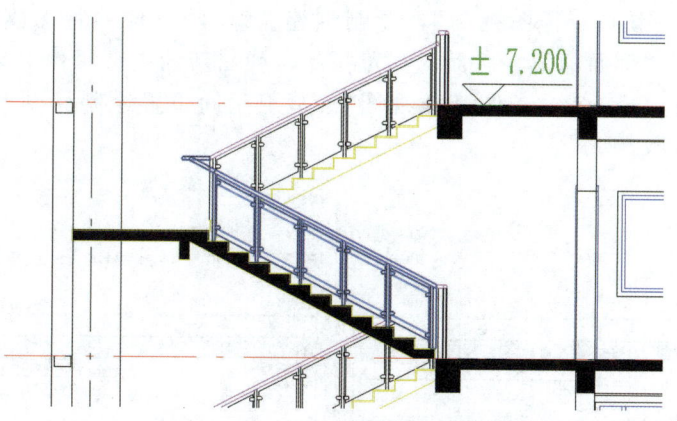

图 18.4 使用"剖切面轮廓"处理剖面

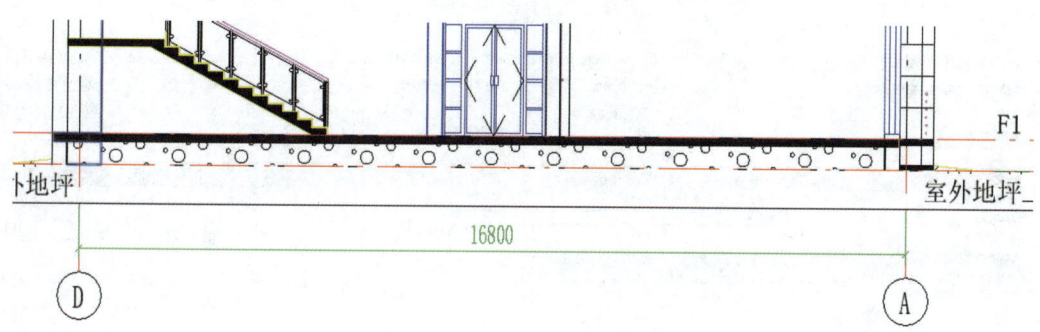

图 18.5 使用"遮罩区域"

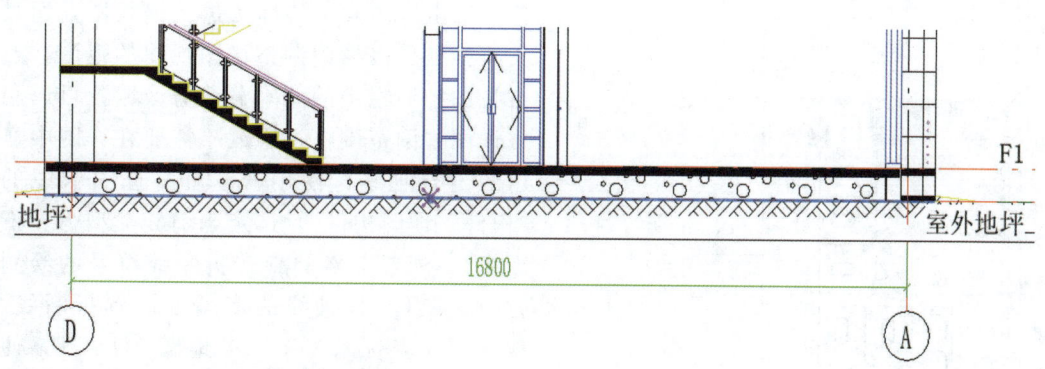

图 18.6 使用"重复详图构件"

18.2 生 成 详 图

Revit 提供详图索引工具,将现有的视图进行局部放大,生成详图视图,并在详图视图中显示模型图元。

切换到 F1,使用"视图"选项卡中的"详图索引"工具,打开属性类型对话框,

第18章　剖面图深化及详图设计

切换"族"到"系统族：详图视图"，复制创建"综合楼-详图视图索引"，依次点击"详图索引标记""剖面标记"后面的浏览按钮，弹出新的类型属性对话框，如图18.7所示设置其参数。不勾选"参照其他视图"，沿卫生间位置绘制详图范围，如图18.8所示。

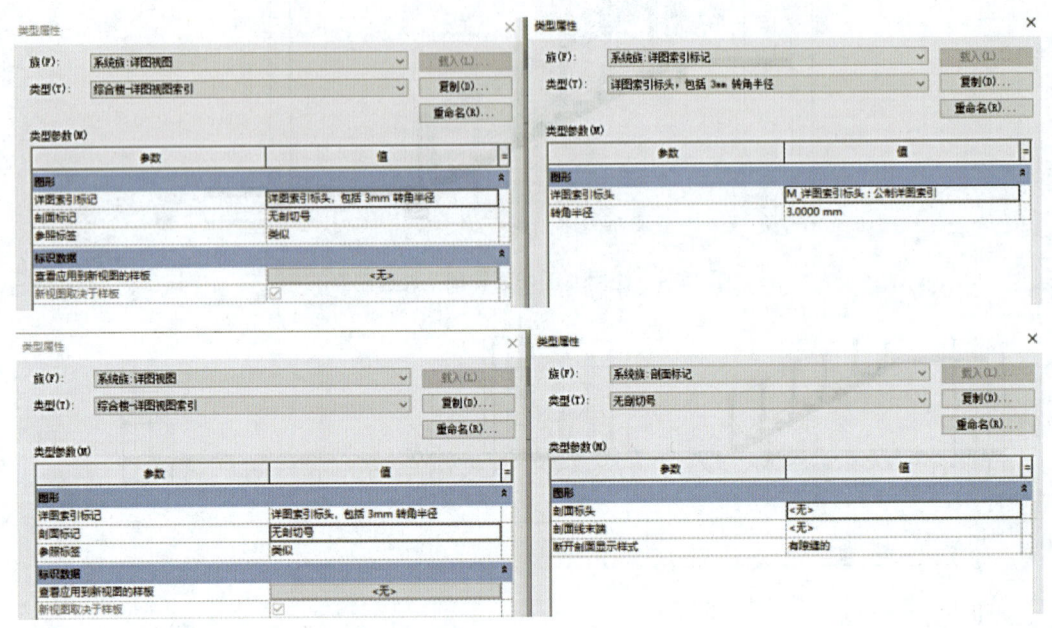

图18.7　设置"详图视图索引"参数

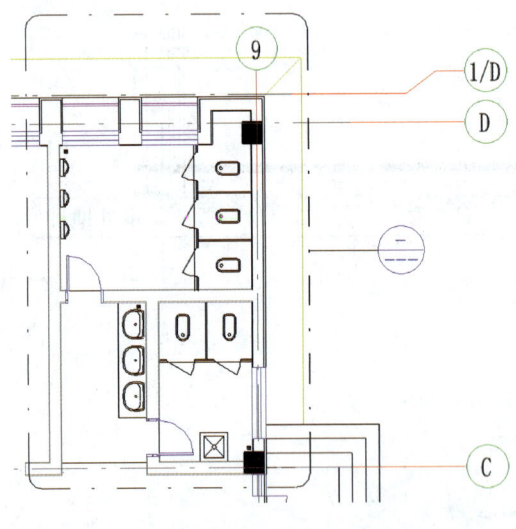

图18.8　卫生间位置绘制详图范围

双击详图索引的标头进入该视图，通过夹点拖拽可以精确调整详图视图的范围。点击视图控制栏中的"隐藏裁剪区域"可以隐藏详图视图范围框；隐藏不需要在详图中显示的1/D轴线；使用"注释"选项卡中的"构件—详图构件"，选定当前族类型为"折断线"，配合空格键旋转折断线符号的绘制方向，在C、D轴线的横墙处放置折断线。载入"配套资源\RFA\地漏2D.rfa"，使用"建筑"选项卡中的"构件—放置构件"，在F1标高卫生间的角点处放置地漏；使用对齐标注工具，进行详图的尺寸标注。使用"注释"选项卡中的"符号"，在卫生间的适当位置放置排水符号，勾选"放置后旋转"

放置指向地漏的排水符号，将排水符号的坡度修改为1%。使用"注释"选项卡中的"符号"，选定"自由标高-相对标高-带下引线"，分别在卫生间和盥洗室放置标高，分别将两个卫生间和盥洗室的标高设置为"H-0.04""H-0.02"。修改视图名称为"卫

18.2 生成详图

生间大样",点击"视图样板"后面的浏览按钮,设置其视图样板参数,如图18.9所示,完成卫生间大样绘制,结果如图18.10所示。

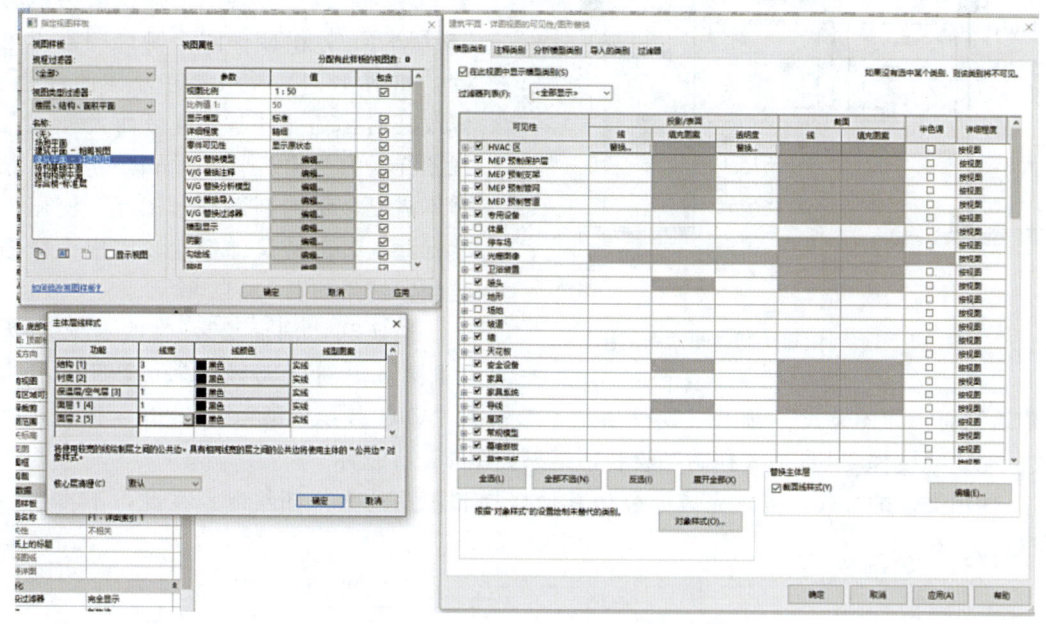

图 18.9 设置"卫生间详图视图"参数

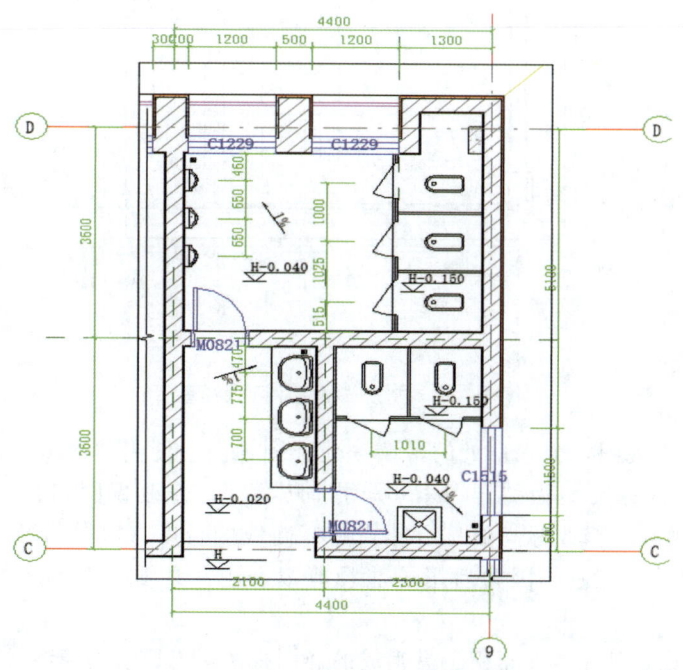

图 18.10 生成"卫生间大样图"

第18章 剖面图深化及详图设计

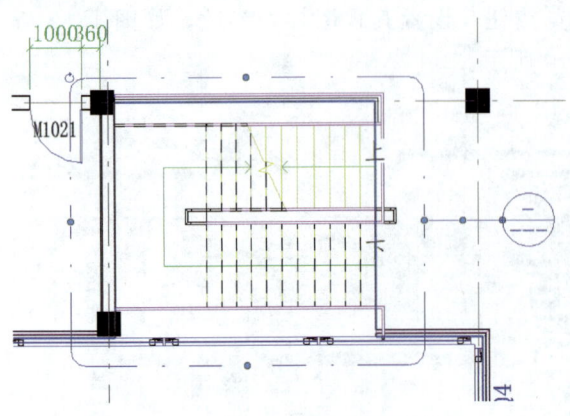

图 18.11 楼梯间绘制详图索引范围

切换到 F2 楼层平面视图，缩放到入口处楼梯间。使用"视图"选项卡中的"详图索引"工具，选择视图类型为"楼层平面"，沿楼梯间绘制详图索引范围，如图 18.11 所示。打开详图视图，修改其名称为"楼梯1♯平面大样图"、视图样板为"建筑平面—详图视图"，隐藏不需要显示的剖面符号图元，使用尺寸标注工具进行尺寸标注，完成大样图绘制，结果如图 18.12 所示。

切换到"剖面2"，修改其名称为"楼梯2♯剖面大样图"、视图样板为"建筑剖面—详图模式"，如图 18.13 所示，编辑其"V/G 替换模型"，修改其主体层线样式。完成"楼梯2♯剖面大样图"绘制，结果如图 18.14 所示。

使用类似的方式，可以完成办公楼其他楼梯和雨篷的大样图绘制。在此，不再一一赘述。

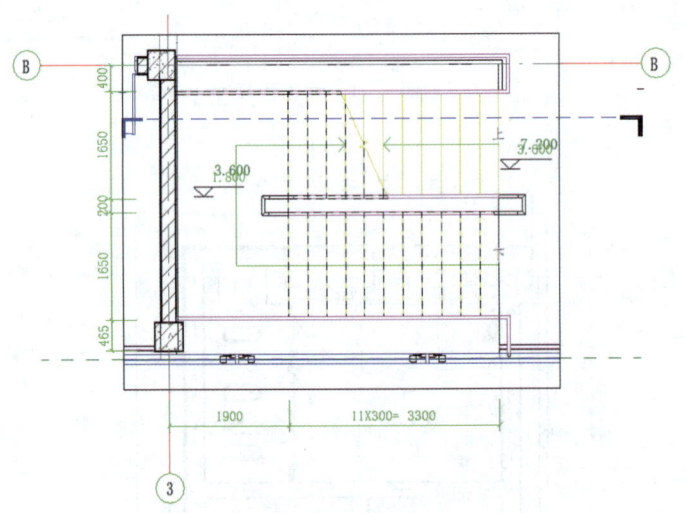

图 18.12 生成"楼梯平面大样图"

切换到南立面视图，为入口处的幕墙创建详图视图。使用"视图"选项卡中的"详图索引"工具，选择类型为"详图索引—指向索引"，修改视图名称为"入口幕墙详图"，启用注释剪裁，修改标高的显示模式和标高线的长度（2D 模式），使用对齐标注工具标注相关尺寸。注意，因为启用了注释剪裁，注释必须放在剪裁区域内，否则无法显示注释。

需要注意的是，使用详图索引工具生成的详图视图，与原有的模型保持关联关系；在详图视图中的修改将影响到模型三维视图和平面视图，反之亦然。在"管理"选项卡的"其他设置"中选择"详图索引标记"，可以对详图索引标记的类型进行编辑。

18.2 生成详图

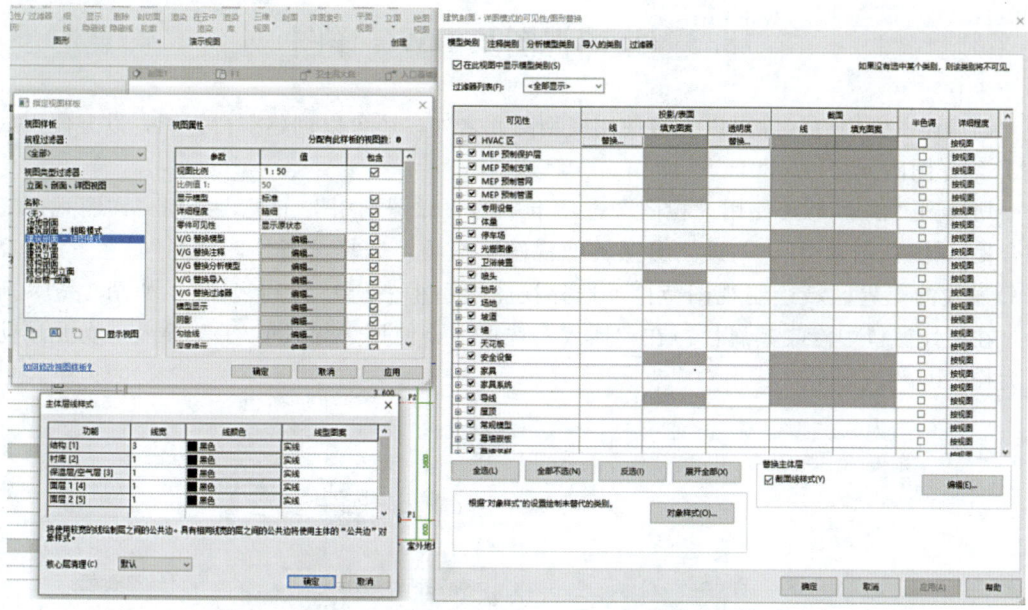

图 18.13 设置"楼梯剖面详图视图"参数

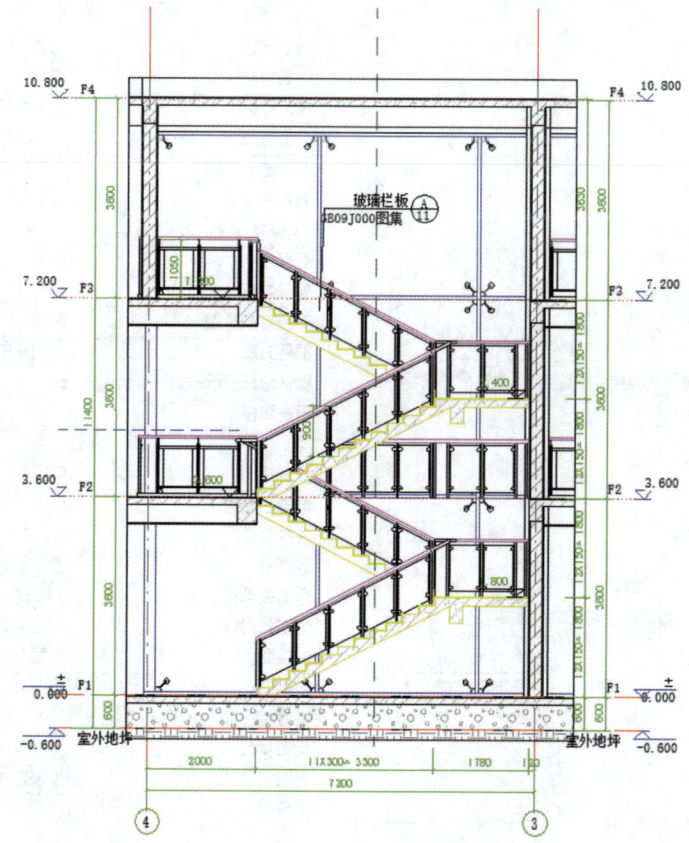

图 18.14 生成"楼梯剖面图"

18.3 绘图视图及 DWG 详图

创建详图索引时，除可以直接使用模型图元之外，还可以创建空白详图，以方便引入 CAD 等详图图元。

切换到"剖面1"，使用"视图"选项卡中的"详图索引"工具，采用"详图视图综合楼-详图视图索引"，勾选"参照其他视图"选项，选择"新绘图视图"，在 F4 标高与 D 轴线的交界区域绘制视图范围，选择视图索引框右键"转到视图"，如图 18.15 所示，在属性窗口中修改其属性。在"插入"选项卡，使用"导入 CAD"导入"女儿墙防水大样.dwg"。

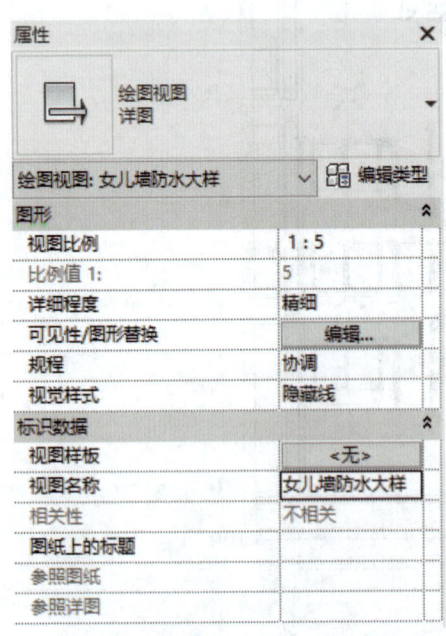

图 18.15 修改"视图"属性

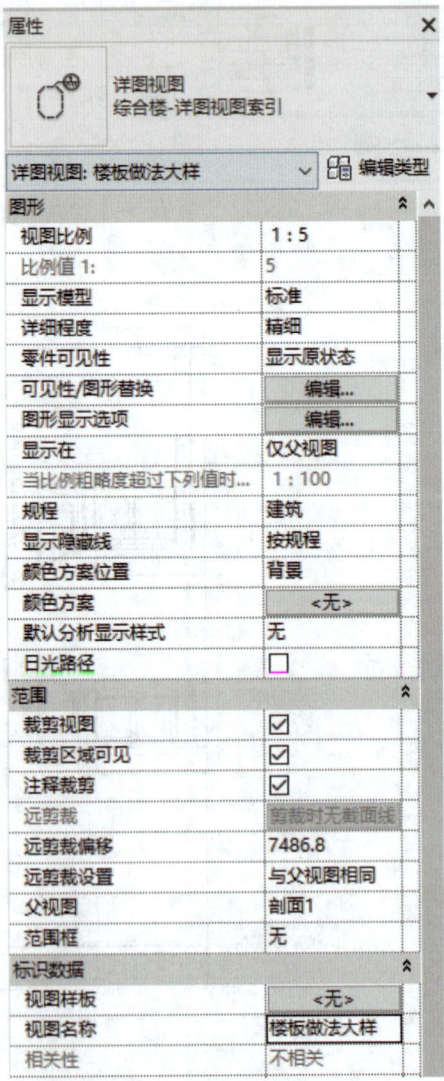

图 18.16 修改"详图视图索引"属性

18.3 绘图视图及 DWG 详图

切换到"剖面1"，使用"视图"选项卡中的"详图索引"工具，采用"详图视图 综合楼-详图视图索引"，不勾选"参照其他视图"选项，在 F3 楼板处绘制视图范围。双击"详图索引"标头打开视图，如图 18.16 所示，在属性窗口中修改其属性。隐藏当前视图的裁剪区域、标高，载入"材质标记.rfa"；使用"注释"选项卡中的"材质标记"，编辑类型，设置"引线箭头"为"实心点 1mm"，勾选"引线"，采用引线方式标记楼板各构造层材质。同样的，使用 VV 快捷键，可以对结构层的线型样式进行编辑，结果如图 18.17 所示。

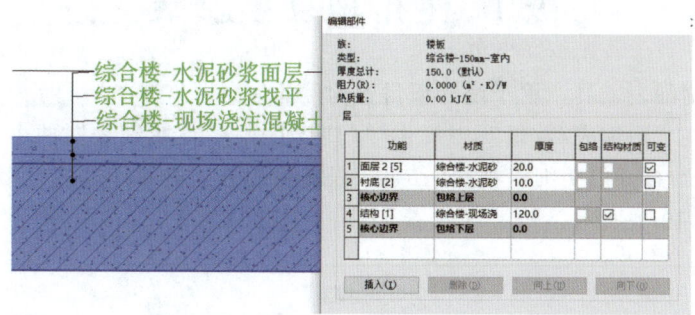

图 18.17 使用"图例"

在"视图"选项卡"创建"面板中展开"图例"下拉框，选择"图例"，创建"门窗大样"新图例视图。展开项目浏览器，将"族-门-MLC1-MLC1"拖动到视图范围，设置视图方向为"立面：前"，点击鼠标放置 MLC1；使用对齐标注工具，对门的细部尺寸进行标注。载入"符号_视图标题.rfa"，使用"注释"选项卡中的"符号"工具，将视图标题放置在视图中，并输入内容，结果如图 18.18 所示。

使用同样的方式，可以创建其他门窗的大样。

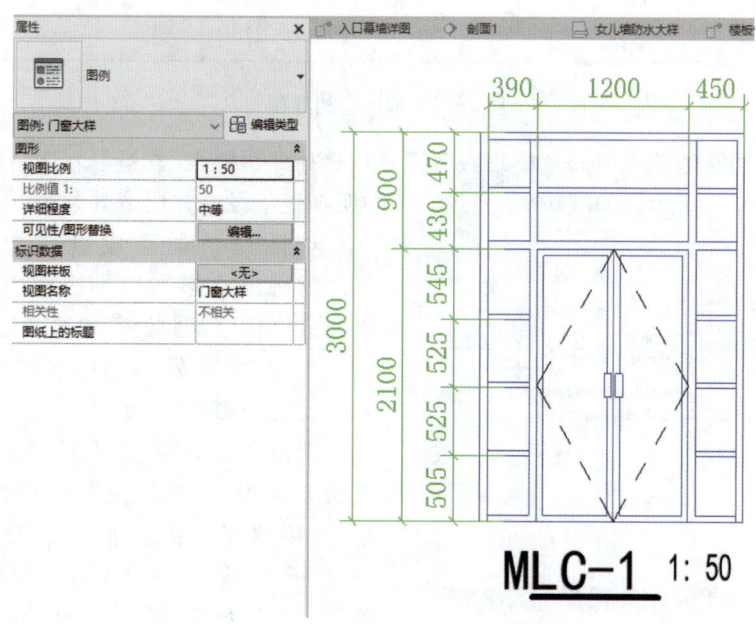

图 18.18 使用"符号"工具

第19章 明细表统计

19.1 使用构件明细表

Revit 提供明细表工具,用于统计项目中构件的信息。

Revit 默认在"明细表/数量"中提供"门明细表""窗明细表"两个不同的明细表,双击"门明细表"打开门明细表视图,Revit 以表格的方式列举了当前项目中已经放置的门的信息,如图 19.1 所示。

<门明细表>

A	B		C	D	E	F	G	H
	洞口尺寸				樘数			
设计编号	高度		宽度	参照图集	总数	标高	备注	类型
DK1	2400		1500		1	F1		门洞
DK1	2400		1500		1	F2		门洞
DK1	2400		1500		1	F3		门洞
M0821	2100		800		2	F1		单扇门
M0821	2100		800		2	F2		单扇门
M0821	2100		800		2	F3		单扇门
M1021	2100		1000		15	F1		单扇门
M1021	2100		1000		15	F2		单扇门
M1021	2100		1000		17	F3		单扇门
M1521	2100		1500		5	F1		双扇门
M1521	2100		1500		4	F2		双扇门
M1521	2100		1500		4	F3		双扇门
MLC-1	3000		2100		1	F1		MLC-1
MLC-2	3000		4800		2	F1		MLC-2

图 19.1 默认门明细表

展开"视图"选项卡中的"明细表"工具,选择"明细表/数量"新建"综合楼-门明细表",如图 19.2 所示。如图 19.3 所示,添加明细表字段,并调节其顺序。

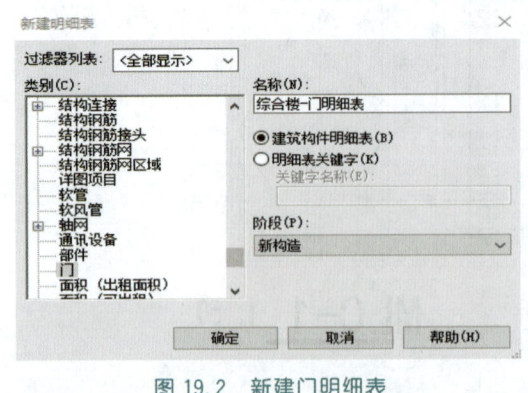

图 19.2 新建门明细表

切换到"排序/成组"选项卡,如图 19.4 所示,可以对明细表中门的构件分类进行成组排序,此处不勾选"逐项列举每个实例";切换到外观选项卡,如图 19.5 所示,设置表格外观。

单击"确定",完成明细表的设置,系统自动切换到"综合楼-门明细表"视图,Revit 根据指定的字段生成明细表,如图 19.6 所示。表中列出了各种类型门的宽度、高度、合计数量等信息。此处,类型是指门族中所包含的类型名称;明细表中不显示外

19.1 使用构件明细表

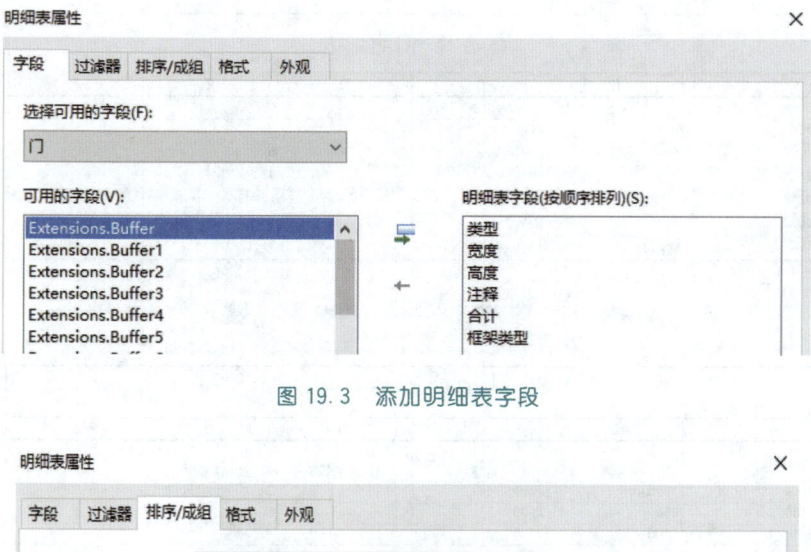

图 19.3 添加明细表字段

图 19.4 设置明细表排序方式

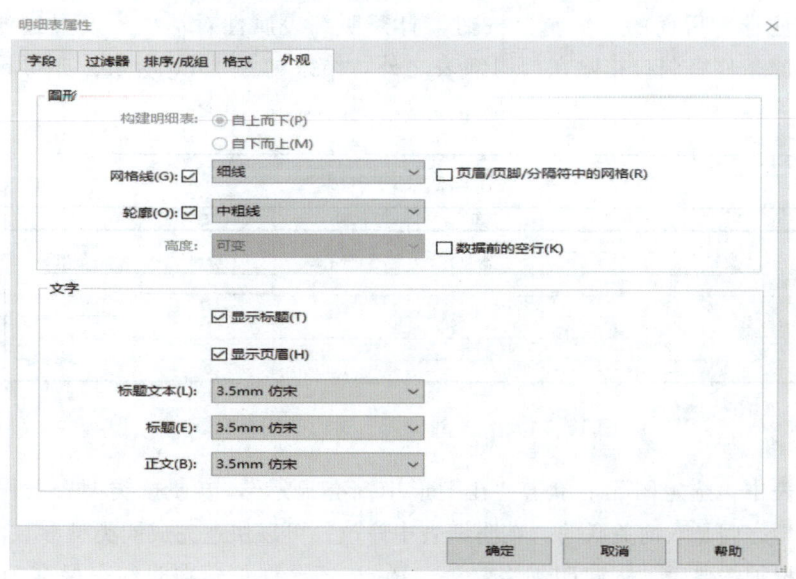

图 19.5 设置明细表外观

观设置中定义的边框、字体等，只有将明细表放置在图纸视图中时，外观的设置才能生效。

可以通过键盘、鼠标操作进一步修改明细表的外观，选中"宽度""高度"，单击"成组"，设置组标签为"尺寸"，也可以在明细表中修改表头的标签，结果如图 19.7 所示。除此之外，还可以通过属性窗口对明细表进行编辑。

173

第 19 章 明细表统计

\<综合楼-门明细表\>					
A	B	C	D	E	F
类型	宽度	高度	注释	合计	框架类型
DK1	1500	2400		3	
M0821	800	2100		6	
M1021	1000	2100		47	
M1521	1500	2100		13	
MLC-1	2100	3000		1	
MLC-2	4800	3000		2	

图 19.6 生成门明细表

\<综合楼-门明细表\>					
A	B	C	D	E	F
	尺寸				
类型	宽度	高度	参照图集	樘数	类型
DK1	1500	2400		3	
M0821	800	2100		6	
M1021	1000	2100		47	
M1521	1500	2100		13	
MLC-1	2100	3000		1	
MLC-2	4800	3000		2	

图 19.7 编辑门明细表

模型创建过程中，洞口是采用门的方式创建的，所以也统计在门明细表中。单击属性窗口"过滤器"后面的"编辑"按钮，打开明细表属性对话框，设置过滤器，可以通过设置过滤条件将洞口排除在门明细表之外，结果如图 19.8 所示。亦可设置不同的对齐方式。

\<综合楼-门明细表\>					
A	B	C	D	E	F
	尺寸				
类型	宽度	高度	参照图集	樘数	类型
M0821	800	2100		6	
M1021	1000	2100		47	
M1521	1500	2100		13	
MLC-1	2100	3000		1	
MLC-2	4800	3000		2	

图 19.8 使用"过滤器"进行明细表编辑

在明细表中，选定图元，单击"在图形中高亮显示"，方便按类型查找图元。Revit 明细表和模型之间是双向关联的。在明细表中修改，可以快速完成同类型参数的复制。

除可以根据需要手动创建明细表之外，Revit 还允许将标准明细表保存为外部文件，在项目中导入该文件，以快速生成明细表。

切换到 F1 楼层平面视图，使用"插入"选项卡中的"从文件插入"工具，选择"插入文件中的视图"，如图 19.9 所示，导入"19.1 综合楼-窗明细表.rvt"。Revit 根据导入文件中预先设定好的明细表格式，生成"综合楼-窗明细表"。这一过程只导入原有明细表的框架，并不保留原有明细表中的数据。

在明细表中，还可以根据需要创建公式，单击属性窗口"字段"后面的"编辑"按钮

19.2 关键字明细表

打开明细表属性对话框,单击"添加计算参数"后如图 19.10 所示设置计算值。请注意,Revit 的字段名是区分大小写的,如为英文字段需注意大小写。如此明细表添加了新名目,如图 19.11 所示。

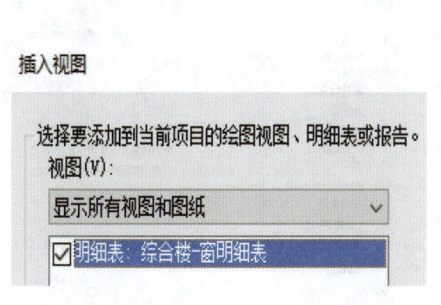

图 19.9 "从文件插入"明细表

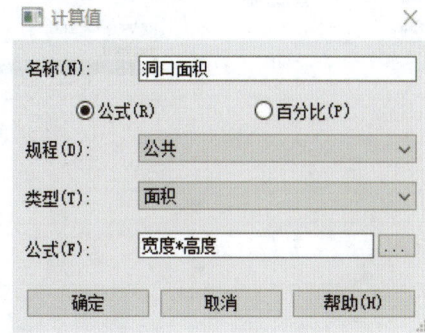

图 19.10 添加"计算参数"

图 19.11 添加明细表新名目

19.2 关键字明细表

Revit 明细表数量中,还提供了关键字数量明细表,用于控制批量信息的录入与修改。

切换到 F1 楼层平面视图,展开"视图"选项卡中的"明细表"工具,选择"明细表/数量",如图 19.12 所示,新建"窗样式明细表",添加"注释"字段,并新建"窗构造类型"参数,如图 19.13 所示。系统自动切换到"窗样式明细表"视图,如图 19.14 所示,插入数据行并进行编辑。

切换"综合楼-窗明细表"视图,编辑字段,如图 19.15 所示,将新定义的明细表字段添加到明细表中。在"综合楼-窗明细表"视图中,将 C1229 的窗样式选择为 1,则系统自动为其匹配"参照图集"为 03J609、"窗构造类型"为"塑钢平开",其他窗类型也可进行如此操作,结果如图 19.16 所示。

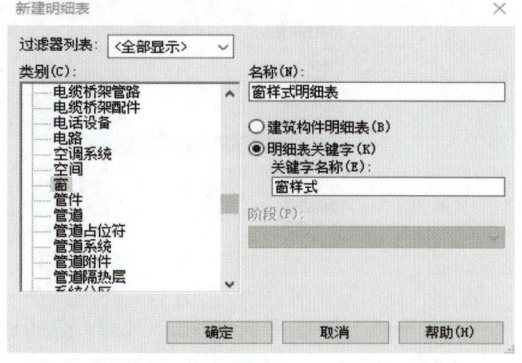

图 19.12 新建明细表关键字

第19章 明细表统计

图 19.13　创建明细表参数

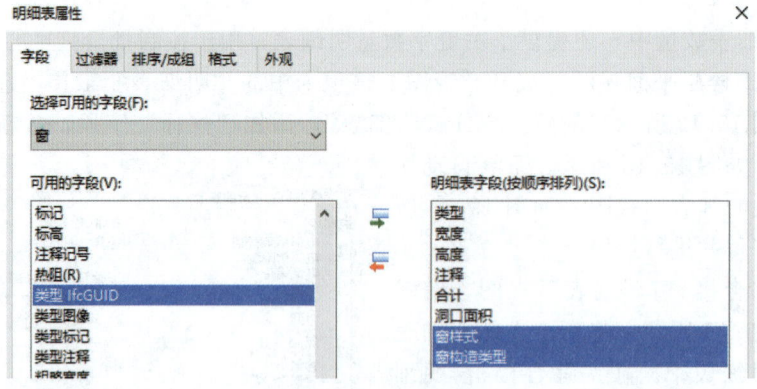

图 19.14　编辑明细表内容

图 19.15　编辑字段

切换到 F1 楼层平面视图，C1229 窗的属性列表中进行了联动修改。

在"综合楼-窗明细表"视图中，选中"窗样式"列，可以将其隐藏，结果如图 19.17 所示。

176

19.2 关键字明细表

<综合楼-窗明细表>

A	B	C	D	E	F	G	H
窗编号	尺寸		参照图集	樘数	窗样式	窗构造类型	洞口面积
	宽度	高度					
C0929	900	2900	03J609	3	1	塑钢平开	2.61 m²
C1219	1200	1900	07J604	4	2	塑钢推拉	2.28 m²
C1229	1200	2900	03J609	100	1	塑钢平开	3.48 m²
C1515	1500	1500	03J609	5	1	塑钢平开	2.25 m²
C4821	4800	2100	07J604	2	2	塑钢推拉	10.08 m²
C4828	4800	2800	03J609	3	1	塑钢平开	13.44 m²

图 19.16 匹配"窗样式"

<综合楼-窗明细表>

A	B	C	D	E	F	G
窗编号	尺寸		参照图集	樘数	窗构造类型	洞口面积
	宽度	高度				
C0929	900	2900	03J609	3	塑钢平开	2.61 m²
C1219	1200	1900	07J604	4	塑钢推拉	2.28 m²
C1229	1200	2900	03J609	100	塑钢平开	3.48 m²
C1515	1500	1500	03J609	5	塑钢平开	2.25 m²
C4821	4800	2100	07J604	2	塑钢推拉	10.08 m²
C4828	4800	2800	03J609	3	塑钢平开	13.44 m²

图 19.17 隐藏"窗样式"

第20章 图纸布置与打印

20.1 图纸布置

完成 Revit 项目三维模型、创建完成平面视图及各类详图视图并在视图中完成尺寸标注等注释信息、生成完成明细表后，可以将一个或多个视图组织在图纸视图中，形成最终的图纸。

切换到 F1 楼层平面视图，使用"视图"选项卡"图纸组合"面板中的"图纸"工具，新建图纸。载入"A0 公制.rfa""A1 公制.rfa"，选定"A0 公制"，打开图纸视图。使用"视图"选项卡"图纸组合"面板中的"视图"工具，选定"楼层平面：F1"，单击"在图纸中添加视图"，选择适当位置将视图放置在图纸中。选择该视图，在属性窗口中复选"剪裁视图"实现对视图的剪裁。

载入"视图标题.rfa"，选择已有的视图标题，打开类型属性对话框，复制创建"综合楼-视图标题"，如图 20.1 所示，修改其参数，拖拽视图标题到图纸中的适当位置。选中视图标题，在属性窗口中将"图纸上的标题"修改为"一层平面图"。使用"注释"选项卡的"符号"工具，在图纸右上角放置"指北针"。不选中任何图元，在属性窗口中对相关信息进行修改。

使用类似的方式，继续创建其他图纸。

除使用图纸组合视图面板中放置的视图之外，还可以直接将视图拖拽到当前图纸中。切换到"004-二层平面图"，在项目浏览器视图中将"楼板做法大样"视图拖动到当前图纸中，修改当前视口类型为"视图标题-分数式-有图名"；系统自动修改当前视口为大样详图的表示方式，当前大样图的编号为 2，索引图纸为 007，如图 20.2 所示。切换到 007 号图纸，可以找到大样图的索引位置；图中同时标识大样图所在的图纸和索引详图编号（004 号图纸，索引详图编号为 2），如图 20.3 所示。

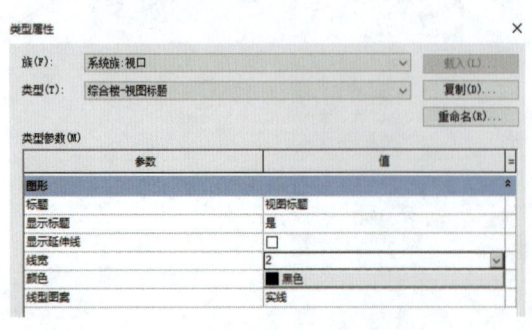

图 20.1 设置视图标题参数

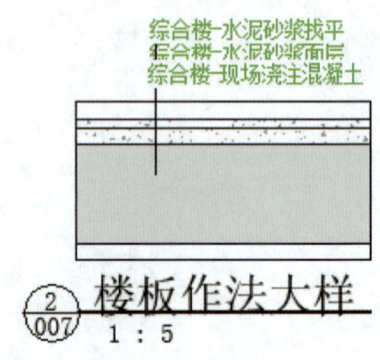

图 20.2 索引详图

20.2 项目信息设置

还可以将项目中标准的图纸说明载入到当前项目中,使用"插入"选项卡中的"从文件插入"工具,选择"插入文件中的视图",导入"建筑设计说明.rvt"。如图 20.4 所示,选择需要载入的内容,Revit 会自动在原有图纸编号后面生成 005、006 两个新的视图。在项目浏览器中,删除原"001-总平面图""002--一层平面图",采用重命名方式将图纸目录和建筑设计说明的图纸编号分别修改为 001、002,重新调整图纸的编号顺序,并根据项目内容自动更新相关信息。

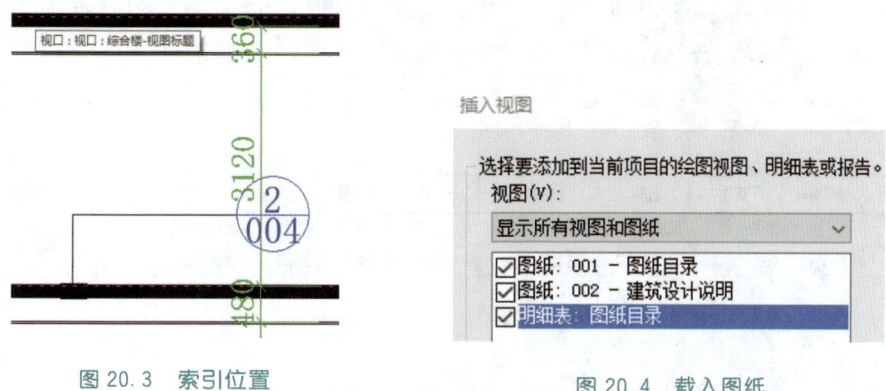

图 20.3　索引位置　　　　　　　图 20.4　载入图纸

20.2　项 目 信 息 设 置

布置完成图纸之后,Revit 提供项目信息工具,用于记录项目的信息。在"管理"选项卡中,使用"项目信息"工具,调出"项目属性"对话框,如图 20.5 所示修改项目信息。Revit 图题栏会自动读取项目属性中的信息,进行图题栏信息的设置。

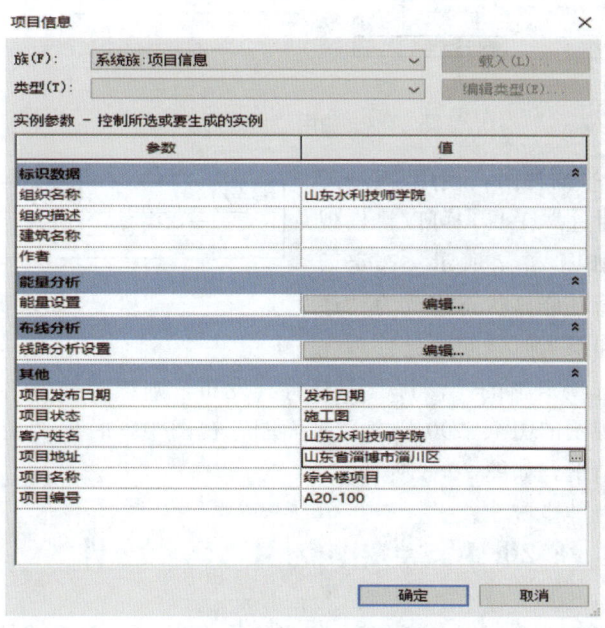

图 20.5　设置项目信息

20.3　图纸的修订及版本控制

在项目进展中，不可避免地要对图纸进行修订。Revit 可以记录、追踪这些修订信息，例如：修订的位置、修订的时间、修订的原因等。在 Revit 中配合使用图纸修订发布工具以及云线，对修订进行管理。

使用“视图”选项卡中的“修订”工具，在“图纸发布/修订”对话框中，可以对当前项目所有的进程以及修订的信息进行总体管理，如图 20.6 所示。

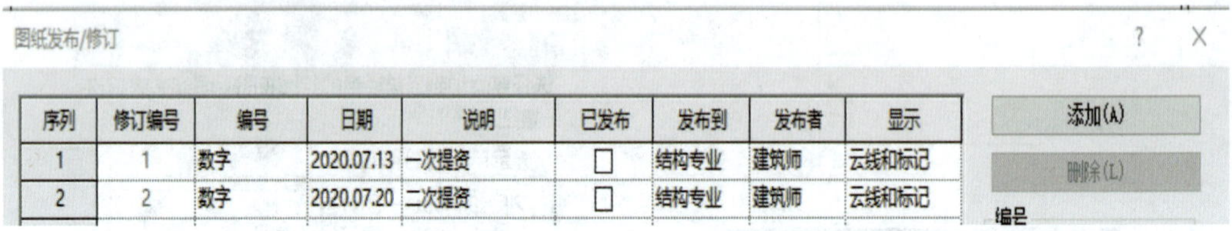

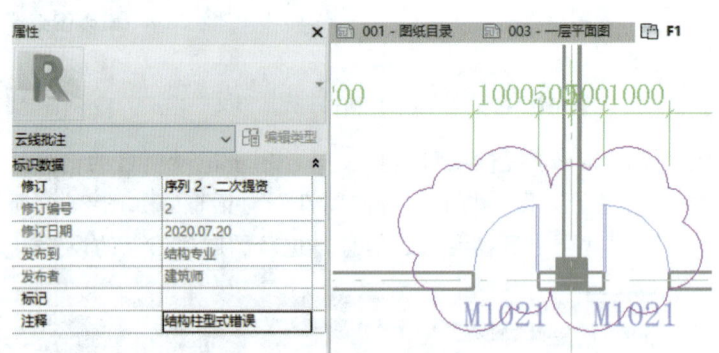

图 20.6　图纸修订信息管理

图 20.7　使用“云线批注”

编号	说明	日期
1	一次提资	2020. 07. 13

图 20.8　图纸修订记录

切换到 F1 楼层平面视图，使用“注释”选项卡中的“云线批注”工具，可以将发现的问题进行标记，如图 20.7 所示。选定云线，在属性窗口中将其修订状态修改为“序列 1 -一次提资”。如果当前该问题已处理完毕，使用“视图”选项卡中的“修订”工具将其发布，则该云线不再允许修改。发布之后，切换到包含该视图的图纸“001 -一层平面图”视图中，右侧的图框栏中会显示当前图纸的修订、变更情况，如图 20.8 所示。

20.4　导出为 CAD 文件

在 Revit 中，完成所有的图纸布置之后，可以将其导出成为 DWG 或其他格式的文件。

首先，在“文件—导出—选项—导出设置 DWG/DXF”中，修改 DWG/DXF 导出设

20.4 导出为 CAD 文件

置,如图 20.9 所示。在 Revit 中使用构件类别的方式对对象进行管理,而在 DWG 中使用图层的方式进行管理,导出前必须对 Revit 中的构件类别和 DWG 中的图层进行映射设置。导入预定义的"exportlayers‐Revit‐tangent.txt",也可以导出当前设置方便后期使用。完成图层映射定义之后,还可以对线、填充图案、文字和字体、颜色、实体、单位和坐标、AutoCAD 的版本等内容进行定义。

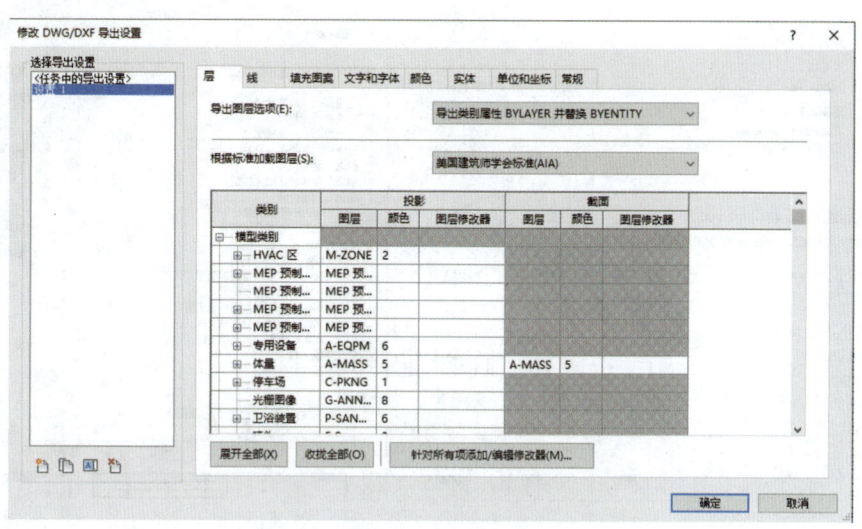

图 20.9 修改导出设置

完成映射定义之后,可以将图纸或视图导出为 DWG 格式。打开"文件—导出—CAD 格式—DWG",如图 20.10 所示,选择需要导出的图纸或模型,指定文件名或前缀,实现单张图纸(单个模型)导出或批量导出。

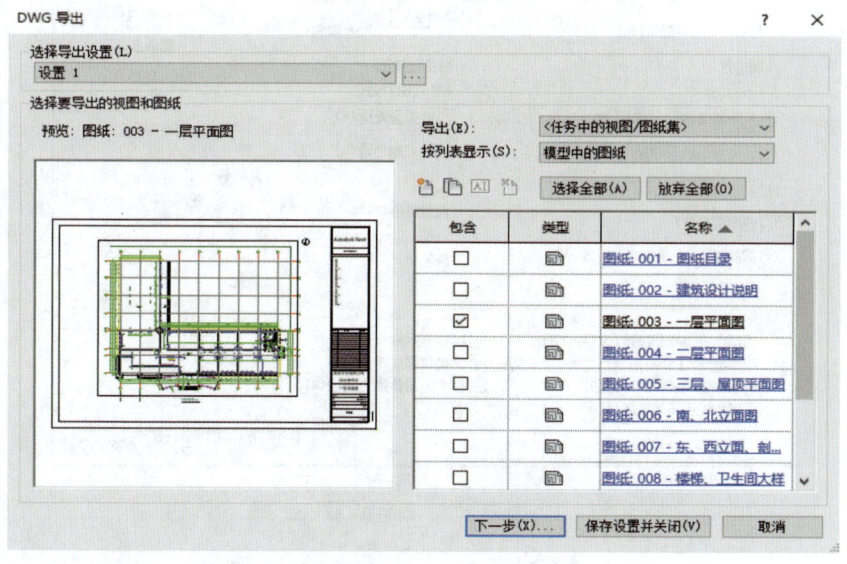

图 20.10 DWG 文件导出

20.5 打　　印

图纸布置完成之后，使用打印工具，如图 20.11 所示，可以设置需要打印的图纸或视图，同时设置打印参数，如图 20.12 所示。

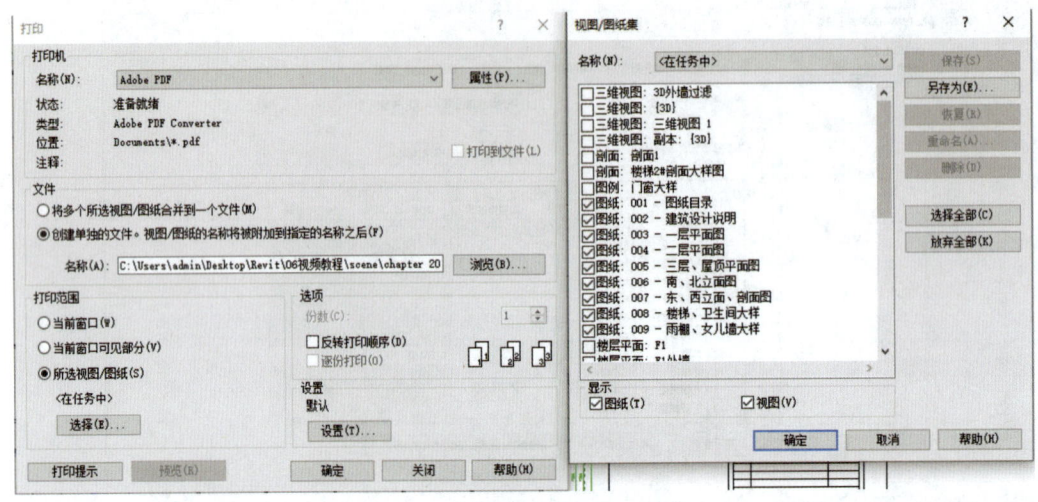

图 20.11　设置打印图纸或视图

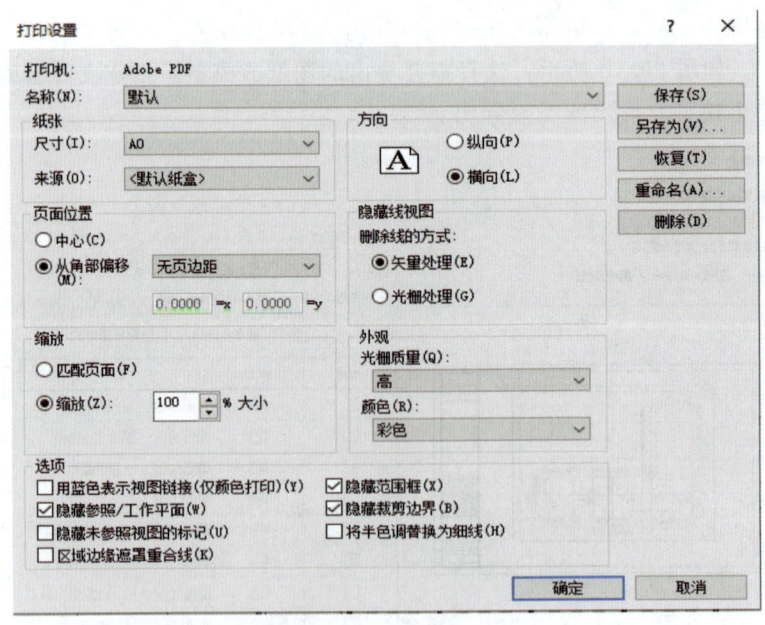

图 20.12　打印设置

第 21 章 使 用 组 与 部 件

21.1 创 建 组

打开配套资源中的"21.1 创建组练习.rvt",当前项目文件是一个普通高层商住楼,项目中已经创建完成了墙体、楼板等主体图元以及部分位置的阳台、门窗等细节部件。接下来将使用 Revit 的"组"工具管理阳台、门窗图元以完成其他位置阳台、门窗的创建。

切换到 5F,可以看到当前项目为左右对称的结构。选择②、④轴线和⑥、⑧轴线间的阳台,本项目中的阳台是使用楼板、楼板边以及栏杆扶手的方式组合创建的,使用"创建"面板上的"创建组"工具,如图 21.1 所示,创建名为"标准层阳台"模型组。Revit 中可以将组作为单一的图元进行管理和编辑,以 11 轴线为镜像轴,通过镜像方式生成右侧的阳台。选择两个组,复制、粘贴 6F~15F 标高,如图 21.2 所示,完成 5F 以上阳台的批量放置。切换到 5F,选中②轴线右侧的模型组,使用"编辑组"工具,单击"添加到组"将 A 轴线下方的阳台添加到组中,完成编辑。Revit 自动将原来对组的操作(镜像、复制、粘贴)进行刷新,完成所有的组实例,以更改模型,高效完成了对另外一面阳台的放置,结果如图 21.3 所示。

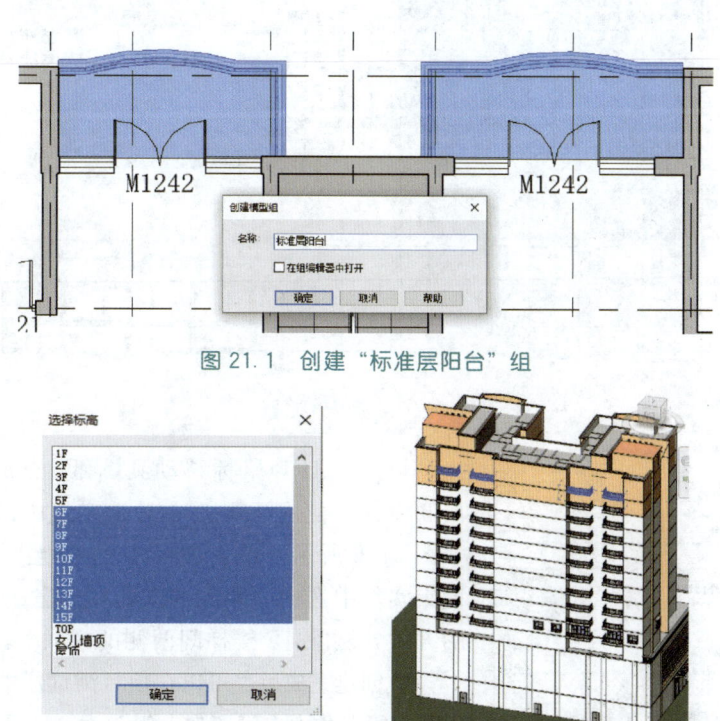

图 21.1 创建"标准层阳台"组

图 21.2 复制粘贴阳台组

第21章 使用组与部件

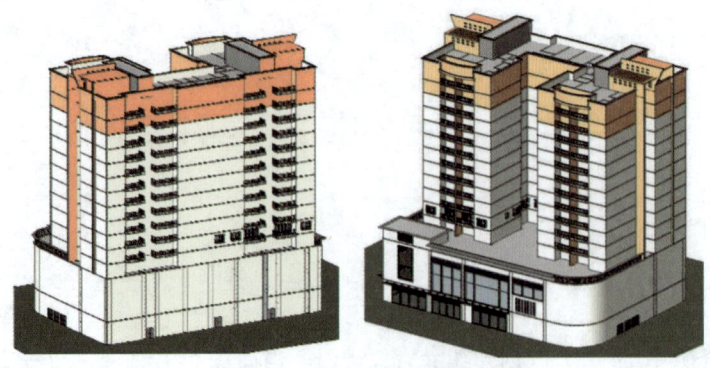

图21.3 组添加的高效应用

切换回5F,如图21.4所示,配合过滤器框选轴左侧的所有门、窗及其标记创建模型组和附着的详图组,如图21.5所示。选择模型组和附着的详图组,以11轴线为镜像轴,通过镜像方式生成右侧的门窗,如图21.6所示,单击"附着的详图组"选定"标准层门窗标记"为右侧的门窗添加标记。选择两个门窗组,如图21.7所示,复制、粘贴4F、6F～15F标高,完成4F以上门窗的放置。

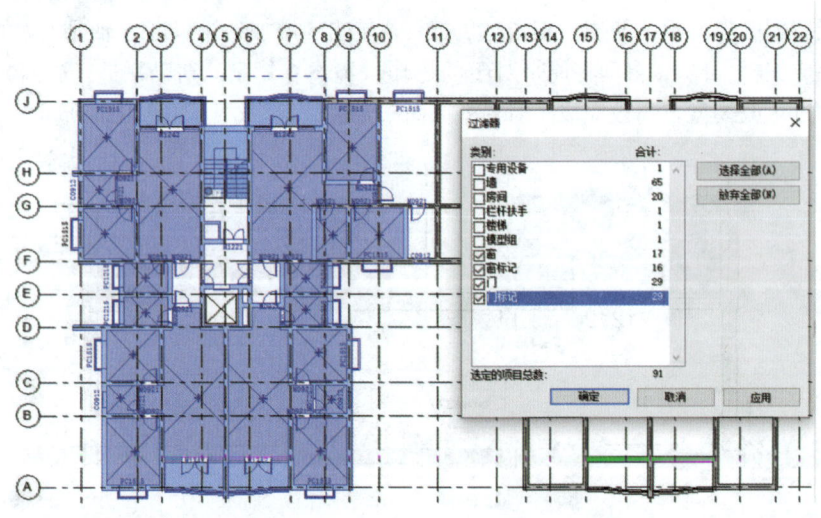

图21.4 使用过滤器

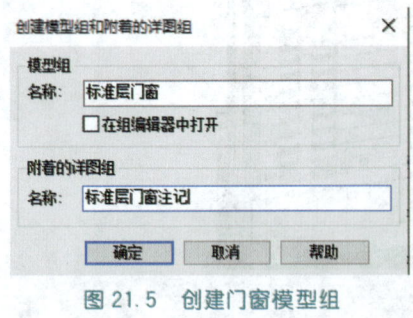

图21.5 创建门窗模型组

切换到4F,鼠标移动到图纸上方②④轴线间的门联窗处,使用Tab键单独选定组中的门联窗图元,如图21.8所示,单击图元上的"组图元"图标,在此组实例中选中要删除的图元,点击删除。使用相同的方式,删除4F楼梯间两侧的门联窗。

组创建完成后,可以在项目浏览器中找到所创建的组。在组名称上右键"保存组",可以将组保存为单独的".rvt"文件,如图21.9所示,以方便后续使用。

21.1 创 建 组

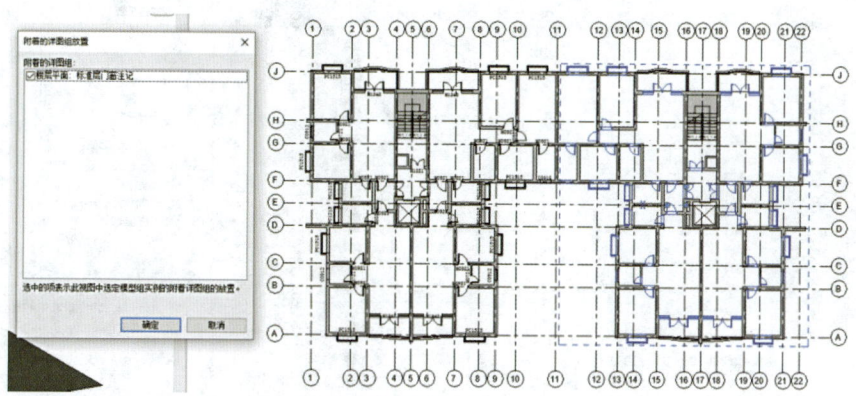

图 21.6 镜像门窗组

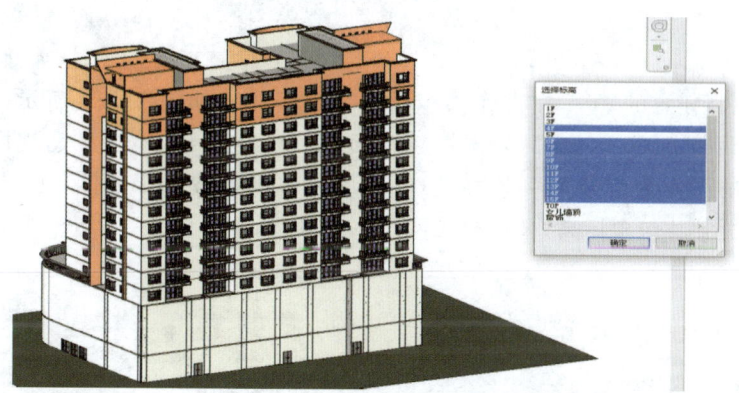

图 21.7 复制粘贴门窗组

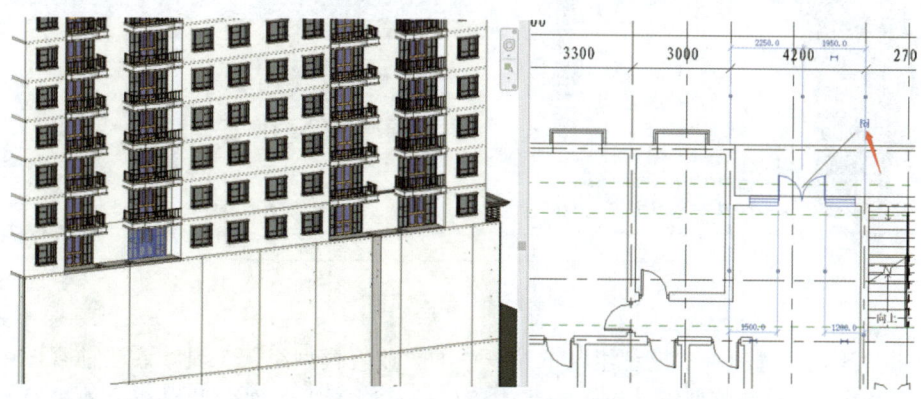

图 21.8 删除组中选中图元

第21章 使用组与部件

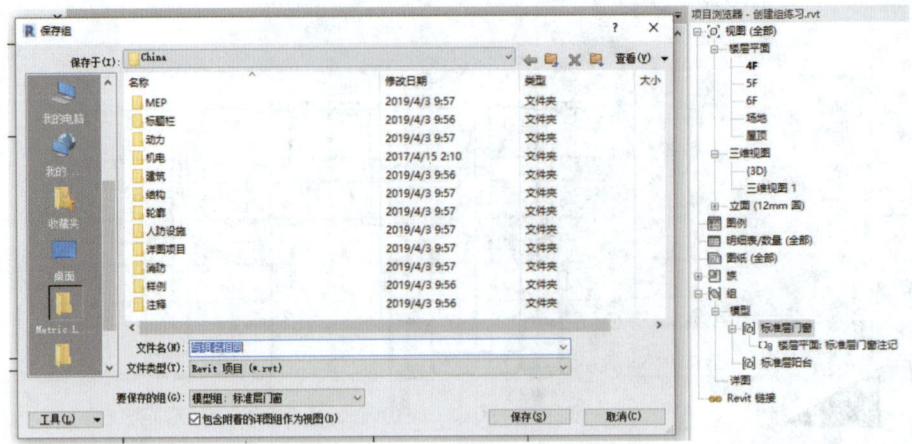

图21.9 保存组

21.2 载 入 组

Revit可以将任意的.rvt文件作为组载入到项目中。如图21.10所示,以"配套资源\RTE\项目模板2021.rte"为样板新建项目。切换到F1楼层平面视图,使用"插入"选项卡中的"作为组载入"选择"B1户型"作为组载入,如图21.11所示,勾选"包含附着的详图""包含标高""包含轴网"。

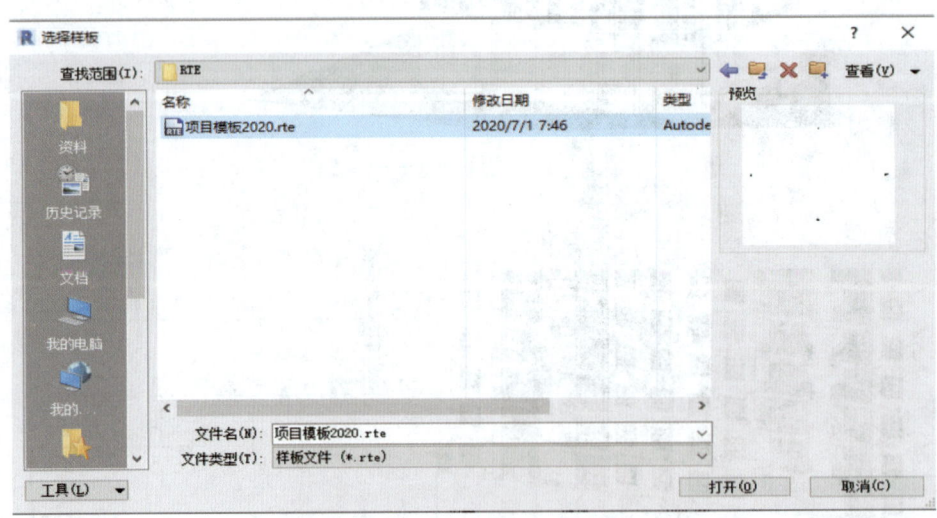

图21.10 新建项目

使用"建筑"选项卡"模型组"下拉框中的"放置模型组"工具,在当前视图中放置模型组。选中B1户型模型组,以①轴线为镜像轴复制生成对称户型,在①轴线处有重叠的墙体,采用"组成员"方式删除重复墙图元。在原来的"B1户型.rvt"文件中为当前视图创建了尺寸标注,尺寸标注作为附着的详图组载入到当前项目中,选择右侧的组实

21.2 载 入 组

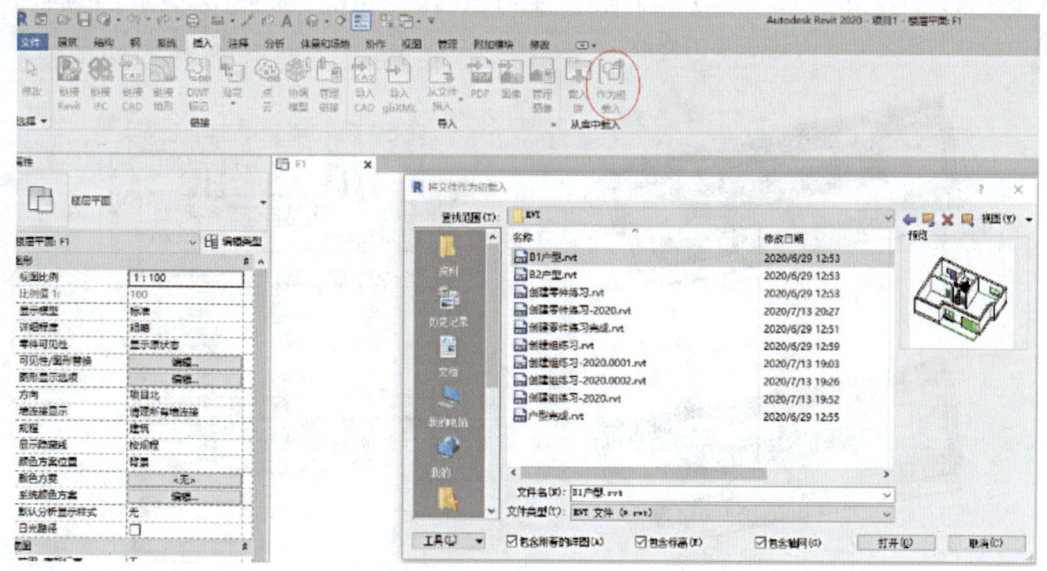

图 21.11 载入"组"文件

例,单击"附着的详图组",选定"楼层平面:注释信息"将注释信息显示在当前视图中;采用同样的方法,可以将左侧组实例的注释信息作为"附着的详图组"载入到当前项目中,结果如图 21.12 所示。

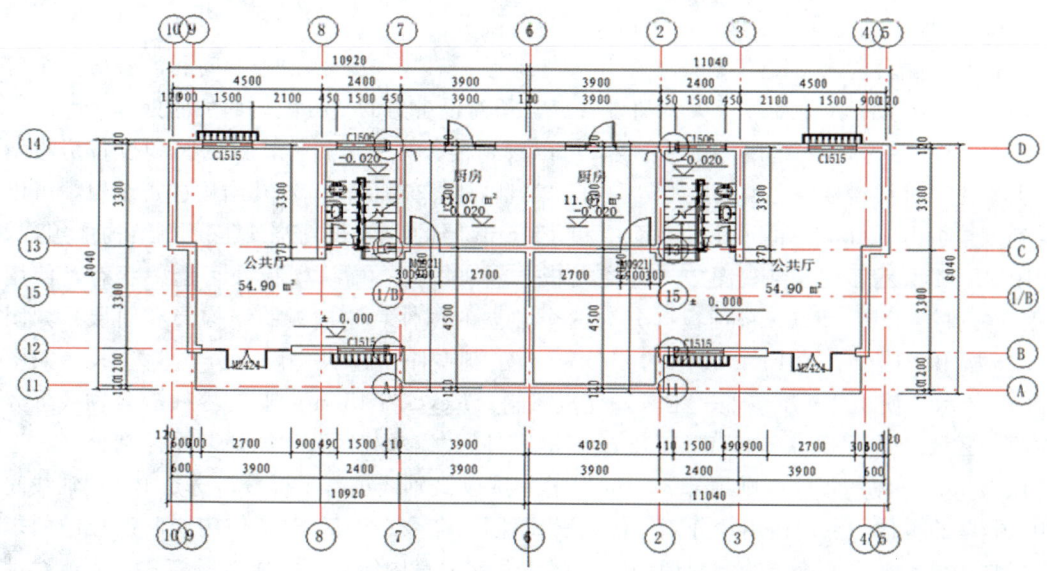

图 21.12 使用组注释

使用"插入"选项卡中的"作为组载入"选择"B2 户型"作为组载入。选择左侧的组,将其组类型替换为"B2 户型",Revit 根据载入的组重新更新组实例。在进行住宅等平面视图的布置时,经常需要对标准户型进行拼接。使用组方式,可以快速完成当前视图

第21章 使用组与部件

的拼接以及户型的替换，如图21.13所示。选择组实例，单击"解组"，可以将组实例分解为独立的图元，进行进一步的修改。

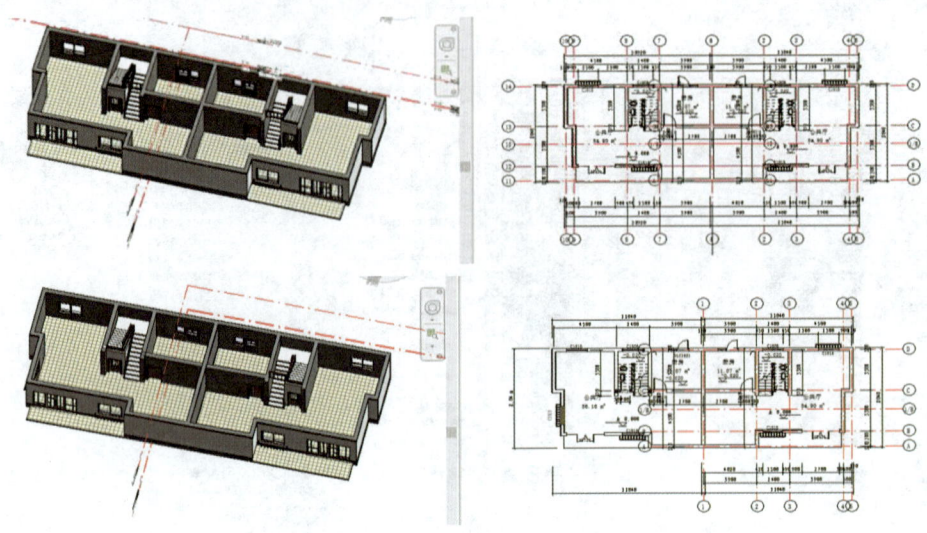

图21.13 使用组方式实现户型拼接

21.3 创建零件

Revit提供创建零件工具，用于将图元进行细分。

打开"配套资源\RVT\21.3创建零件练习.rvt"，该示例由控制间和设备房两个房间构成，因为设备房中要放置大型的设备，必须对设备房的楼板做局部加固处理。

在F1楼层平面视图中，选中楼板，可以看到楼板为一个整体，控制间和设备房均使用类型为"机房楼板"；"编辑类型"打开"类型属性"对话框，对其结构进行编辑，可以看到该楼板由30mm厚的水泥砂浆面层和150mm厚的C15现场浇筑混凝土结构层组成，如图21.14所示。在三维视图中，选择楼板，隔离图元；确认楼板处于选中状态，使用"创建零件"工具，Revit将楼板拆分为两个独立的零件（原楼板的结构层和面层）如图21.15所示。选中下部150mm厚的零件，"分割零件"进入"修改分区"模式；如图21.16所示，使用"相交参照"工具，完成编辑，Revit将150mm厚的零件沿B轴线拆分为两个区域。选择B、C轴线间150mm厚的零件，"编辑分区"；"添加"零件到分区，选定顶部30mm厚的零件，则顶部30mm厚的零件以B轴线进行了拆分。选定B、C轴线间30mm厚的零件，点击使用"分割零件-编辑草图"命令；返回F1，使用绘制面板中的矩形工具，沿参照平面交点绘制封闭的矩形区域，完成草图绘制，完成编辑模式，完成对设备房楼板面层的细分，如图21.17所示。选择B、C轴线间150mm厚的零件，将其注释为"设备间楼板"，修改其材质为"C20现场浇筑混凝土"；将顶部设备区域的面层注释修改为"设备垫层"，修改其材质为"设备垫层"；将A、B轴线间150mm厚的零件注释为"操作间楼板"。

21.3 创建零件

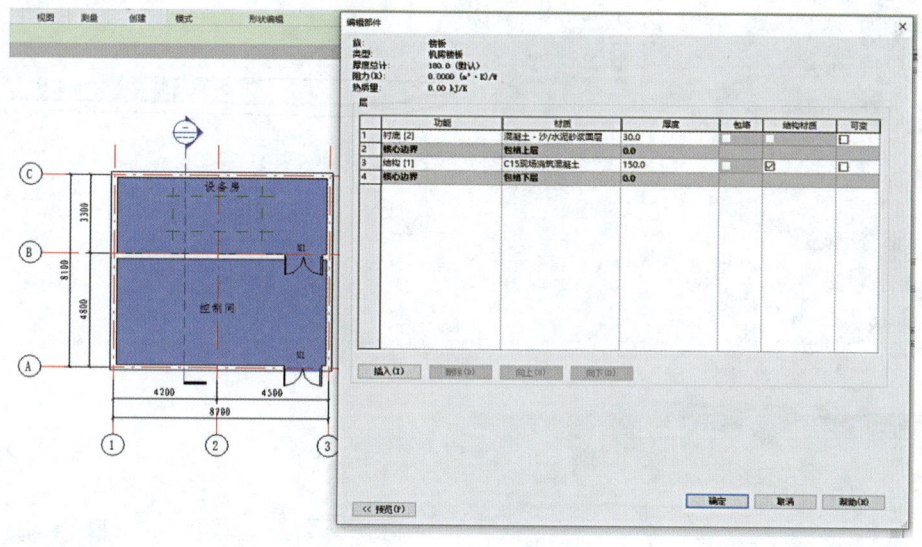

图 21.14 楼板结构组成

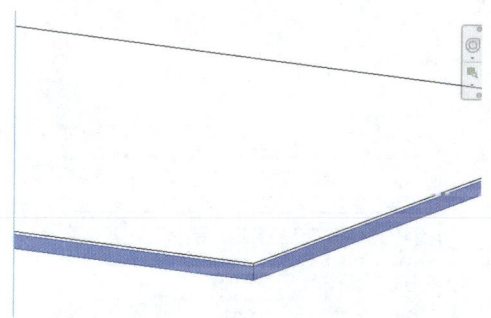

图 21.15 拆分楼板层

打开部件明细表，查看部件明细，如图 21.18 所示。通过修改部件明细表中的相关字段，可以实现与模型属性表字段的联动，如图 21.19 所示。

切换到"剖面 1"，可以看到在该剖面中楼板依然作为一个整体显示，在其属性中将"零件可见性"的"显示原状态"修改为"零件"，可以发现 Revit 已经将楼板显示为拆分后的零件状态，如图 21.20 所示。

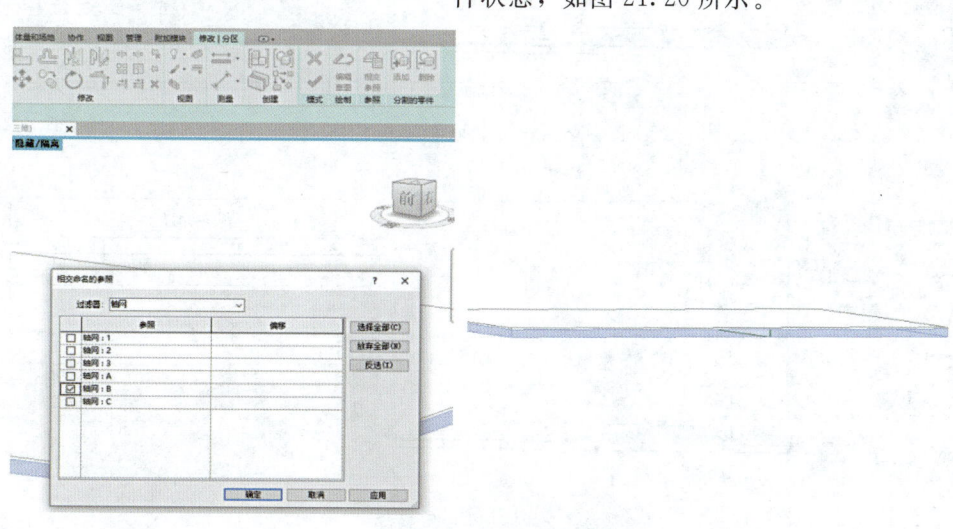

图 21.16 拆分结构层

189

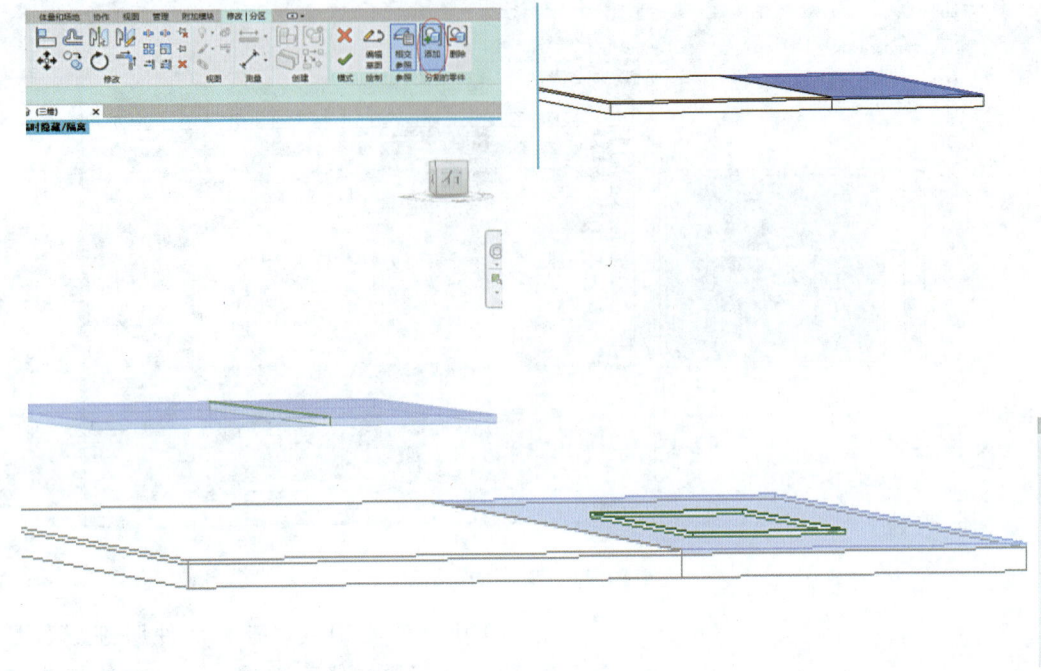

图 21.17 编辑拆分后的面层

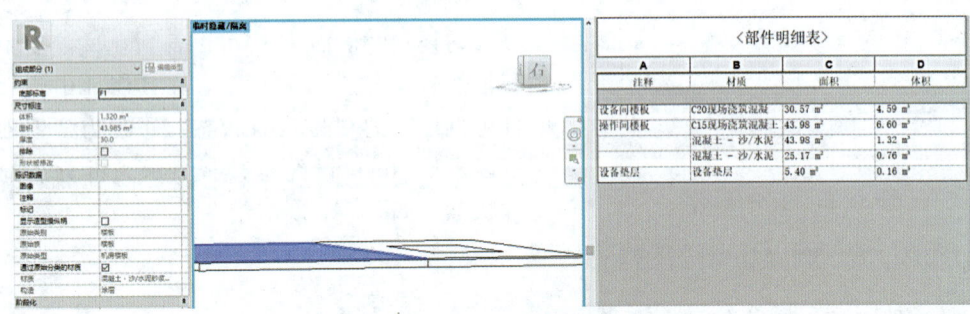

图 21.18 部件明细表

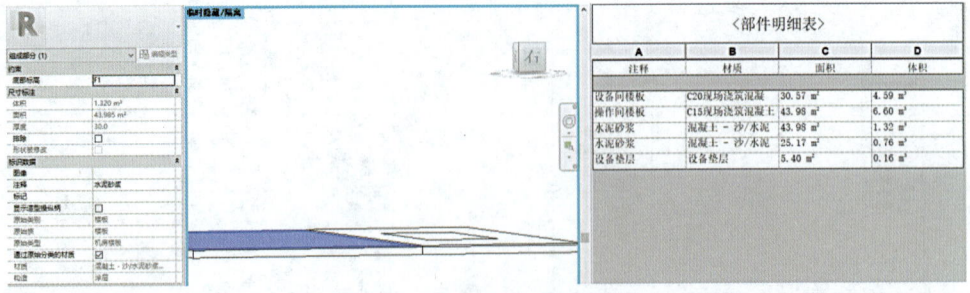

图 21.19 明细表联动

21.4 创建部件

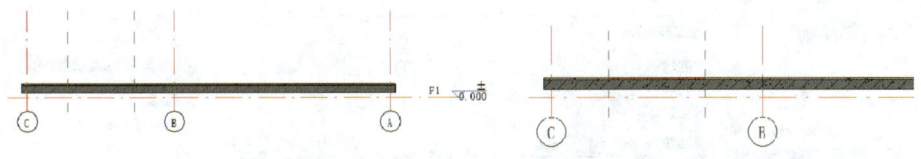

图 21.20 楼板拆分后的剖面显示

21.4 创 建 部 件

创建完成零件之后，可以继续将零件组合为部件，并创建部件视图。

在剖面 1 中，选中 B、C 轴线间 150mm 厚的零件，"创建部件"，类型名称为"设备间楼板"；部件创建完成后，项目浏览器中会新增"部件"类别，展开该类别，可以看到刚刚创建完成的"设备间楼板"，如图 21.21 所示。

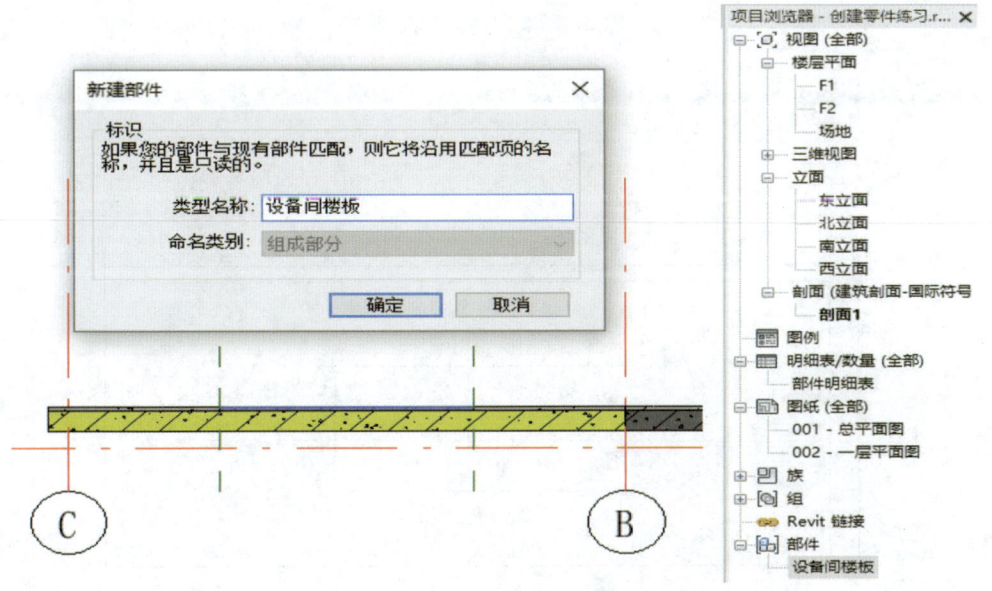

图 21.21 创建部件

选定创建的部件，"编辑部件"，"添加"到部件，拾取 B、C 轴线间 30mm 厚的面层和设备垫层，完成编辑，将 B、C 轴线间的楼板创建为同一个部件。

可以为部件创建视图，单击"创建视图"，设定比例、要创建的视图、图纸大小，完成视图创建，如图 21.22 所示。

如图 21.23 所示，在不同的视图中，使用对齐尺寸标注工具，对部件的尺寸进行标注，用于表达安装图纸。

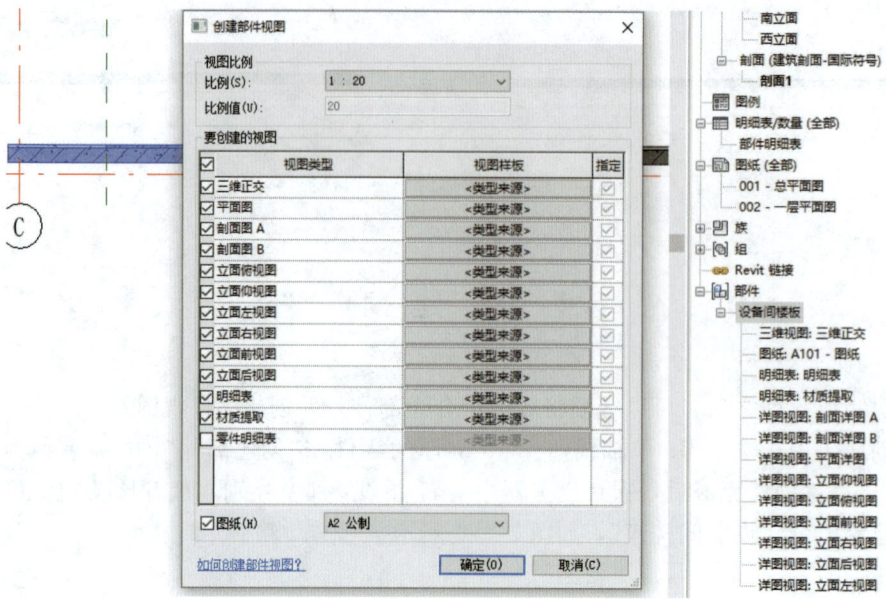

图 21.22 创建部件视图

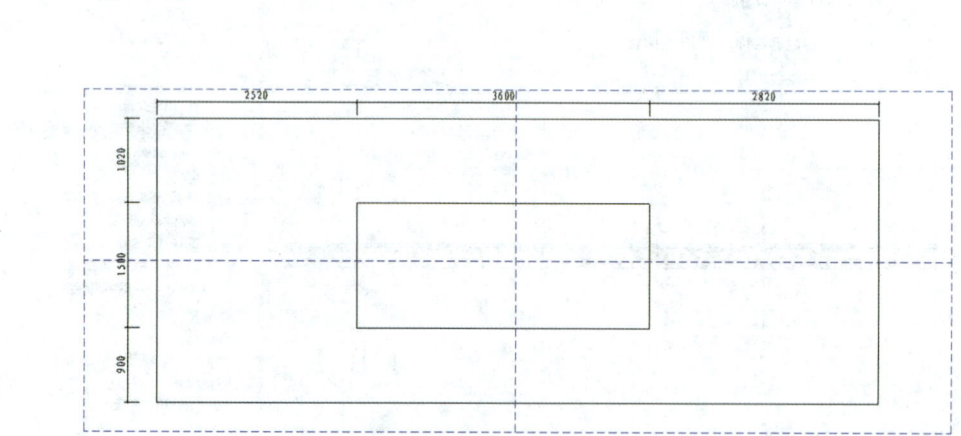

图 21.23 在视图中标注尺寸

第 22 章 使 用 设 计 选 项

Revit 提供设计选项工具，使用设计选项可以对建筑设计的细节进行进一步的推敲与整理，方便进行方案比选。

打开之前完成的综合楼项目，使用设计选项前必须先创建设计选项集。切换到 F1 楼层平面视图，单击"管理"选项卡，在"设计选项"面板中使用设计选项工具，如图 22.1 所示。新建选项集，重命名为"食堂室内布置"，在选项集中新建两个选项，选定"选项 1"，"编辑所选项"，关闭设计选项对话框，在 F1 楼层平面中进行选项 1 的室内方案布置。

沿 G 轴线在食堂内部布置"综合楼-240mm -内墙"，并在墙体上距离左右两侧墙中心线 400mm 的位置分别布置 M1521 门；在"管理"选项卡中使用"设计选项"工具，"完成编辑"以完成选项 1 的方案设计，如图 22.2 所示。采用类似的方式进行选项 2 的方案设计，如图 22.3 所示。在"管理"选项卡中的设计选项中切换到"主模型"亦可完成"选项 2"的编辑。

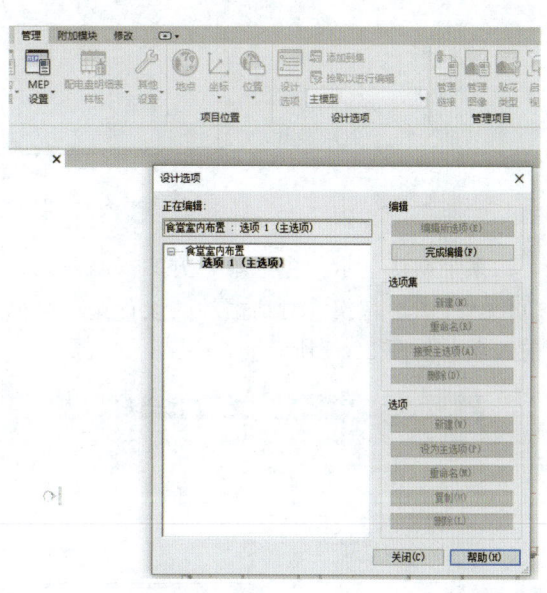

图 22.1 使用设计选项

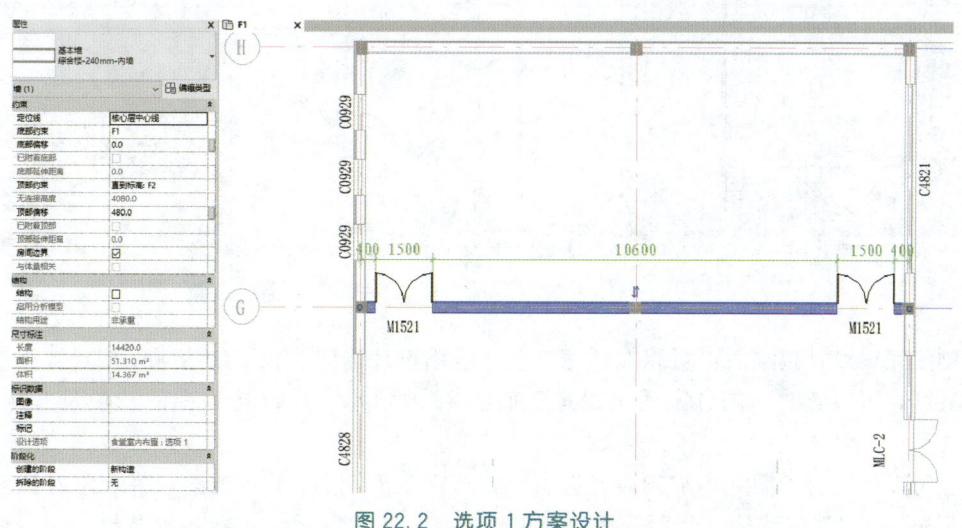

图 22.2 选项 1 方案设计

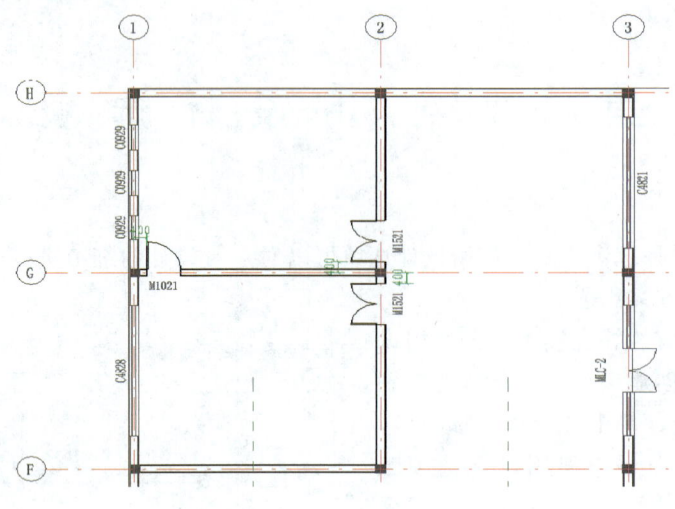

图 22.3　选项 2 方案设计

系统默认显示"主选项"方案（当前项目中设置为"选项 1"），如图 22.4 所示，在"可见性/图形替换"对话框的"设计选项"面板中可以进行切换。将"选项 2"切换为当前选项，如图 22.5 所示。

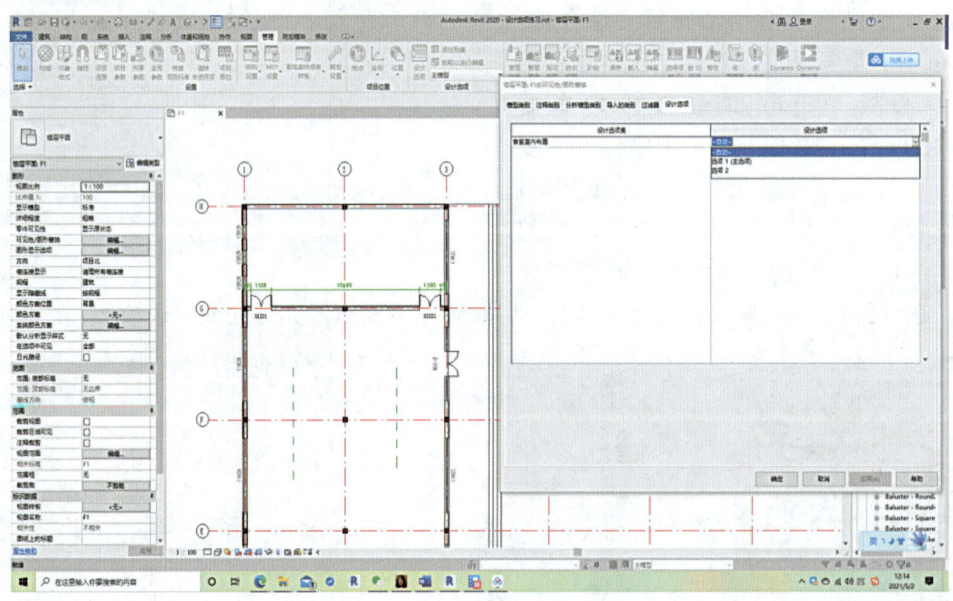

图 22.4　切换设计选项

创建完成设计选项后，可以在任意视图中应用设计选项。在明细表视图中设置视图的"可见性"，可以查看不同方案的工程量，如图 22.6 所示。设计选项中的选项是互斥的，以方便用于设计比选。

也可以将已有的图元添加到设计选项中，切换到 F1 楼层平面视图，将食堂左侧墙体添加到选项 2（选定墙体，管理—添加到集），如图 22.7 所示，查看设置结果。因主模型

第22章 使用设计选项

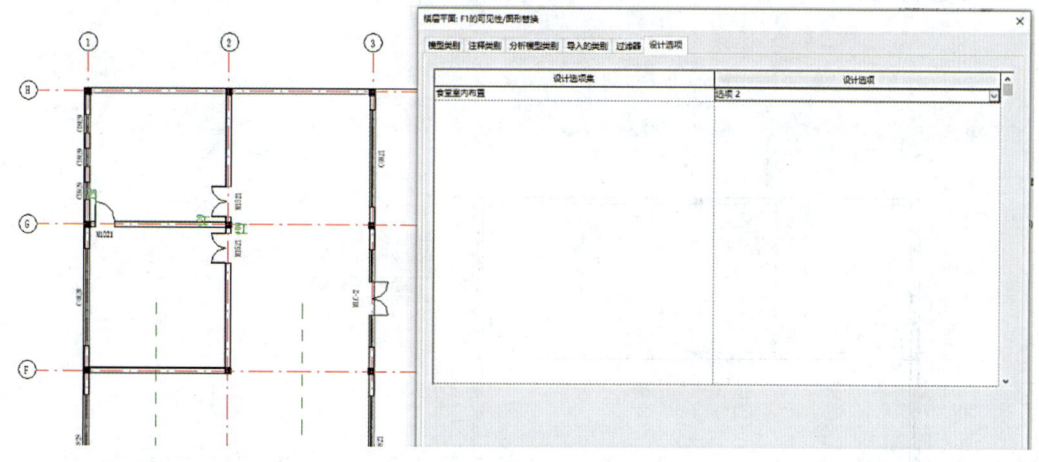

图22.5 切换为设计选项2

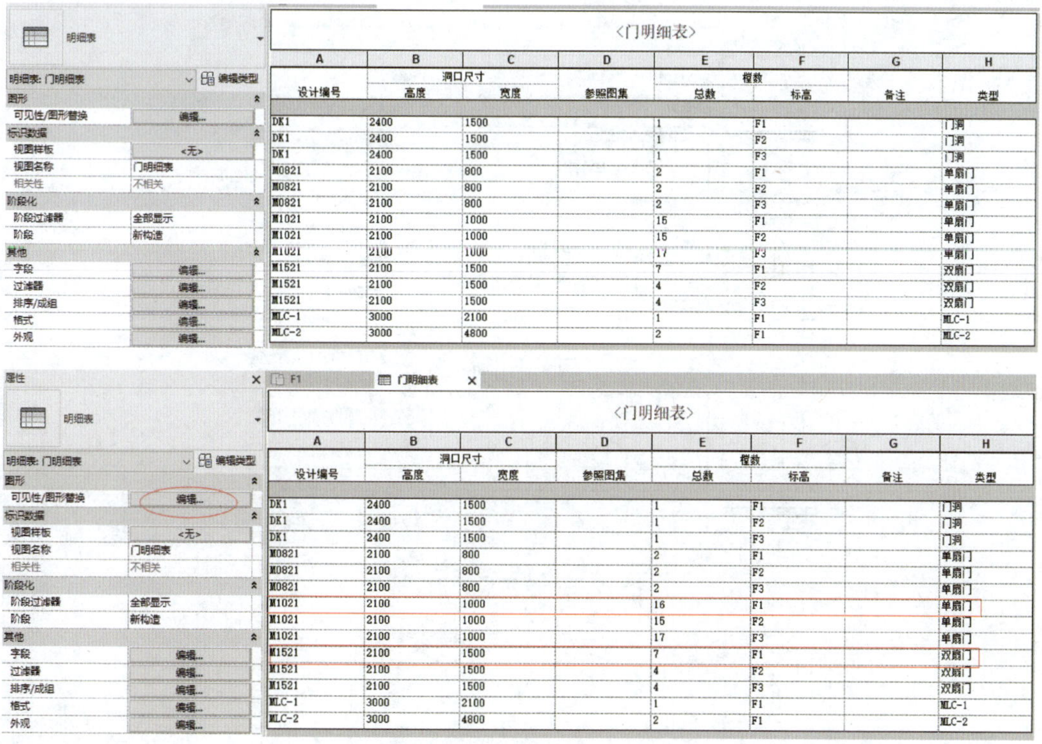

图22.6 明细表中查看方案的工程量

中默认显示主选项（选项1），所以食堂左侧的墙体和依附于该墙体的门、窗等图元均被隐藏。

如图22.8所示，方案选定后，将选定方案"设为主选项"，"接受主选项"，则备选方案将被删除，选项集也同步删除，选定选项的图元转化为模型图元。

第 22 章 使用设计选项

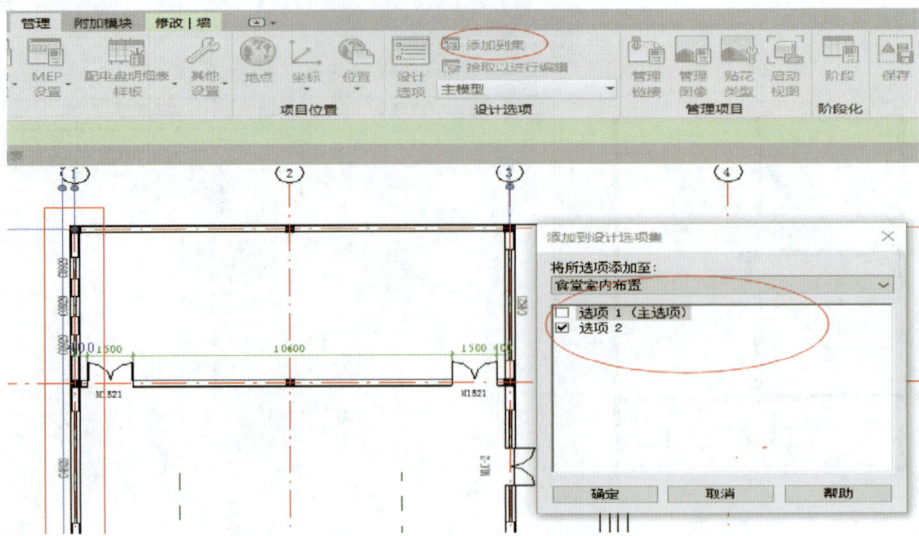

图 22.7 在设计选项中添加图元

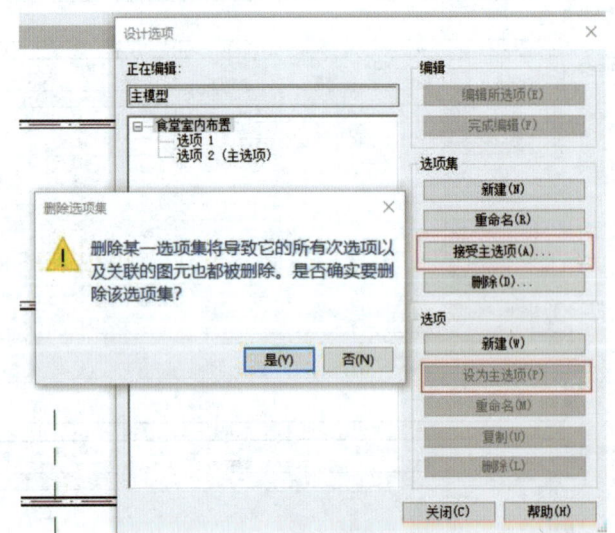

图 22.8 选定设计选项

第23章 协 同 工 作

Revit 使用链接方式,可以实现多专业间的协同工作。

23.1 使 用 链 接

在 Revit 中,可以使用"链接"方式实现多专业间的协同工作。打开"配套资源\RVT\主体项目_卫浴.rvt",在"插入"选项卡中使用"链接 Revit"工具将"配套资源\RVT\主体项目_结构"链接到当前项目,定位方式为"自动:原点到原点"。在"协作"选项卡中,使用"碰撞检查"工具如图 23.1 所示,运行碰撞检查的冲突报告如图 23.2 所示。可以将 ID 反馈给相关专业,由相关专业进行修改。打开 Revit 的另外一个实

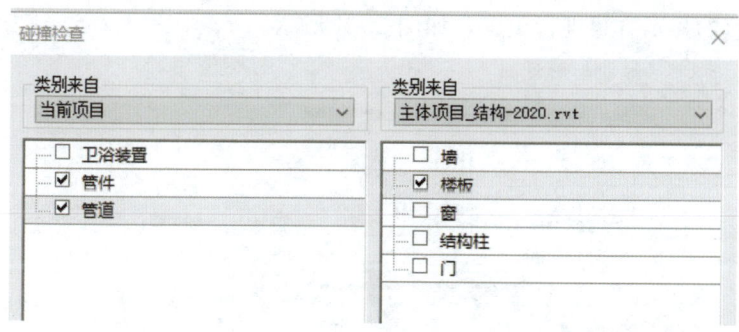

图 23.1 检查碰撞设置

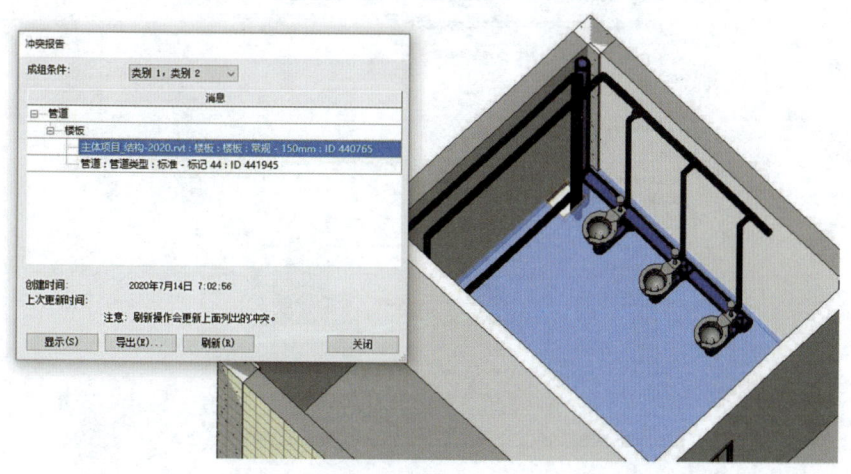

图 23.2 冲突报告

第23章 协同工作

图 23.3 碰撞检测结果

例（不能在当前打开的软件中进行操作），打开"主体项目_结构.rvt"，切换到F1楼层平面视图，在"管理"选项卡中使用"按ID选择"，输入存在碰撞的图元ID，选定该图元。使用"编辑边界"工具，选择洞口迹线，将其水平向右移动300mm完成编辑模式，保存对当前项目的修改。

转换角色，回到另一Revit实例打开的"主体项目_卫浴"中，使用"插入"选项卡中的"管理链接"工具，选定"主体项目_结构.rvt"进行"重新载入"。重新进行碰撞检查，Revit提示碰撞已解决，不再有碰撞冲突，如图23.3所示。

23.2 管理链接模型

打开"配套资源\RVT\别墅项目_主体-2020.rvt"，采用Revit链接方式将"配套资源\RVT\别墅项目_链接.rvt"插入当前项目。在"可见性/图形替换"窗口中，可以对Revit链接的显示方式进行设置，如图23.4所示。

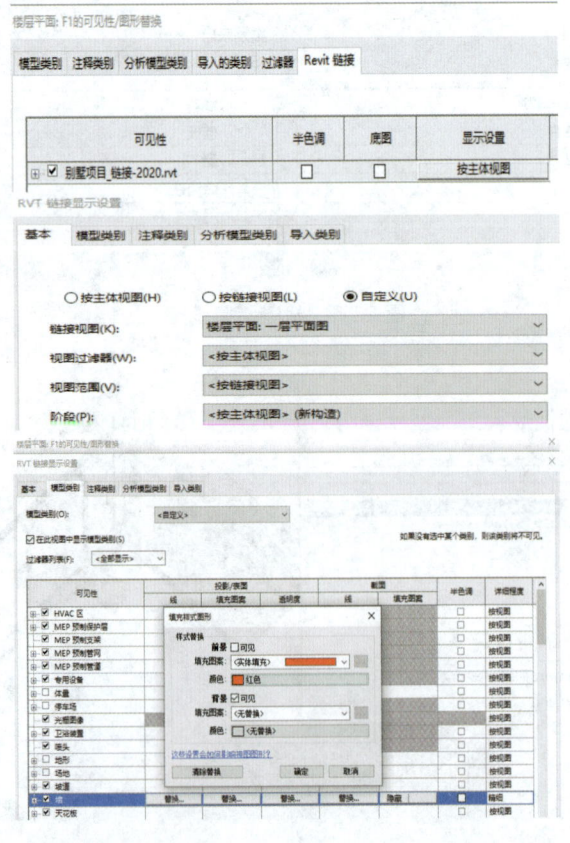

图 23.4 操作设置

23.3 复制与监视

采用"复制监视"功能，可以将链接项目中的图元复制到当前项目中后，自动追踪链接项目中图元的变化和修改。

打开"配套资源 \ RVT \ 23.3 复制监视练习主体文件 .rvt"，Revit 链接插入"23.3 复制监视练习链接文件 .rvt"。可以看到，两个项目具有完全一致的轴网。为了方便在当前项目中对轴网的编辑，需要将链接项目中的墙体复制到当前项目中，同时跟踪链接项目中墙体的变化。"协作—复制/监视—选择链接"选定插入的"23.3 复制监视练习链接文件 .rvt"；"协作—复制/监视—选择链接"，选中链接项目，单击"选项"设置，勾选"复制窗/门/洞口"，如图 23.5 所示；使用复制工具，勾选"多个"，如图 23.6 所示，选中链接项目中的所有墙体，完成复制，Revit 会在复制的墙体和原墙体之间生成监视符号，Revit 会自动监视墙体间的关系，如图 23.7 所示。除了可以对复制/监视方式生成的墙体进行监视之外，还可以对项目间的轴网等基础信息进行监视，

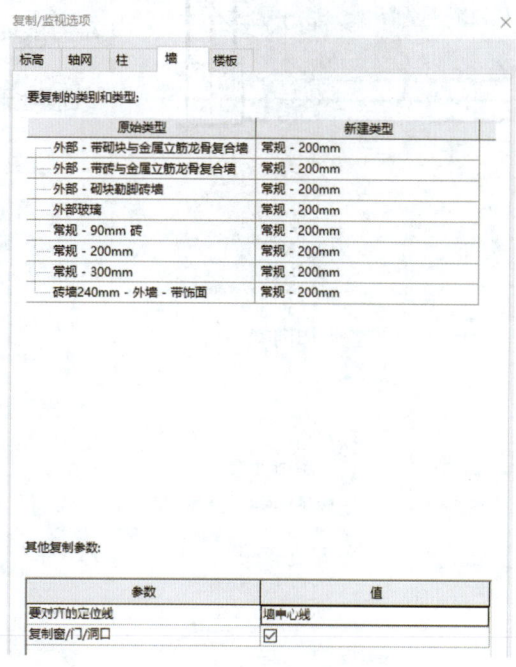

图 23.5 复制/监视选项

使用"监视"工具顺序选择当前项目和链接项目中的 B 轴线，系统将在两条轴线间生成监视，表示 Revit 将自动监视两条轴线间的相对关系；完成复制/监视设置。

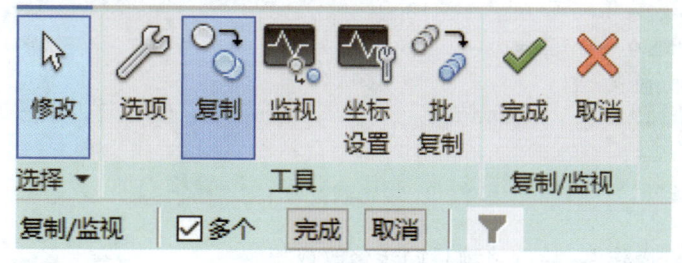

图 23.6 选项栏勾选"多个"

在另一 Revit 实例中，打开"23.3 复制监视练习链接文件 .rvt"，修改 B 轴线与 A 轴线的间距为 3300mm，将 C 轴线卫生间门移动到距离②轴线 300mm 的位置、调整门的开向，保存对项目的修改。返回主体文件，管理链接，重新载入；系统提示"链接实例需要协同查阅"，如图 23.8 所示。分别在三维视图和 F1 中观察门和 B 轴线与原来的差异。点击使用"协作—协调查阅—选择链接"命令，可以打开协调查阅对话框，如图 23.9 所示。

第23章 协同工作

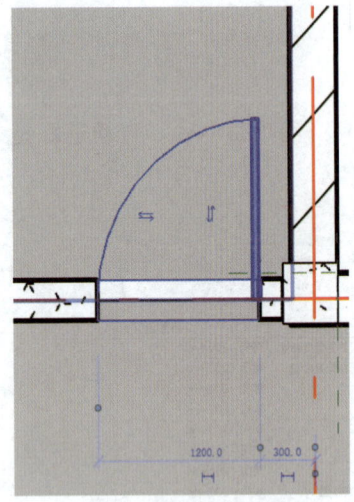

图 23.7 监视墙体间的关系

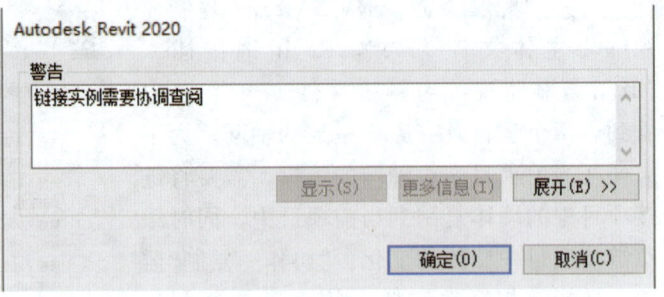

图 23.8 警告提示

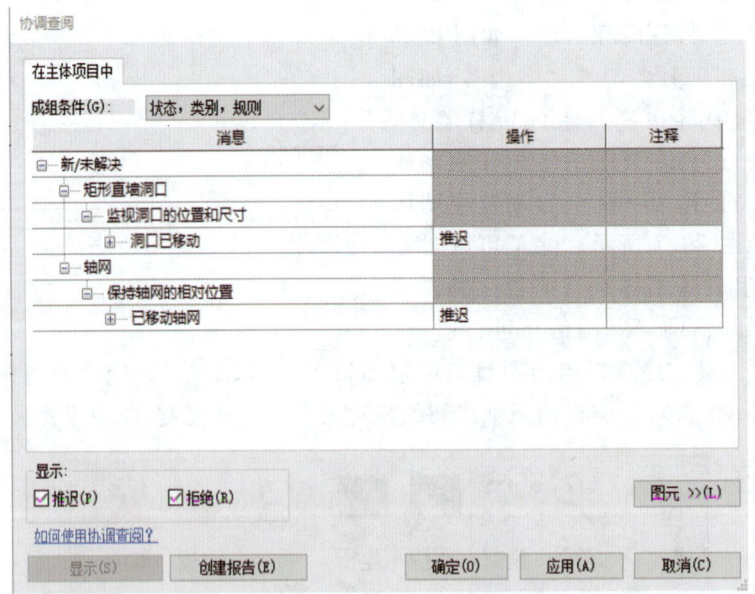

图 23.9 "协调查阅"对话框

选择适宜的"操作",与链接项目同步修改或拒绝。

23.4 项目基点与测量点

Revit采用项目基点与测量点之间的相对关系,确定项目的定位坐标。打开"理解项目基点与测量点.rvt",切换到"场地"楼层平面视图,在"可见性/图形替换"中将"测量点""项目基点"设置为可见,如图23.10所示。

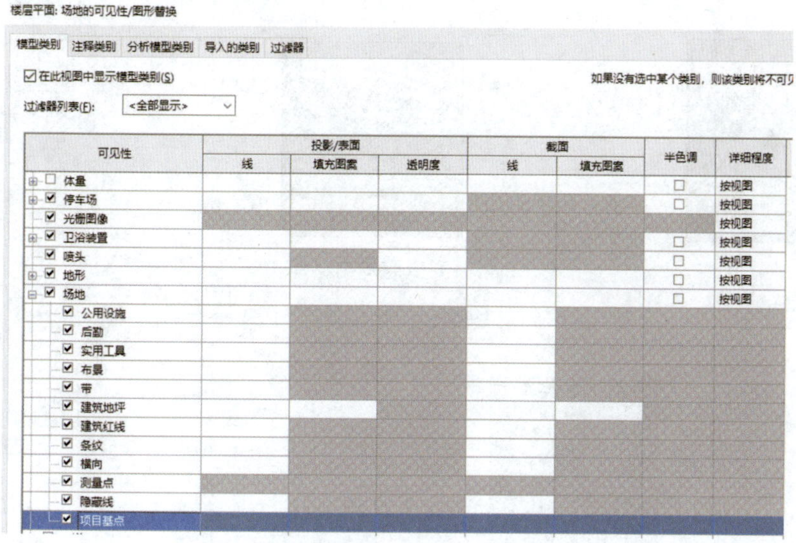

23.4 项目基点与测量点

图 23.10 将"测量点""项目基点"设置为可见

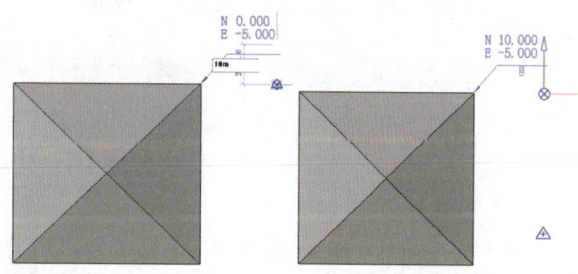

Revit 默认以三角形方式显示测量点、以圆形的方式显示项目基点。将项目基点垂直向上移动 10m，选中项目基点，项目模型同步向上移动 10m，模型坐标随之修改，如图 23.11 所示；选择项目基点，将其剪裁状态设置为"不剪裁"，向右移动 10m，此时项目模型并未跟随移动，如图 23.12 所示。将测量点向右移动 10m，项目的坐标

图 23.11 垂直向上移动 10m

值会因为测量点的改变而改变，但不改变位置，如图 23.13 所示；在不裁剪状态下将测量点向下移动 10m，Revit 不改变项目的位置和坐标，如图 23.14 所示。

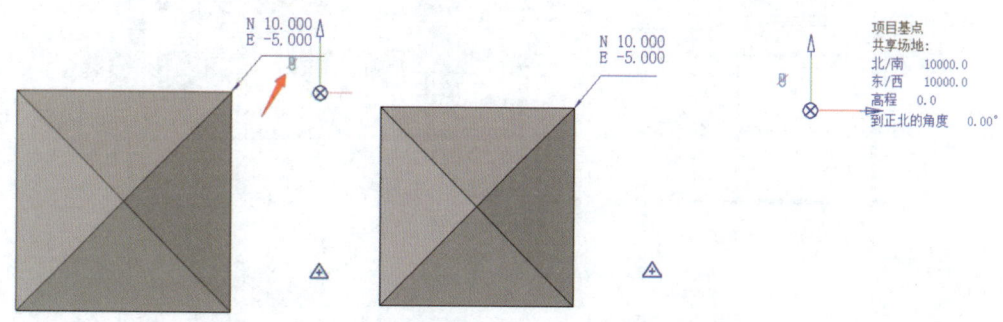

图 23.12 设置为"不剪裁"，向右移动 10m

第 23 章 协 同 工 作

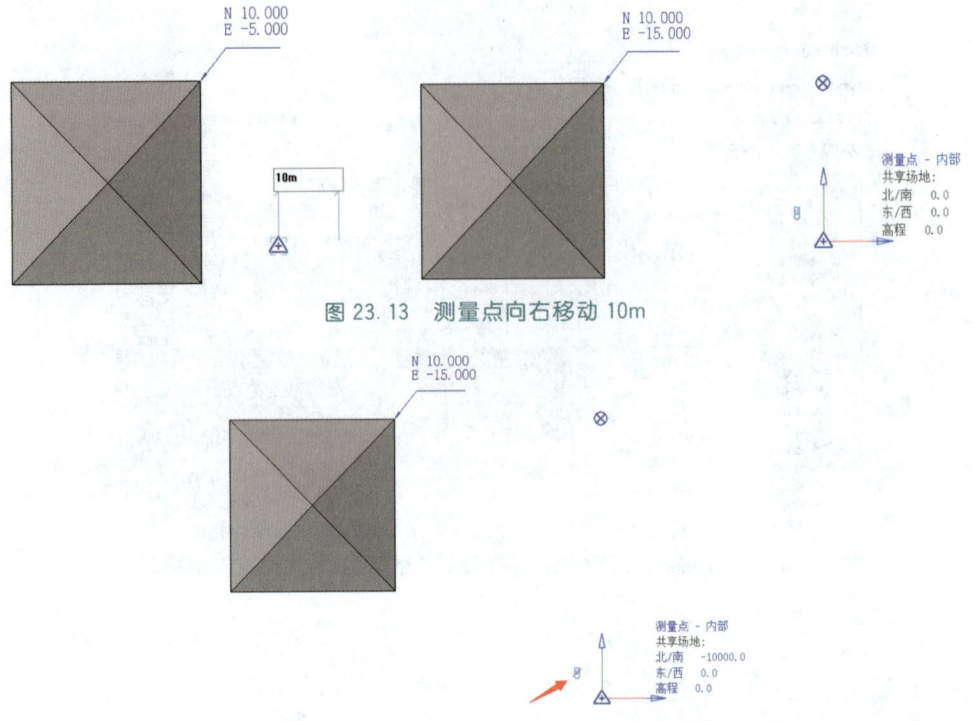

图 23.13 测量点向右移动 10m

图 23.14 设置"不剪裁"将测量点向下移动 10m

23.5 使用共享坐标

对于链接项目，Revit 提供共享坐标工具，用于记录链接项目在各文件间的相对位置关系。

打开"坐标协调 A.rvt"，切换到 F1 楼层平面视图，在"可见性/图形替换"中将"测量点""项目基点"置为可见，如图 23.15 所示；可以看出，本项目中项目基点与测量

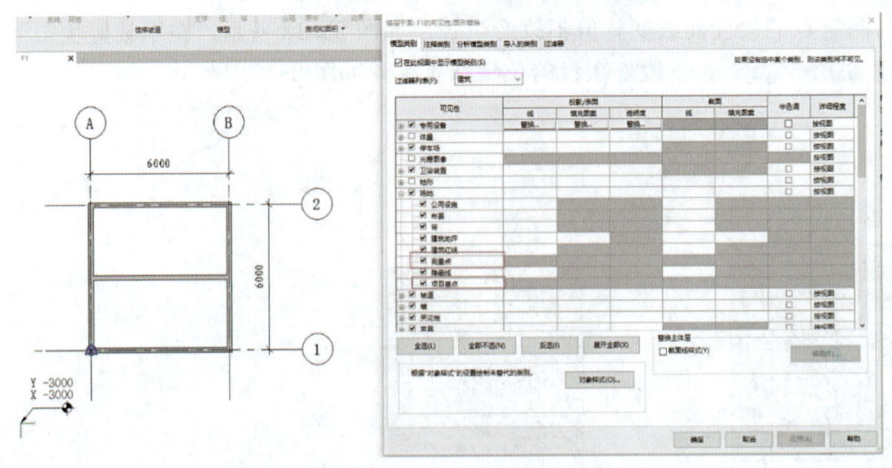

图 23.15 置为可见（A）

23.5 使用共享坐标

点是重合的,位于①轴线与A轴线的交叉处。点击"管理—地点"弹出"位置、气候和场地"对话框,切换到"场地"选项卡,场地选项卡中Revit会记录所有的共享位置,如图23.16所示。

打开"坐标协调B.rvt",切换到F1楼层平面视图,在"可见性/图形替换"中将"测量点""项目基点"置为可见;可以看出,本项目中项目基点与测量点并不在同一个位置,测量点位于(-2000,-2000)的位置,同时测量点位于项目②轴线与B轴线的交叉处,如图23.17所示。点击"管理—地点"弹出"位置、气候和场地"对话框,切换到"场地"选项卡,可以看出当前项目中定义了名称为"内部"的共享坐标,如图23.18所示,并关闭当前项目文件。

回到"坐标协调A.rvt"项目中,Revit链接"坐标协调B.rvt"插入当前项目,定位方式为:自动-内部原点到内部原点,如图23.19所示。因为插入时采用"内部原点到内部原点"的定位方式,两个项目的原点自动重合;由此可以看出,Revit中"原点到原点"的对齐方式,是指项目基点之间的对齐,如图23.20所示。

移动"坐标协调B.rvt"至"-3000,-3000"的位置,以对两个项目做相对定位,如图23.21所示;可以将两个项目间的位置关系通过共享坐标的方式记录在"坐标协调

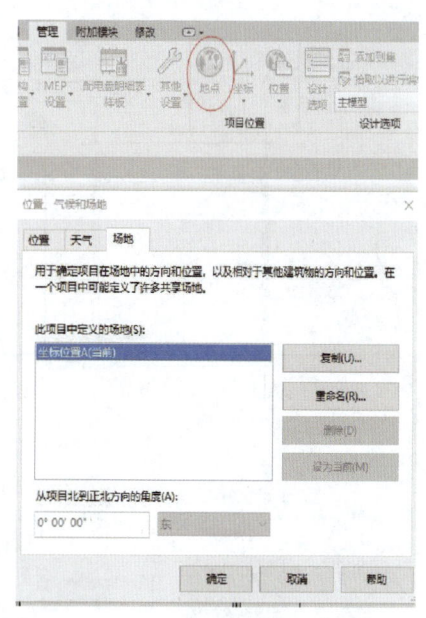

图 23.16 "场地"选项卡(A)

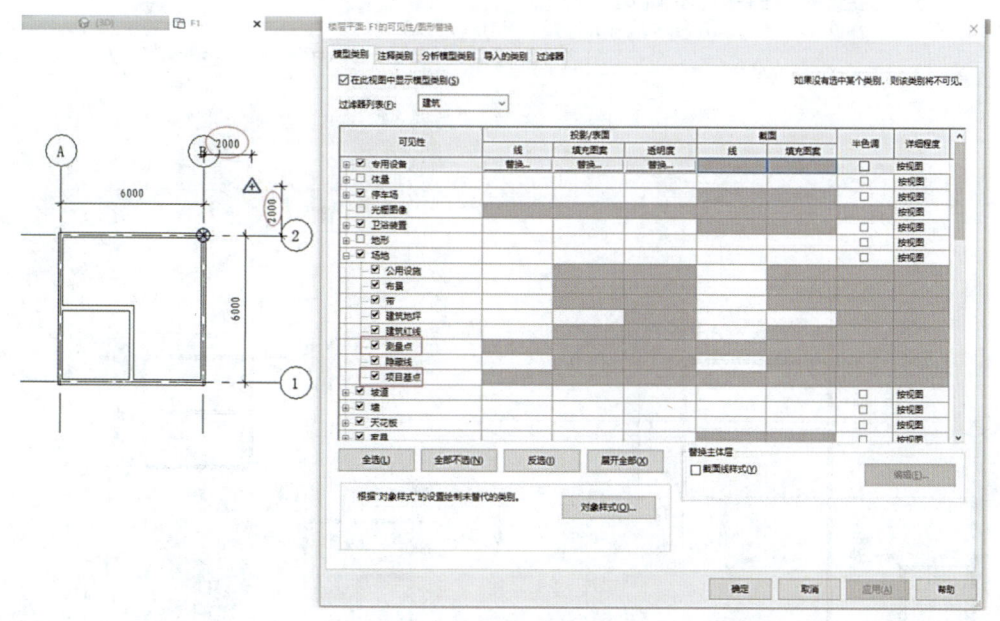

图 23.17 置为可见(B)

第 23 章 协同工作

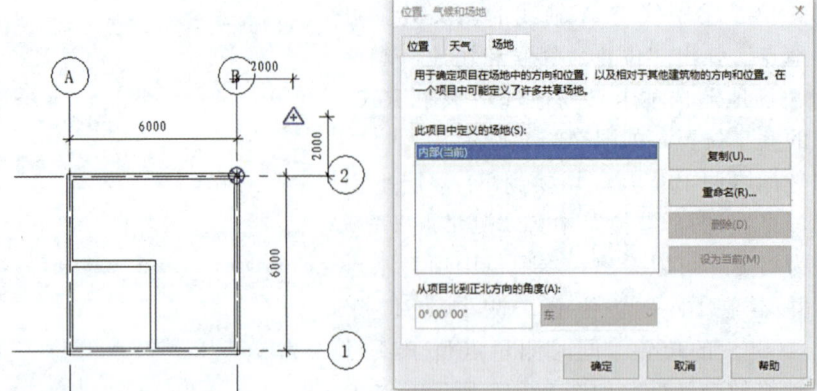

图 23.18 "场地"选项卡（B）

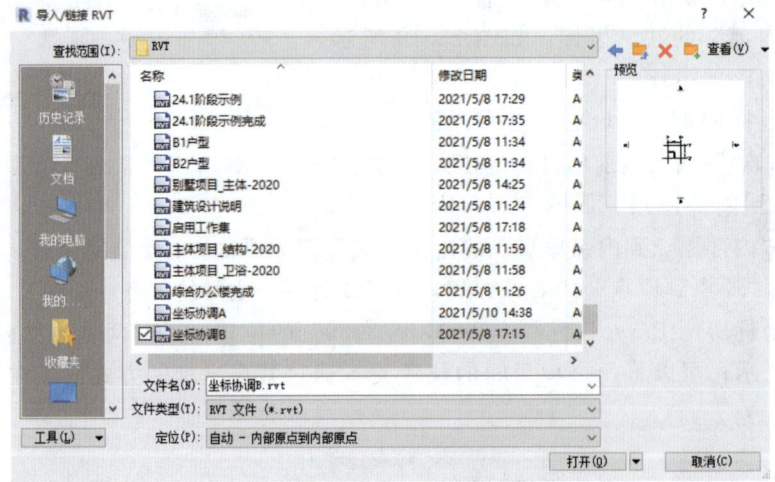

图 23.19 定位方式

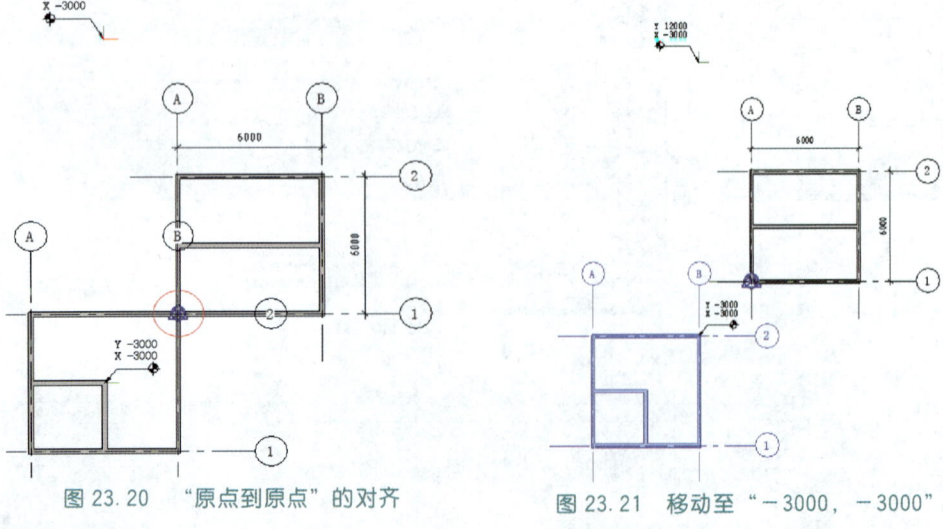

图 23.20 "原点到原点"的对齐　　图 23.21 移动至"−3000，−3000"

23.5 使用共享坐标

B. rvt"项目文件中。使用"管理—坐标—发布坐标"命令（图23.22），选择链接项目，复制创建"－3000，－3000"的场地位置，如图23.23所示；复制链接项目，从"－3000，－3000"到"12000，－3000"的位置，"管理—坐标—发布坐标"，选择复制后的链接项目，复制创建"12000，－3000"的场地位置；通过这种方式，把当前项目的两个位置记录在"坐标协调 B. rvt"项目文件中；保存项目文件，因为"坐标协调 B. rvt"中的位置定位已经修改，系统弹出"位置定位已修改"对话框（图23.24），选择"保存"，将新位置保存到"坐标协调 B. rvt"中。在当前项目中，点击"插入—管理链接"，删除"坐标协调 B. rvt"，则可以删除链接项目，如图23.25所示。

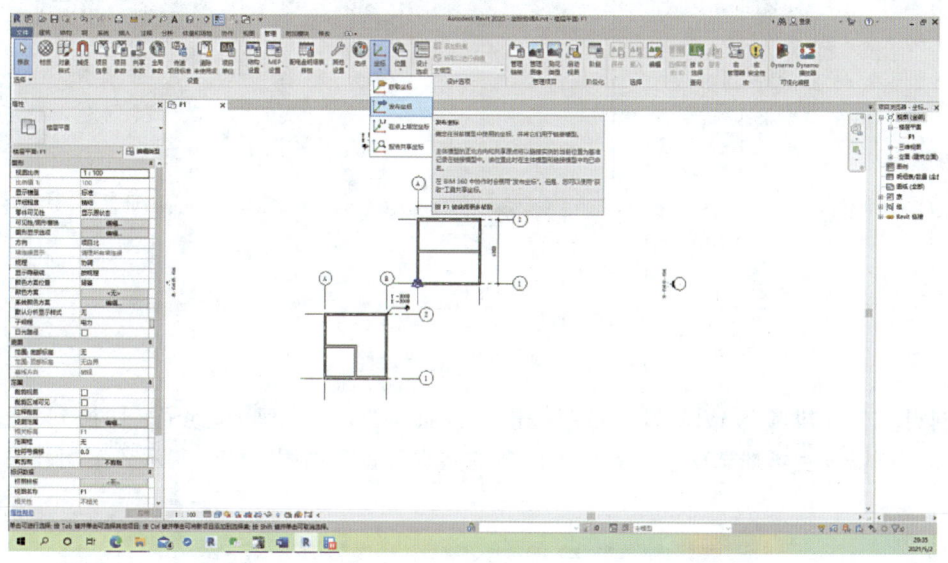

图 23.22 发布坐标

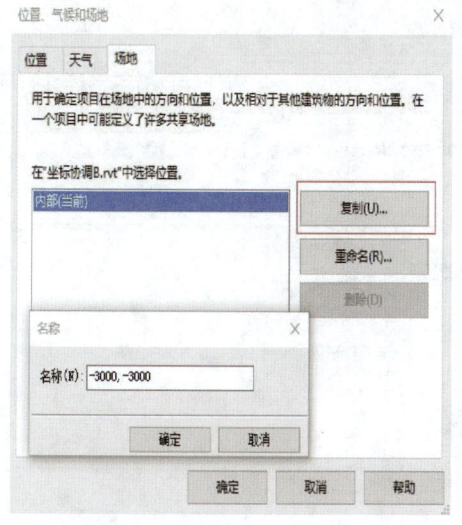

图 23.23 复制创建位置

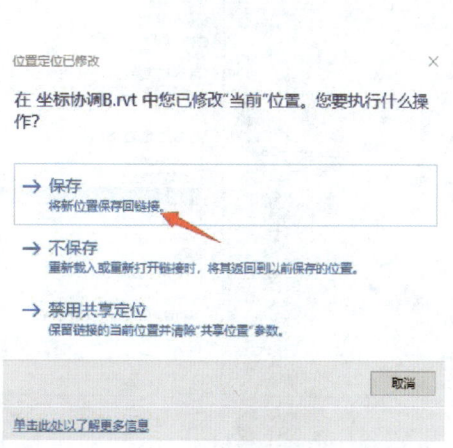

图 23.24 "位置定位已修改"对话框

第 23 章 协 同 工 作

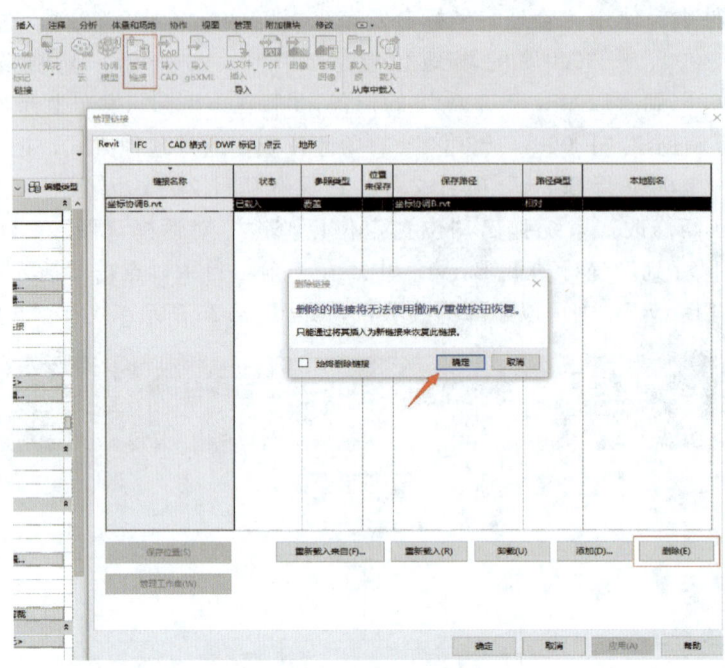

图 23.25 删除链接项目

打开"坐标协调 B.rvt",切换到 F1 楼层平面视图,"管理—地点",切换到"场地"选项卡,可以发现场地选项卡中新增了两条的共享位置,如图 23.26 所示。关闭当前项目文件。

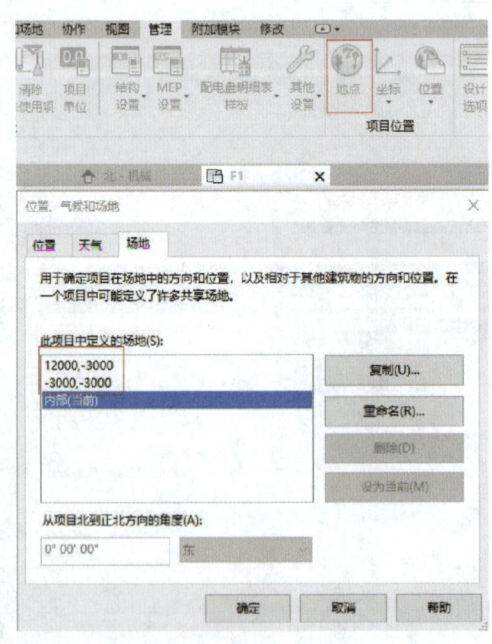

图 23.26 "场地"选项卡

23.6 工作集设置

回到"坐标协调 A.rvt"项目中,使用"链接 Revit"工具,采用共享坐标方法载入"坐标协调 B.rvt"到当前项目文件中,分别选取不同的共享位置,查看共享坐标的使用结果,如图 23.27 所示。

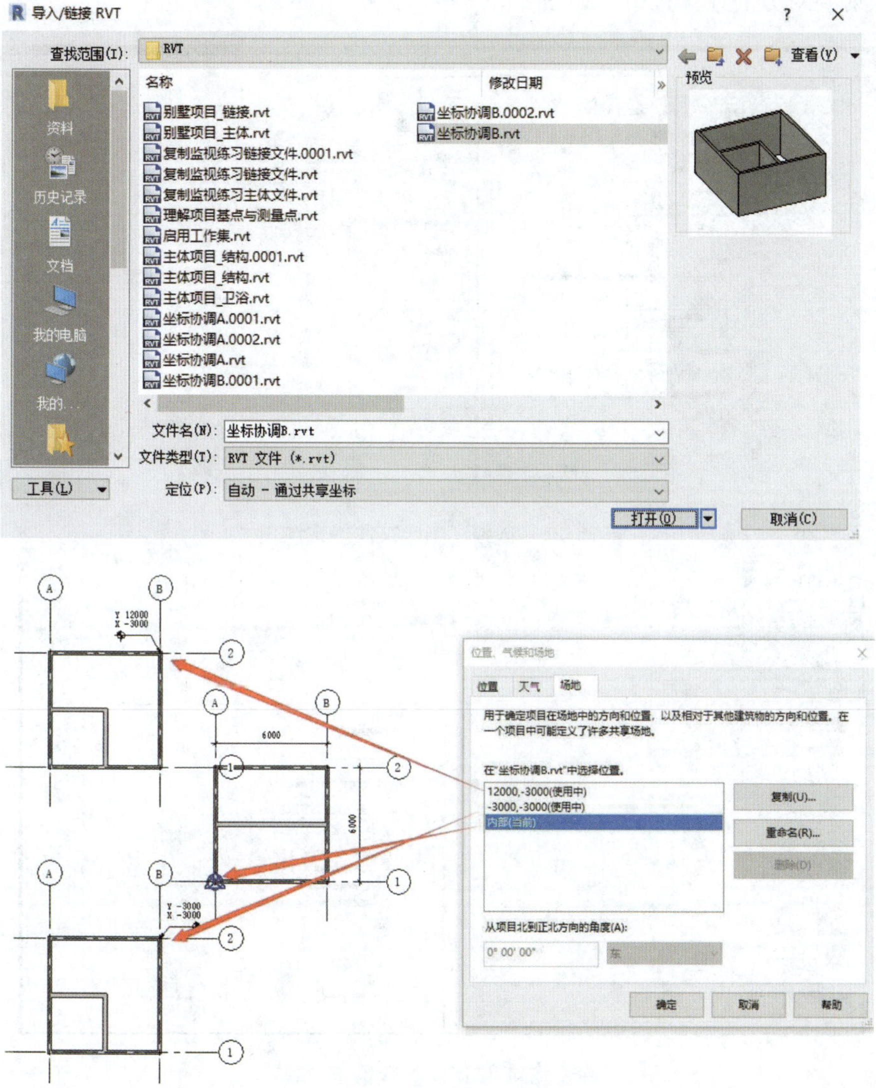

图 23.27 共享坐标的使用结果

23.6 工作集设置

除共享坐标外,Revit 还提供工作集的方式,用于多人同时对项目中心文件进行编辑,达到实时协作的目的。使用工作集时,必须使用到网络共享环境,且必须由项目管理人员或项目经理对工作内容以及人员权限进行分配。在本地硬盘的任意位置,创建"中心文件"文件夹,并将其设置为共享(所有人都可完全控制),如图23.28所示。选中网络位置的"中心文件"文件夹上单击右键,映射网络驱动器,将网络位置映射为"Z:"驱动器。在所有参与协同设计的计算机上,都可以使用映射网络驱动器的方式将当前的共享文件夹映射到对方的计算机中,如图23.29所示。

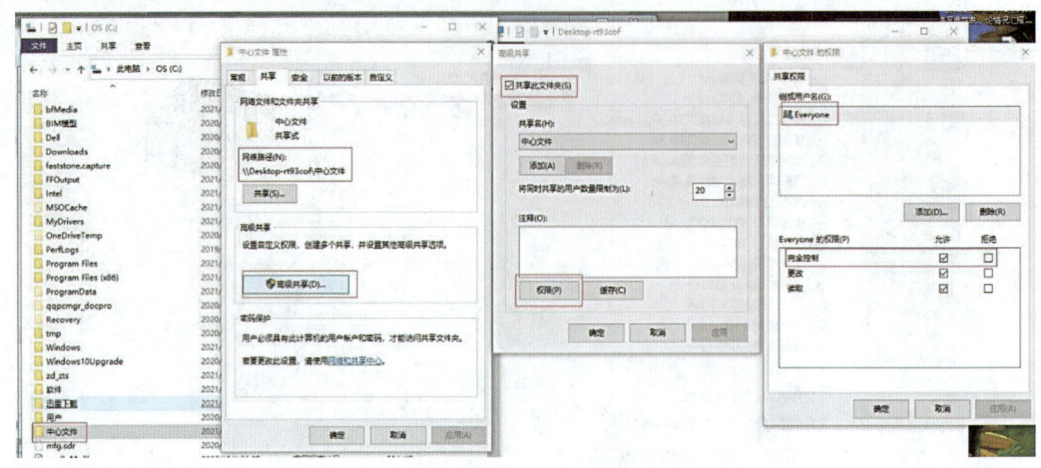

图23.28 创建"中心文件"文件夹

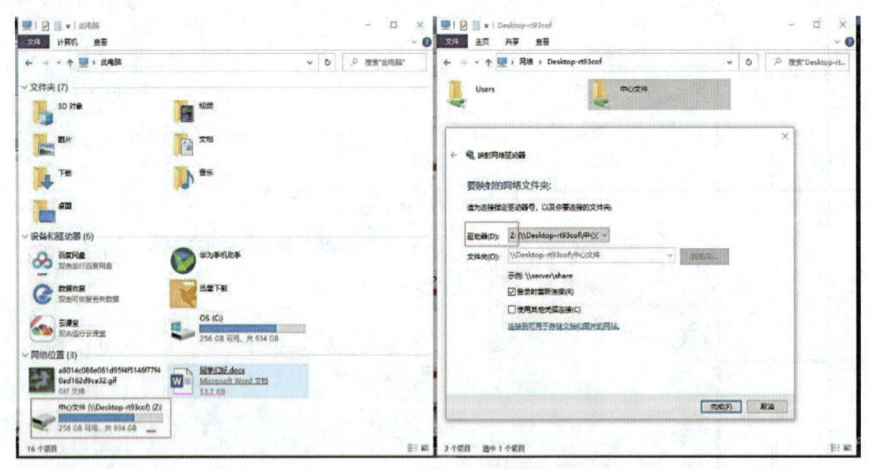

图23.29 使用映射网络驱动器

打开"配套资源\RVT\启用工作集.rvt",该项目是综合楼项目结构柱布置完成后的状态。切换到F1楼层平面视图,首先对当前视图的显示方式进行调整,在项目浏览器中选择"视图(全部)",在属性窗口中修改为"规程",如图23.30所示。接下来,转换角色为项目经理或项目管理员,安排建筑师与结构师两人共同协作完成接下来的工作。

首先,要启用工作集,并对工作集中的工作与任务进行安排。操作"协作—工作集",在弹出的"工作共享"对话框中,进行工作集的设定,如图23.31所示。Revit分配完成后,弹出"工作集"对话框,新建"结构师"工作集,如图23.32所示。

接下来,将项目中所有的结构柱分配给"结构师"工作集。使用过滤器,选择项目中

23.6 工作集设置

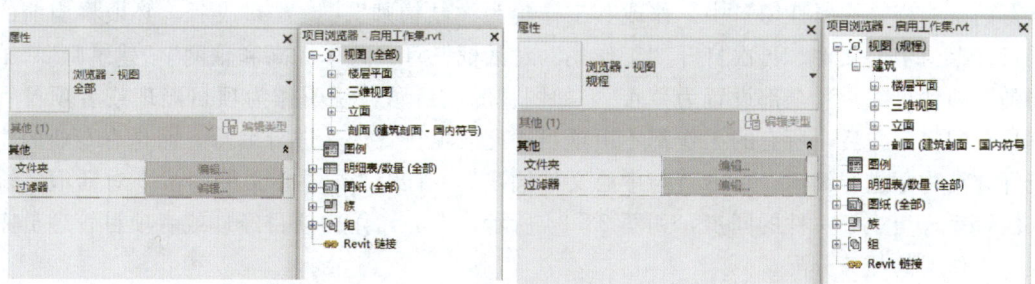

图 23.30 调整显示方式

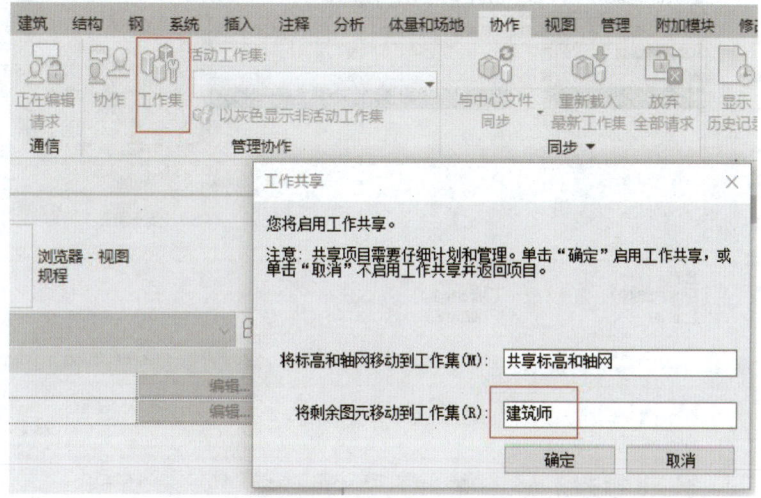

图 23.31 设定工作集

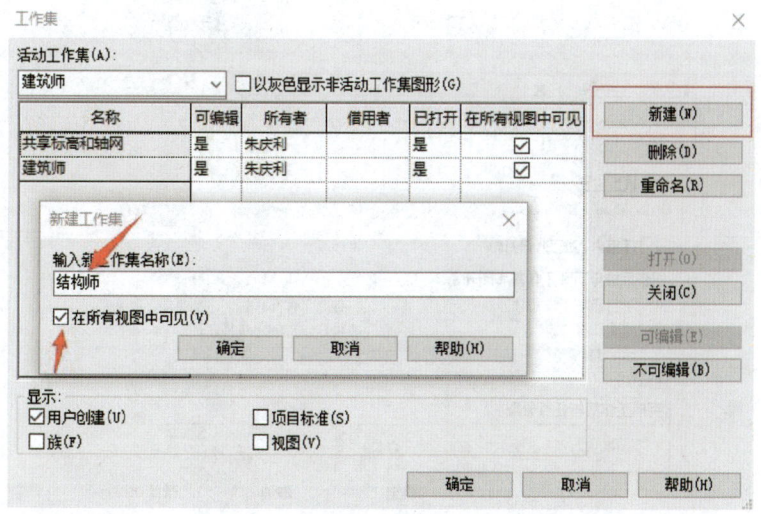

图 23.32 新建"结构师"工作集

209

所有的结构柱；在属性窗口中，修改其工作集为"结构师"。设置完成后，必须将当前的项目保存为中心文件。再次打开"工作集"对话框，将"共享标高和轴网""建筑师""结构师"的"可编辑"全部设置为"否"，如图 23.33 所示，说明作为项目经理或者项目管理员分配完工作后，所有的工作都不由项目经理或项目管理员进行编辑，而是有专业的建筑师或结构师进行编辑。单击"与中心文件同步"，弹出"与中心文件同步"对话框，输入注释完成与中心文件的同步，如图 23.34 所示。至此，作为项目经理或者项目管理员完成了工作集的任务分配。

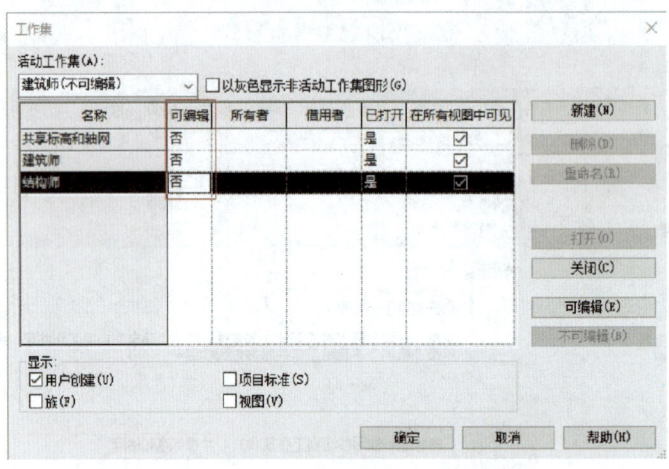

图 23.33　工作集

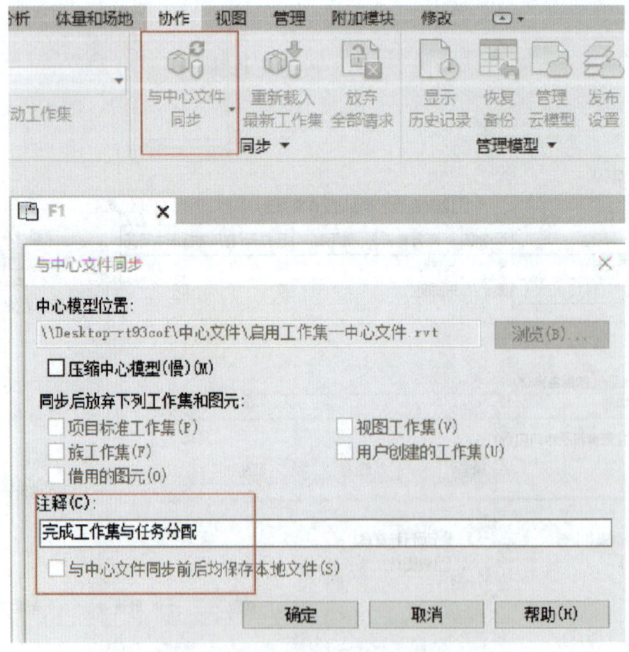

图 23.34　与中心文件同步

23.7 编辑与共享

项目经理或者项目管理员完成工作集设置之后，建筑师或结构师就可以以中心文件为基础，开展设计协同工作了。

项目经理或者项目管理员完成工作集设置之后，建筑师或结构师就可以以中心文件为基础，开展设计协同工作了。

首先，以建筑师的身份进行编辑。打开 Revit，在"文件"菜单中，选择"选项"打开"选项"对话框，在常规选项卡中设置用户名为"建筑师"，用户可以根据实际工作的需求分别设置"保存提醒间隔""'与中心文件同步'提醒间隔""工作共享更新频率"等参数，如图 23.35 所示。其中，"工作共享更新频率"只是更新消息的提醒机制，并不会同步数据和模型；数据和模型的同步频率，则由"'与中心文件同步'提醒间隔"设定。

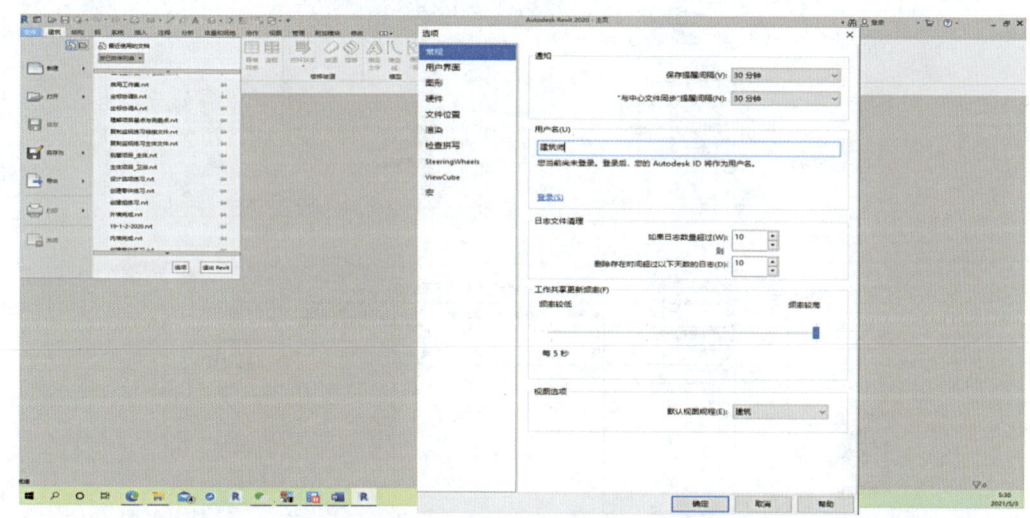

图 23.35　设置用户名

打开映射网络驱动器中的"启用工作集—中心文件.rvt"，如图 23.36 所示。

其次，以"建筑师"的身份认领当前中心文件中的工作任务，采用"协作—工作集"打开"工作集"对话框，作为"建筑师"需要编辑"共享标高和轴网""建筑师"的内容，因此需要把"共享标高和轴网""建筑师"的"可编辑"选项设置为"是"，当前的"活动工作集"设置为"建筑师"，并且可以对"建筑师"工作集进行编辑，如图 23.37 所示。适当缩放视图，选择任意结构柱；因为结构柱的编辑权限属于结构工程师，建筑师无权对其进行编辑，系统会给出图元不可修改的提示，如图 23.38 所示。单击"与中心文件同步"按钮，弹出"与中心文件同步"对话框，单击"确定"，如图 23.39 所示，系统将当前的工作集认领状态与中心文件同步。

第三，将以"结构师"的身份在另外一台计算机中打开中心文件，进行协作。打开 Revit，在"文件"菜单中，选择"选项"打开"选项"对话框，在常规选项卡中设置用户名为"结构师"，用户可以根据实际工作的需求分别设置"保存提醒间隔""'与中心文

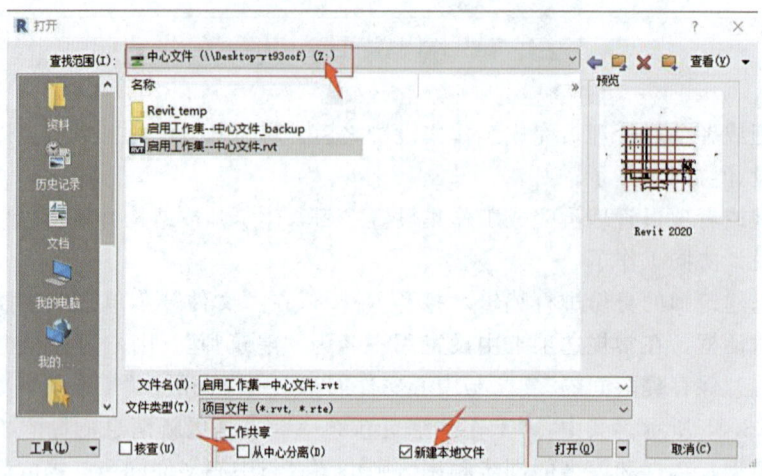

图 23.36　打开映射网络驱动器

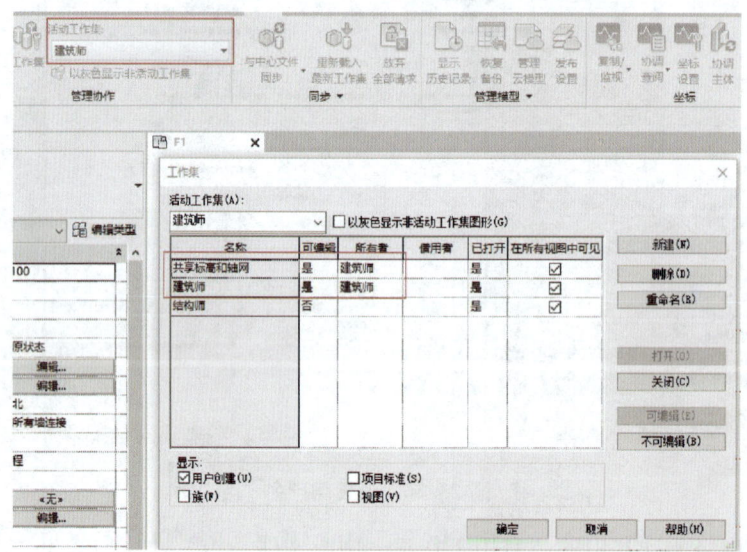

图 23.37　打开"工作集"对话框

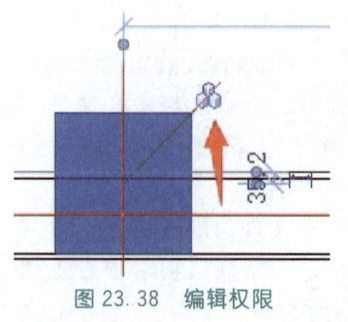

图 23.38　编辑权限

件同步'提醒间隔""工作共享更新频率"等参数，如图 23.40 所示。打开映射网络驱动器中的"启用工作集—中心文件.rvt"，如图 23.41 所示。请注意，测试工作集，必须在不同的计算机中进行。

第四，以"结构师"的身份认领当前中心文件中的工作任务，"协作—工作集"打开"工作集"对话框，因为"共享标高和轴网"已经被"建筑师"认领，"结构师"无权对其进行操作，将"结构师"的"可编辑"选项设置为"是"，当前的"活动工作集"设置为"结构师"，并且可以对"结构师"工作集进行编辑，如图 23.42 所示。单击"与中心文

23.7 编辑与共享

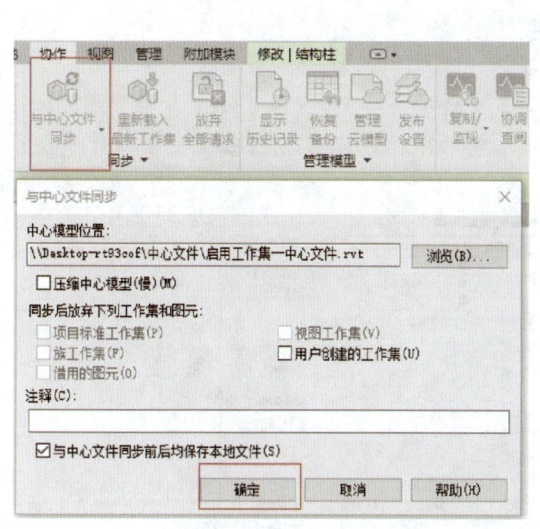

图 23.39 与中心文件同步

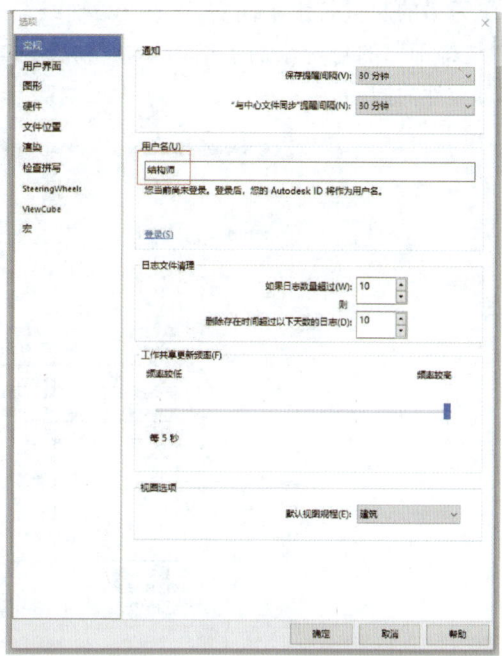

图 23.40 打开"选项"对话框

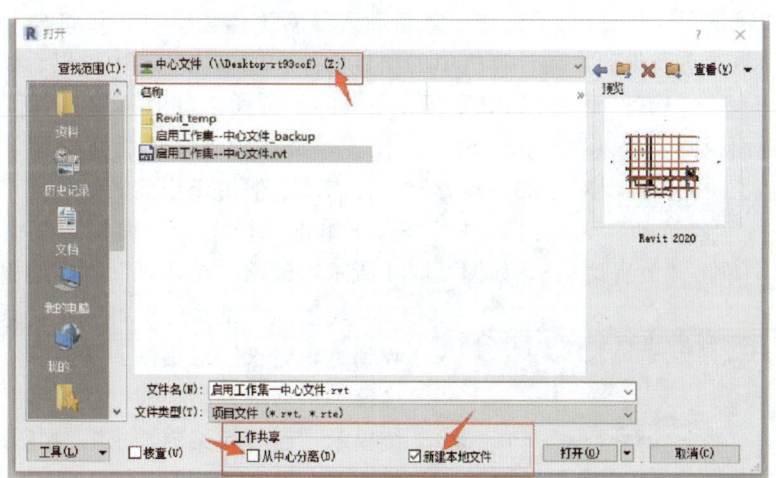

图 23.41 打开映射网络驱动器

件同步"按钮,弹出"与中心文件同步"对话框,单击"确定",如图 23.43 所示,系统将当前的工作集认领状态与中心文件同步。下一步,将对结构师的工作范围设置结构师工作视图。"视图—平面视图—结构平面",创建 F1 结构平面,将其规程修改为"结构"。然后以"结构师"的角色为当前项目添加结构梁,"结构—梁",选取梁的类型为"矩形梁-加强板 250×500mm",打开类型属性对话框,复制创建"300×500mm"梁类型,修改其参数,如图 23.44 所示。将"Z 轴对正"修改为"底",选择"放置平面"为"标高:F1"、"结构用途"为"自动",不勾选"三维捕捉"与"链",从 B 轴线与①轴线的交点作为梁的起点，水平向右绘制到⑨轴线与 B 轴线的交点。这样，我们就在当前项目中以"结构师"的身份添加了结构梁，"协作—与中心文件同步—立即同步"实现当前文件与中心文件的同步。

图 23.42　编辑工作集

切换回"建筑师"计算机，"协作—重新载入最新工作集"，Revit 将自动将中心文件中最新的工作集状态同步到本地计算机中的项目文件，项目浏览器中可以看到结构工程师所创建的"F1"结构平面视图以及新增加的结构梁，如图 23.45 所示。切换到"Section0"剖面视图，可以看到在 B 轴线的位置，结构师新增加的结构梁与建筑师放置的门图元发生了冲突，需要对梁的对正方式进行修改；但由于当前的矩形梁是属于"结构师"工作集的，"建筑师"无权对其进行修改；单击"使图元可编辑"图标，系统弹出"错误"提示，单击"放置请求"，如图 23.46 所示，请求"结构师"批准编辑。

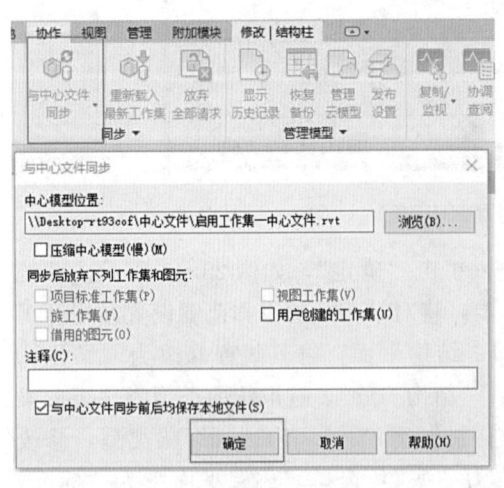

图 23.43　与中心文件同步

切换回"结构师"计算机，系统弹出"已收到编辑请求"对话框，如图 23.47 所示。批准该编辑请求。切换回"建筑师"计算机，系统提示"已授权编辑请求"，如图 23.48 所示。修改梁的"Z 轴对正"为"顶"，将当前工作集立即同步到中心文件。同步完成后，"建筑师"又失去了对结构梁的编辑权。再次切换回"结构师"计算机，"协作—重新载入最新工作集"，可以看到结构梁的对齐方式发生了改变，如图 23.49 所示。

通过这个简单的例子，说明了多人之间如何在中心文件上进行操作，关键点在于工作集的同步以及权限的分工。

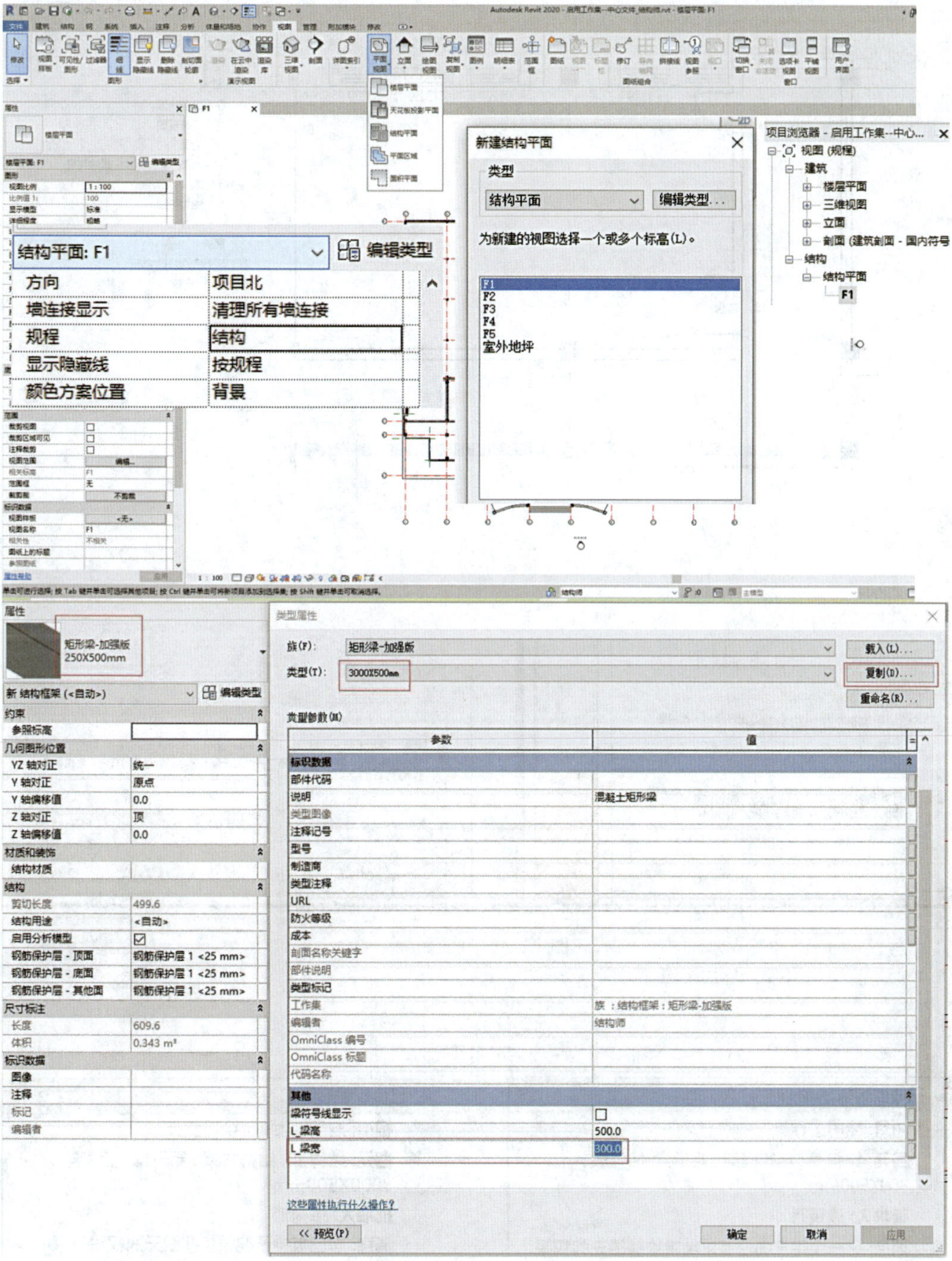

23.7 编辑与共享

图 23.44 设置工作视图、修改梁参数

第 23 章 协同工作

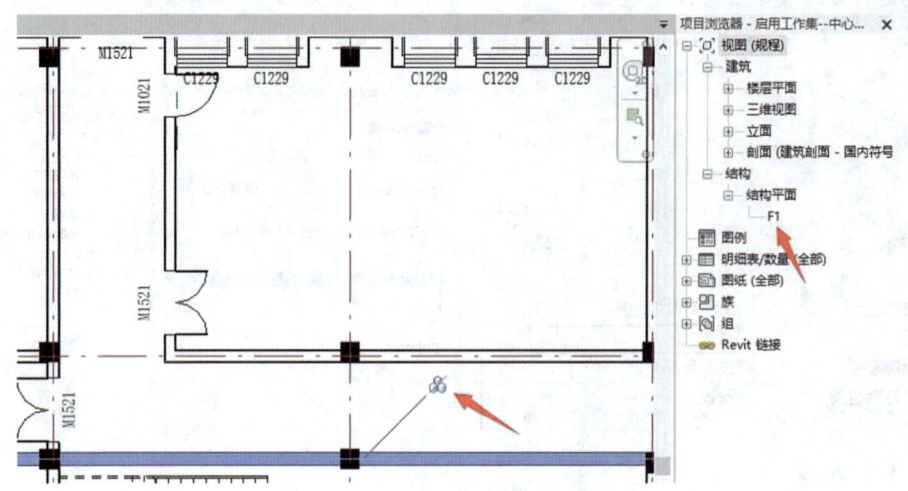

图 23.45 结构梁

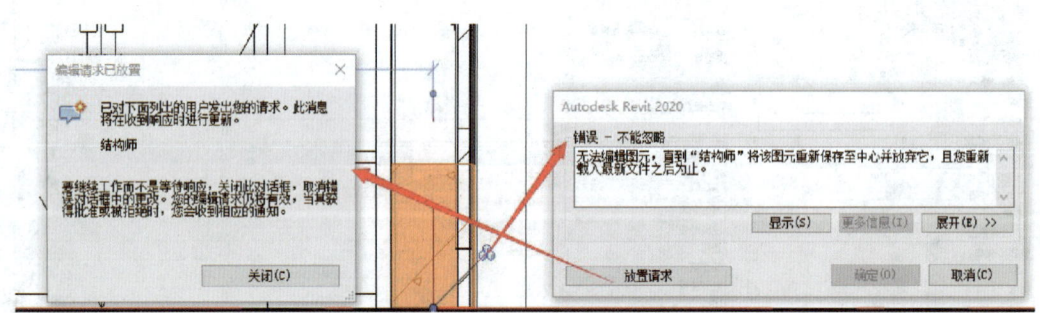

图 23.46 放置请求

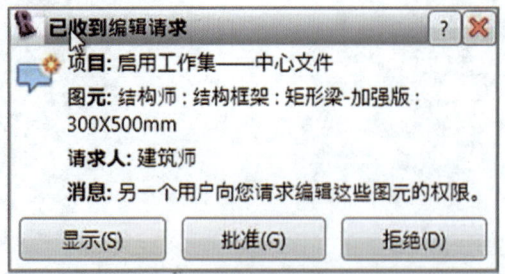

图 23.47 已收到编辑请求

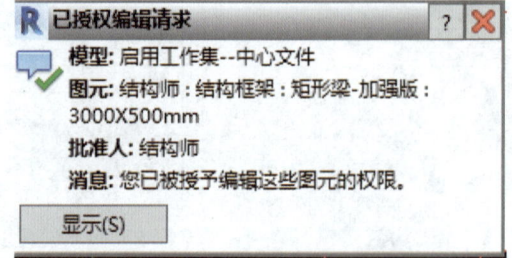

图 23.48 已授权编辑请求

23.7 编辑与共享

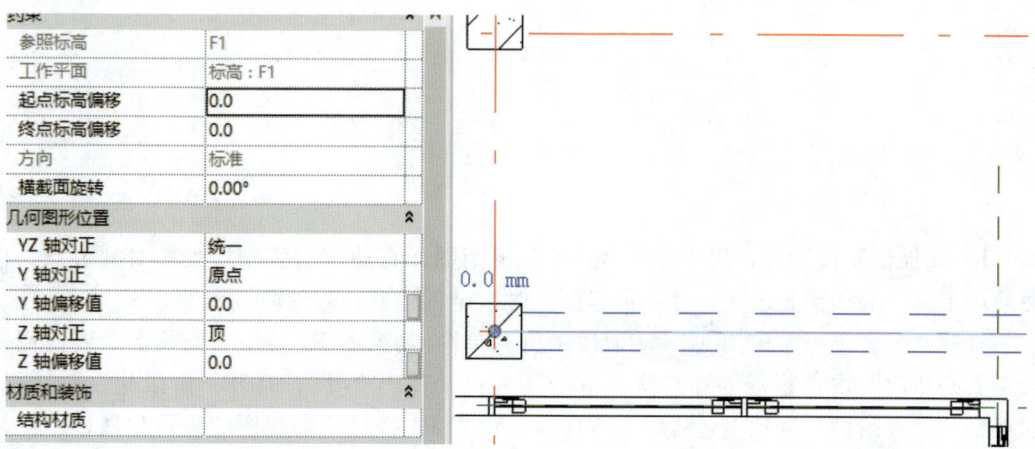

图 23.49 结构梁修改完成

第 24 章 工程阶段化

Revit 提供阶段工具，用于设置项目中各模型图元在施工过程中所处的时间节点。使用阶段工具前必须预先定义，并在创建图元时指定创建或拆除的阶段属性。

打开"配套资源\RVT\24.1 阶段示例.rvt"，切换到 F1 楼层平面视图，要使用阶段工具必须对阶段进行规划和定义。单击菜单"管理—阶段"，打开"阶段化"对话框，切换至"工程阶段"选项卡，修改工程阶段。设置 F1 楼层平面视图的阶段化属性：阶段过滤器为"全部显示"，相位为"阶段 1-现有"，绘制如图 24.1 所示的建筑。

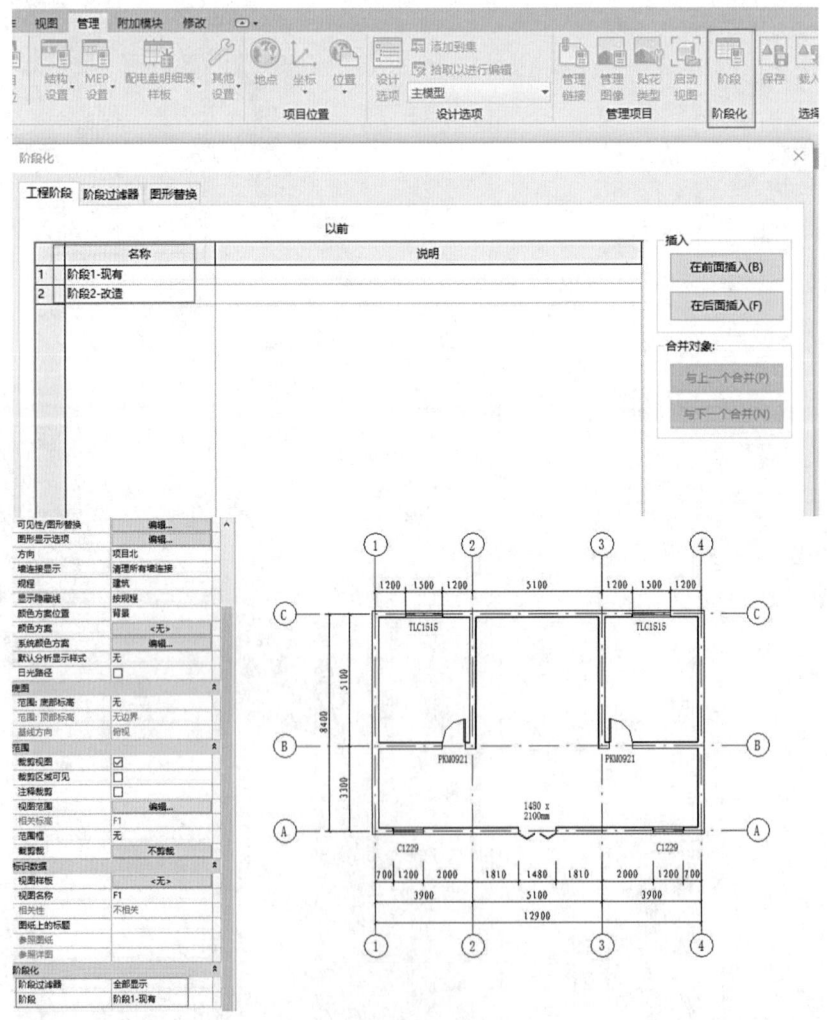

图 24.1 编辑工程阶段、阶段化属性

第24章 工程阶段化

在项目浏览器中,选中"F1"单击鼠标右键选择带细节复制,将视图重命名为"F1改造",将其阶段相位修改为"阶段2-改造"。因为原有墙体的阶段为"阶段1-现有",所以在当前视图中淡显如图24.2所示。采用同样的方式复制"{3D}"视图,创建"3D-改造"视图,将阶段相位修改为"阶段2-改造"。

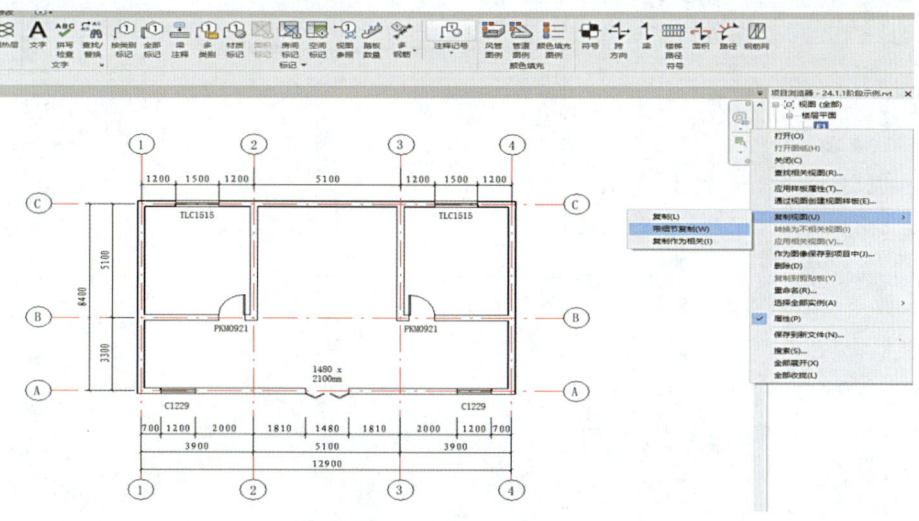

图24.2 带细节复制

为了更好地在项目浏览器中展示所有阶段的视图,可以对当前的视图进行规程的设置。单击菜单"视图—用户界面—浏览器组织",对浏览器中的视图按图24.3的规则重新组织,结果如图24.4所示。请注意,阶段设置只对图元有效,对轴网、注记等注释类信息无效。

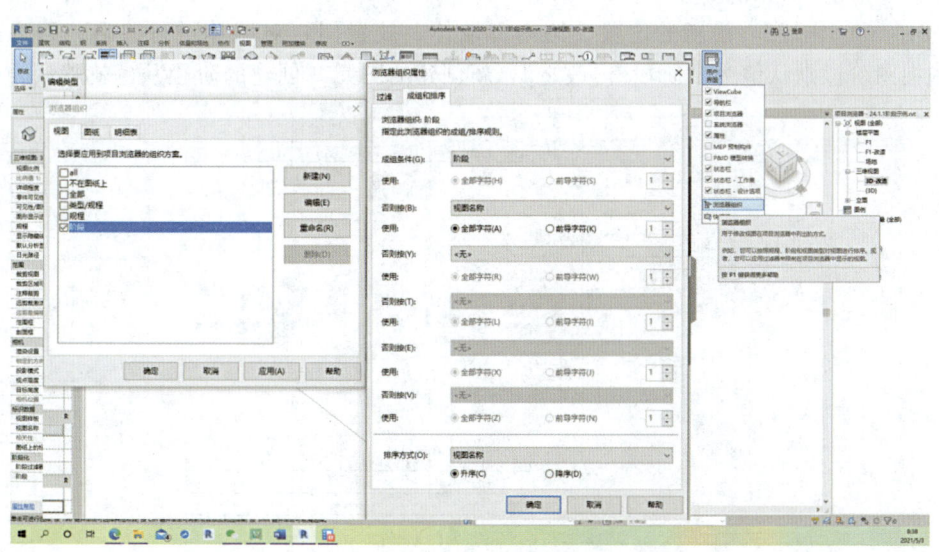

图24.3 重新组织规则

第 24 章 工程阶段化

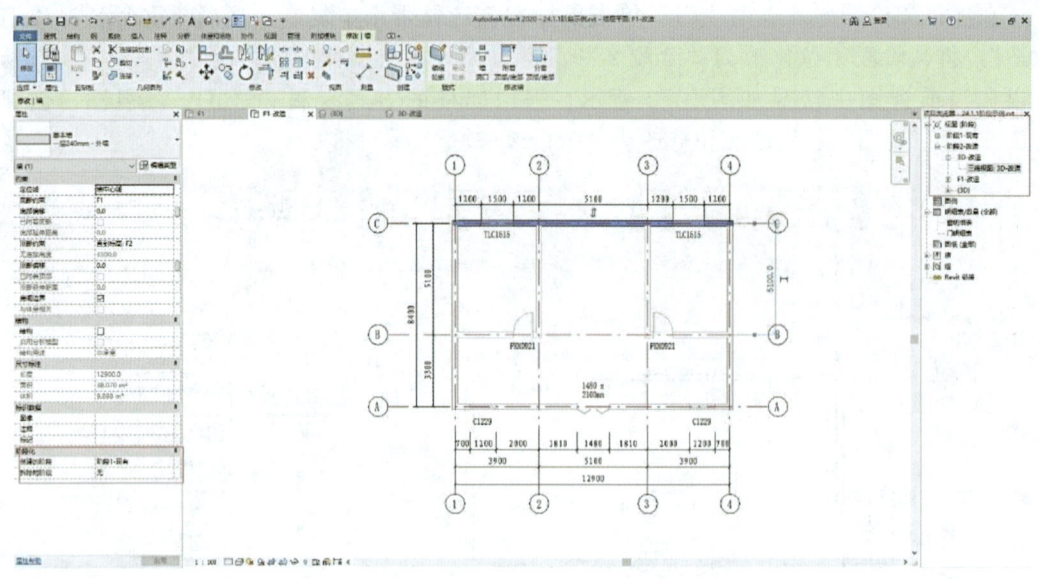

图 24.4 重新组织规则结果

24.1 对各个图元赋予阶段

接下来，继续对项目中的图元进行阶段的管理和控制。切换到"F1-改造"视图中，选择内墙及内墙上的门，修改其"创建的阶段"为"阶段 1-现有""拆除的阶段"为"阶段 2-改造"，如图 24.5 所示。修改完成后，内墙和附着在内墙上的门以虚线方式显示，说明其为当前阶段拆除的图元，在 3D 视图中以透明的方式显示。使用墙工具，类型为"一层 240mm-内墙"，沿新的位置绘制内部墙体、放置门，对墙体进行改造。因为当前绘制的视图阶段默认值为"阶段 2-改造"，新创建的图元"创建的阶段"也就默认为"阶

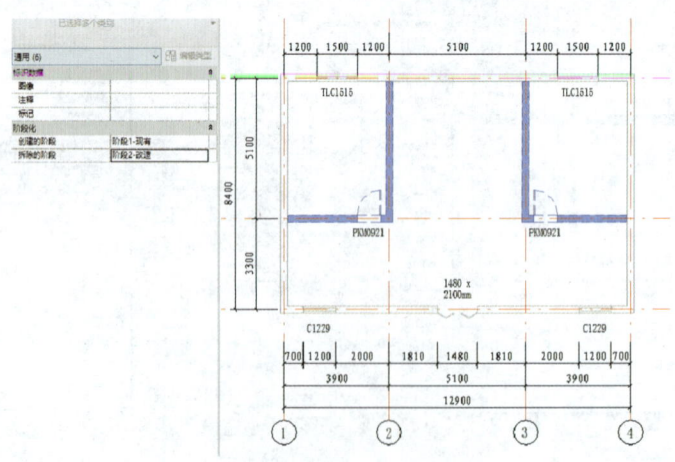

图 24.5 阶段显示

24.2 修改视图的"阶段过滤器"

段2-改造",如图24.6所示。切换回阶段1的对应视图,可以看到在阶段2拆除、改造、新建的墙体和门并未在这个阶段的视图中显示,如图24.7所示。

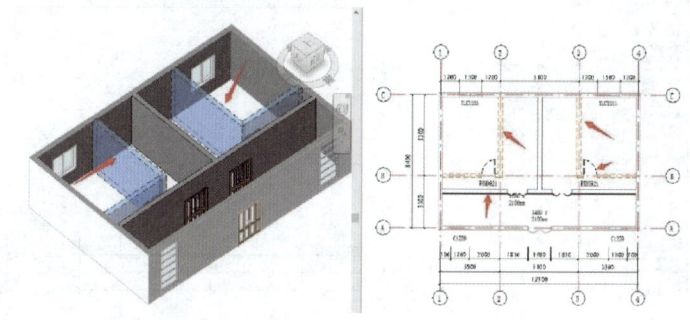

图24.6 阶段2-改造

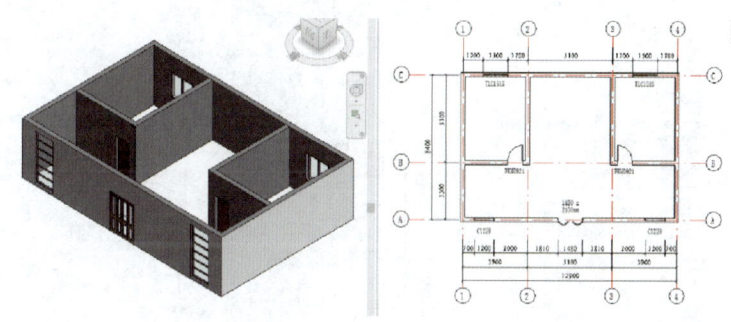

图24.7 切换回阶段1

24.2 修改视图的"阶段过滤器"

Revit使用阶段过滤器设置不同视图中阶段的显示方式。切换到"F1-改造"视图,其阶段过滤器当前设置为"全部显示",所以视图中既显示了处于"阶段1"的墙体,也显示了"阶段2"中拆除的墙体,同时还显示了"阶段2"中新建的墙体,如图24.8所示。

将阶段过滤器修改为"显示原有+新建",则拆除的图元不在当前视图中显示,已拆除的墙体被隐藏,如图24.9所示。

以"F1-改造"为基准,带细节复制新建"F1-原有和拆除",将阶段过滤器修改为"显示原有+拆除",则新建图元不在视图中显示,如图24.10所示。

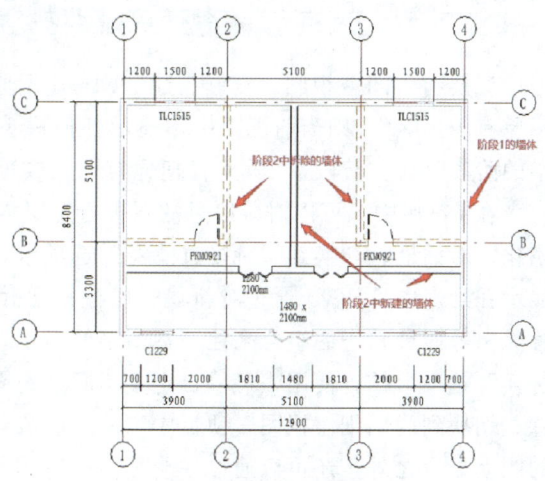

图24.8 设置为"全部显示"

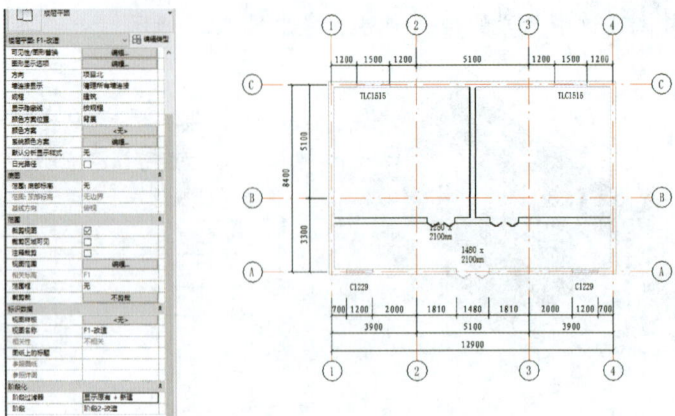

图 24.9　修改为"显示原有＋新建"

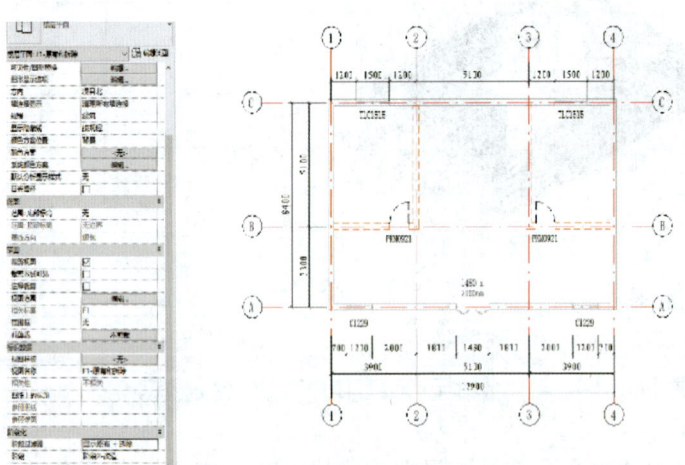

图 24.10　修改为"显示原有＋拆除"

切换到"F1"视图，复制新建"F1-显示原有和拆除"，阶段过滤器由于修改为"显示原有＋拆除"，则当前视图中不显示任何模型图元，因为"阶段 1"已经是当前项目最早的阶段，在"阶段 1"没有任何原有图元或可供拆除的图元，如图 24.11 所示。

在 Revit 中，可以对阶段过滤器进行定义或设置，单击菜单"管理-阶段"，打开"阶段化"对话框，切换到"阶段过滤器"选项卡，可以看到视图属性中的"阶段过滤器"均显示在列表中。Revit 通过对新建、现有、已拆除、临时（当前阶段新建，并在当前阶段拆除）等四种状态的组合来控制视图中的显示。"阶段过滤器"中的"已替代"与"图形替换"选项卡结合使用，可以自定义不同状态图元的线型和截面图案，如图 24.12 所示。

切换到门明细表视图，项目中定义了阶段化信息之后，除了可以使用视图控制各状态的图元显示之外，还可以通过在明细表中应用不同的阶段统计不同阶段的构件数量。在明细表属性对话框中，修改阶段化过滤器、阶段化相位，查看不同阶段门明细表的数据变

24.2 修改视图的"阶段过滤器"

化,如图 24.13 所示。

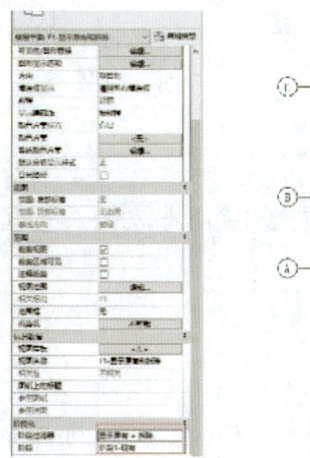
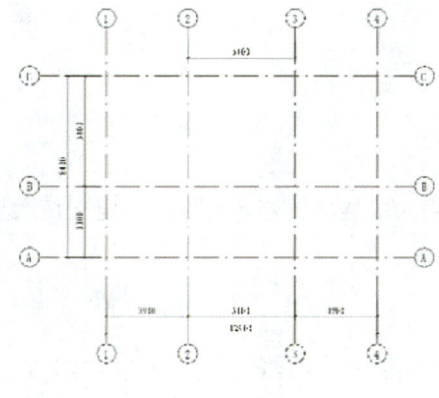

图 24.11 修改为"显示原有+拆除"

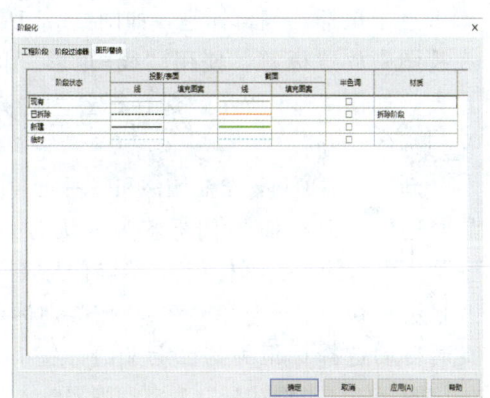
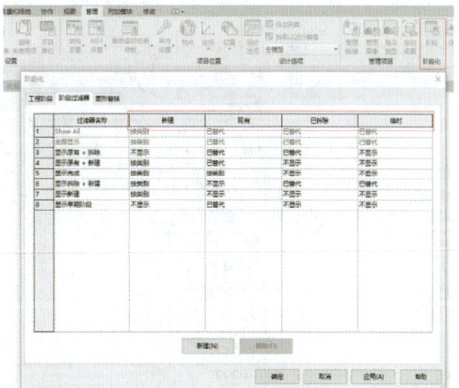

图 24.12 阶段过滤器

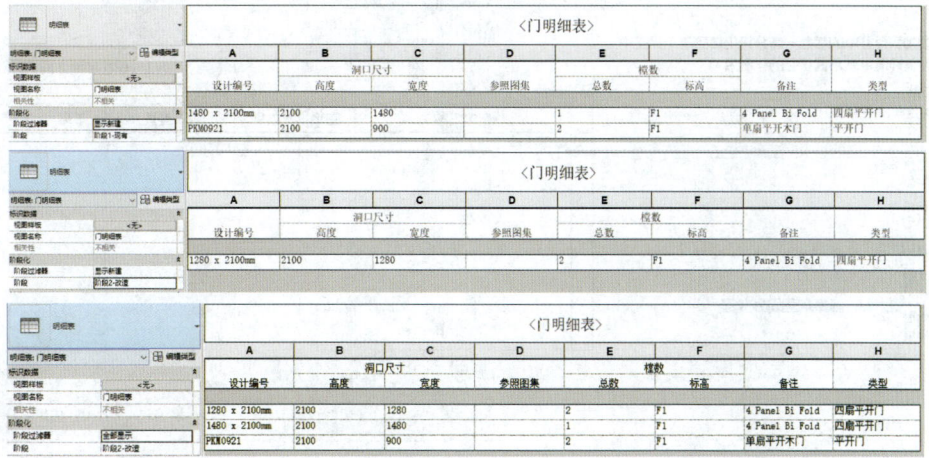

图 24.13 明细表

第 25 章　族与项目样板

Revit 提供了强大的族编辑器，允许用户定义任意形式的族。

25.1　门标记族

新建族，选择"注释"文件夹中的"公制门标记.rft"样板文件。单击菜单"创建—标签"，如图 25.1 所示，复制创建"3.5mm"标签类型，将"背景"修改为"透明"，"字体"设置为"仿宋"；在中心点附近点击鼠标，编辑标签，如图 25.2 所示。在视图中放置标签，使用"线-矩形"将其包裹，如图 25.3 所示，保存标签为"自定义门标签.rfa"。

新建空白项目，绘制墙体和门图元（在放置时进行标记），此时门标签为默认的类型，显示为该门的"类型标记"；删除门标签，载入自定义族，单击菜单"注释-按类别标记"，此时自动选择标记为"自定义门标签.rfa"。因门图元的"类型注释"为空，则需输入其类型注释的内容，查看标记效果如图 25.4 所示。

图 25.1　编辑门标签类型

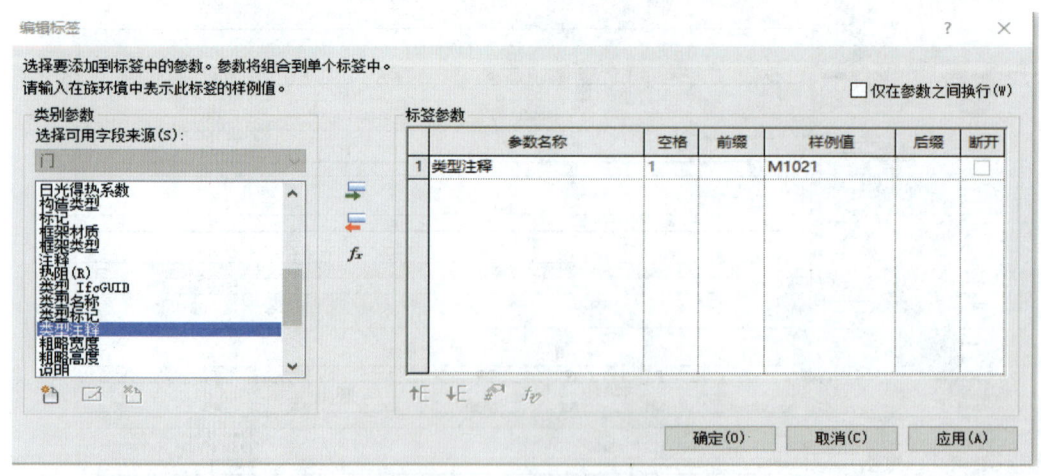

图 25.2　编辑门标签

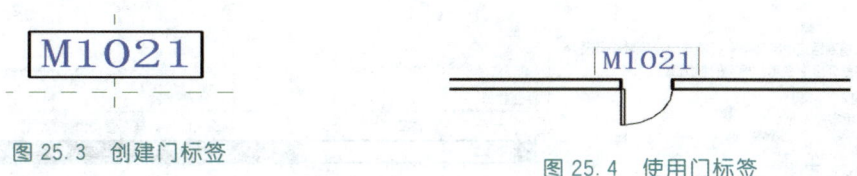

图 25.3 创建门标签　　　　　　　图 25.4 使用门标签

通过"空格"键可以实现"水平"标记和"垂直"标记显示的切换，进而通过移动实现位于主体上方、下方、左侧、右侧等位置的不同的门标记。同理，可以对窗创建有针对性的标记族。

25.2 创建材质标签

使用默认的族样板可以快速创建自定义类型族。但 Revit 并未提供全部对象的族样板，例如 Revit 就没有为材质提供样板文件，需要自行创建，对样板进行扩展。

单击菜单"文件—新建—注释符号"，选择样板文件"公制常规注释.rft"。在"创建"选项卡中单击"属性-族类别与族参数"对话框，对族类别和族参数进行设置，如图 25.5 所示。

单击菜单"创建-标签"，创建新的注释类型"3.5mm"，如图 25.6 所示，设置其参数，在中心点附近点击鼠标，编辑标签如图 25.7 所示。设置水平对齐方式为左对齐，将示例文字移动到合适的位置。

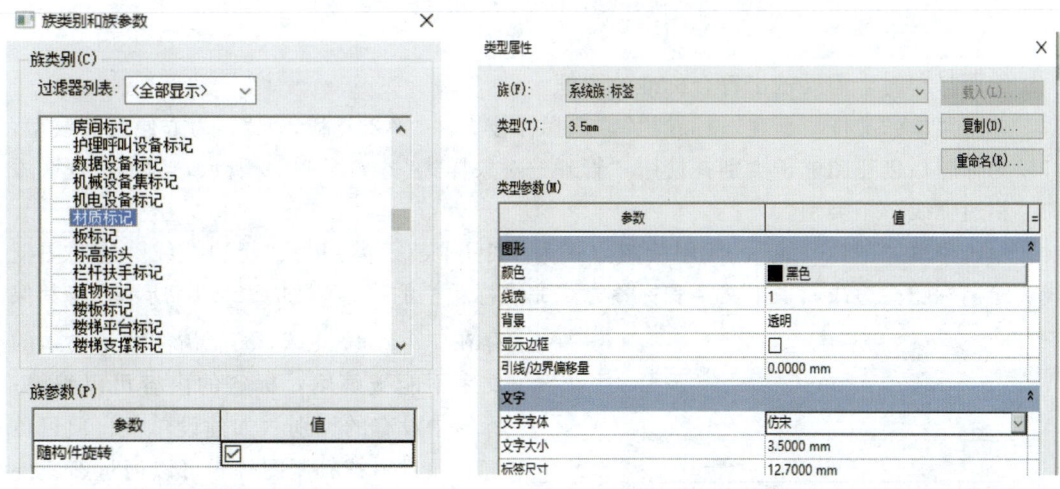

图 25.5 创建族类别与族参数　　　　图 25.6 编辑材质标签类型

载入到项目中，选择"CW 102-85-215p"类型绘制墙体，使用"注释—材质 标记"，勾选引线、选择注释方向进行墙体材质注释，查看材质标签族的创建效果如图 25.8 所示。

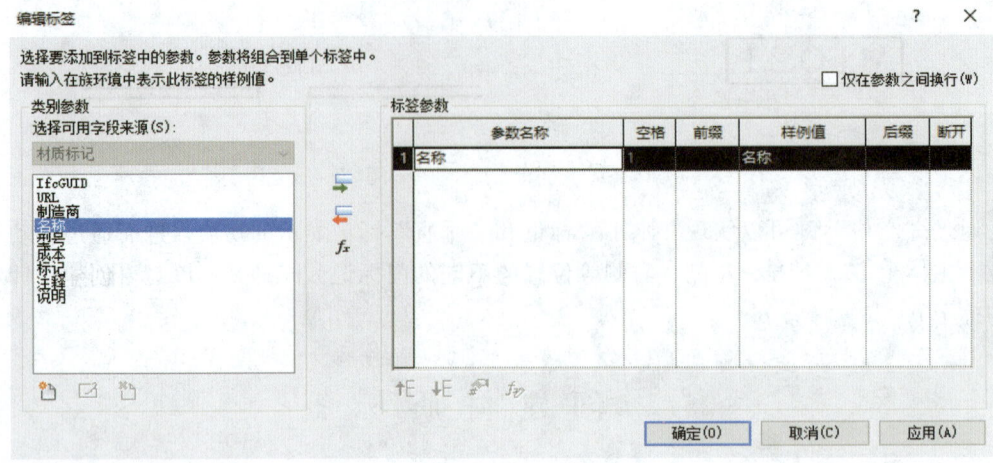

图 25.7　编辑材质标签

图 25.8　使用材质标签族

25.3　标题栏与共享参数

绘图打印时，需要输出符合标准的图框。

单击菜单"文件—新建—标题栏"，选择样板文件"A2 公制.rft"。为方便调节线型，可以为标题栏创建图框子类别；使用"管理—对象样式"，如图 25.9 所示，为"图框"添加"粗边框线"子类别。

单击菜单"创建—线"，使用绘制方式为"矩形"、子类别为"粗边框线"绘制图框线。绘制标题栏边线，采用文字和标签方式完成标题栏的内容，如图 25.10 所示，将其保存在"A2 标题栏.rfa"。请注意，输入的文字不能被编辑，标签的内容可以编辑；标签中没有的类别（如建设单位、项目负责、项目审核、制图等）可以通过新建外部共享参数的方式创建标签。

新建空白项目，载入刚刚新建的"标题栏族"，创建图纸，并修改图纸的相关信息，查看与标题栏信息联动。

在"族"中使用"管理—共享参数"创建共享参数文件并编辑共享参数，如图

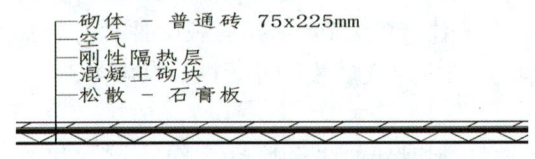

图 25.9　创建图框子类别

25.3 标题栏与共享参数

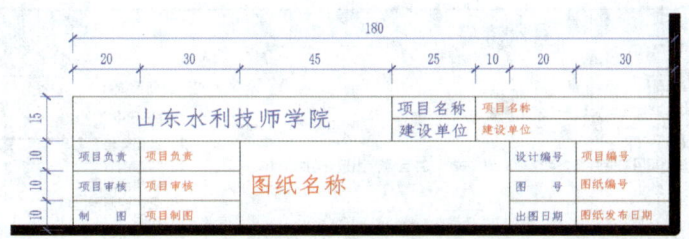

图 25.10 创建标题栏

25.11 所示，创建了需要的标题栏共享参数；使用"创建-标签"编辑标签参数，如图 25.12 所示；载入项目后，在"项目"中使用"管理—项目参数"添加共享参数并设置类别为"项目信息"，如图 25.13 所示。单击"管理—项目信息"可查看和修改相关参数值，如图 25.14 所示。最终创建的标题栏效果如图 25.15 所示。

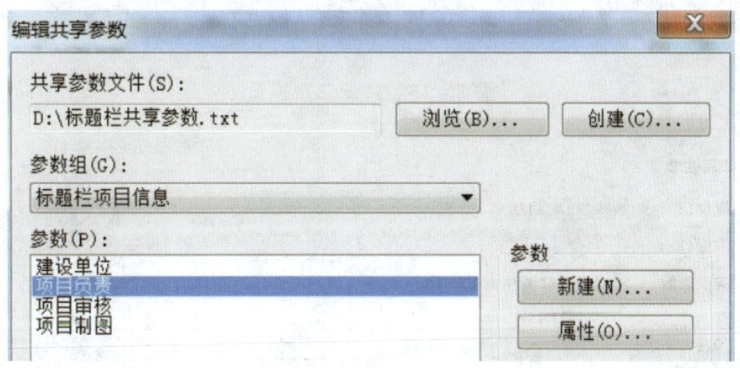

图 25.11 编辑共享参数

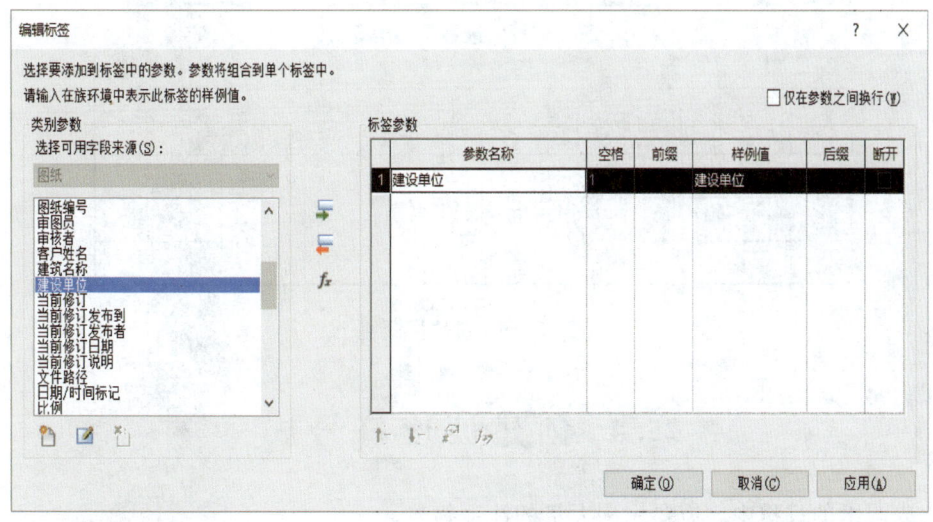

图 25.12 编辑标签参数

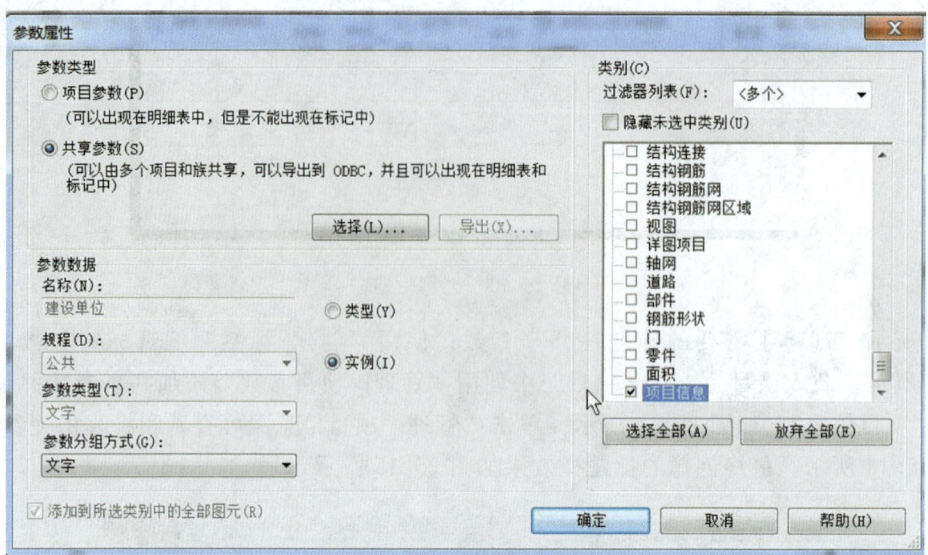

图 25.13 共享参数设置

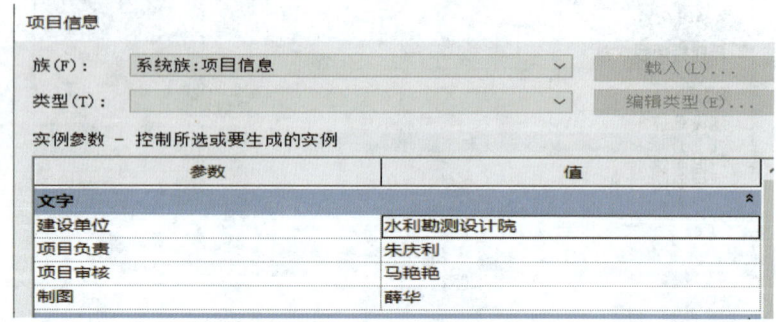

图 25.14 查看项目信息

山东水利技师学院		项目名称	实训中心
		建设单位	水利勘测设计院
项目负责	朱庆利	设计编号	A00921
项目审核	马艳艳	设计说明	图 号	001
制 图	薛华		出图日期	03/30/21

图 25.15 创建标题栏

25.4 创建坡度符号族

生成图纸的过程中,需要用到大量的注释符号。

单击菜单"文件—新建—注释符号",选择样板文件"公制常规注释.rft"。使用"创建-线"中的直线工具,将子类别设置为"常规注释",自中心点向右绘制15mm的直线;

25.4 创建坡度符号族

使用"创建-填充区域",将子类别设置为"不可见线",在中心线左侧绘制填充轮廓(长度3mm,尾部宽度1mm),如图25.16所示,完成填充图案编辑。

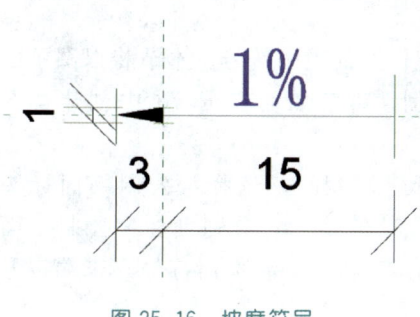

图 25.16 坡度符号

使用"标签"命令,在属性栏设置,水平居中、垂直居中。点击类型属性编辑其类型,如图25.17所示。如图25.18所示创建标签参数,编辑标签,勾选"使用项目设置"使其数值单位"与项目单位设置相同",如图25.19所示,保存文件为"排水符号.rfa"。

新建空白项目,载入符号,使用"注释—符号",在视图中放置排水符号。修改项目单位,查看排水符号的变化;修改排水符号上方的坡度值,查看与属性窗口的联动修改。

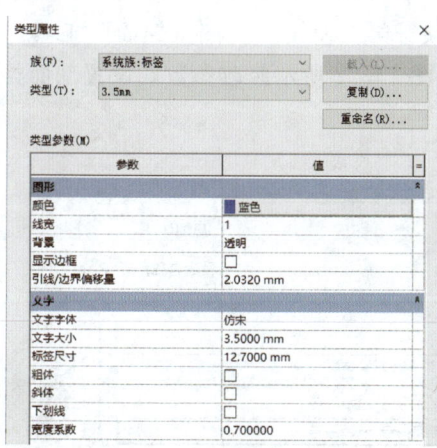

图 25.17 编辑标签类型

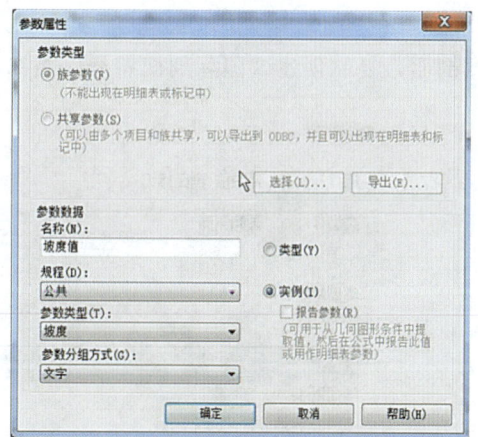

图 25.18 创建标签参数

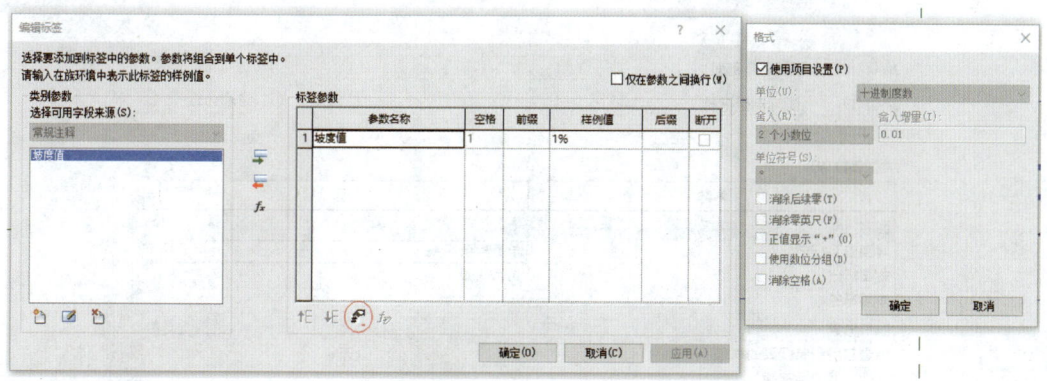

图 25.19 编辑标签

25.5 创建视图符号

在 Revit 软件中,可以根据出图规范的需要,创建任意的视图符号。本节将以图示的国际剖切符号为例,讲解如何在 Revit 中创建视图符号。

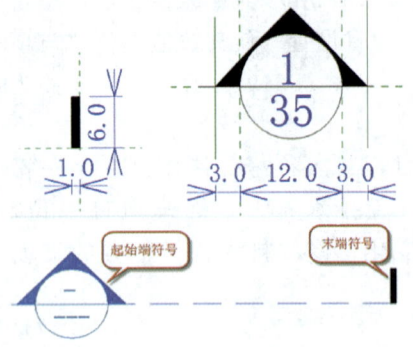

图 25.20 剖面符号

单击菜单"新建-注释",选择"公制剖面标头.rft"样板,如图 25.20 所示,分别创建"公制剖面符号_起始符号.rfa"和"公制剖面符号_末端符号.rfa"。

新建空白项目文件,载入新创建的两个族文件,单击菜单"管理—其他设置—剖面标记",复制创建"国际剖面",如图 25.21 所示,设置其标头和末端分别为载入的族符号。使用"视图—剖面"工具,绘制任意剖面,复制创建"国际剖面符号"类型,如图 25.22 所示修改参数,设置剖面类型。

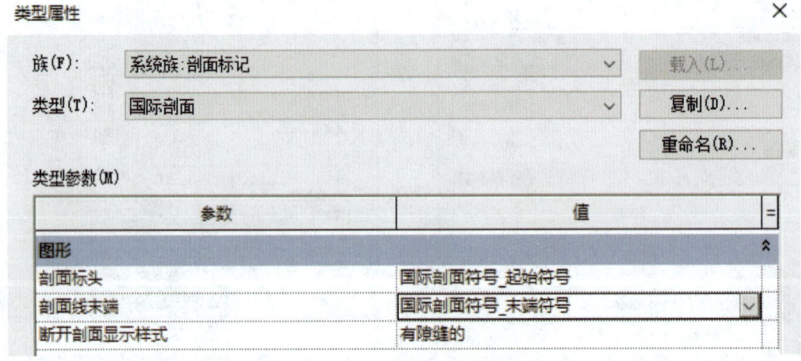

图 25.21 设置剖面标记

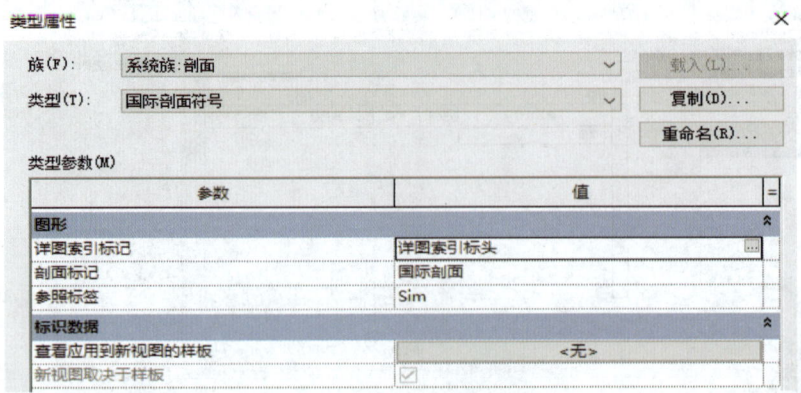

图 25.22 设置剖面类型

25.6 创建矩形结构柱

接下来以一个简单的矩形柱为例,说明如何在 Revit 中创建三维的族。

以"公制结构柱.rft"为样板创建新族。修改族类型参数、族类别和族参数,不勾选"在平面视图中显示族的预剪切",如图 25.23 所示。在"低于参照标高"楼层平面视图,单击"创建—拉伸",沿参照平面交点绘制矩形截面轮廓。打开族类型对话框,确定参数驱动有效,完成编辑,如图 25.24 所示。

切换到"前"立面视图,选择创建完成的拉伸,通过拉伸夹点将其顶部、底部分别与"高于参照标高""低于参照标高"锁定。保存文件为"矩形结构柱.rfa"。

新建空白项目,载入族,复制创建"Z1"类型,修改其宽度和深度均为 800;在标高 1 和标高 2 之间,分别以"矩形结构柱""Z1"类型放置两根结构柱,观察创建效果。

选择任一结构柱,在属性窗口中修改其参数,查看视图中图元的联动修改。

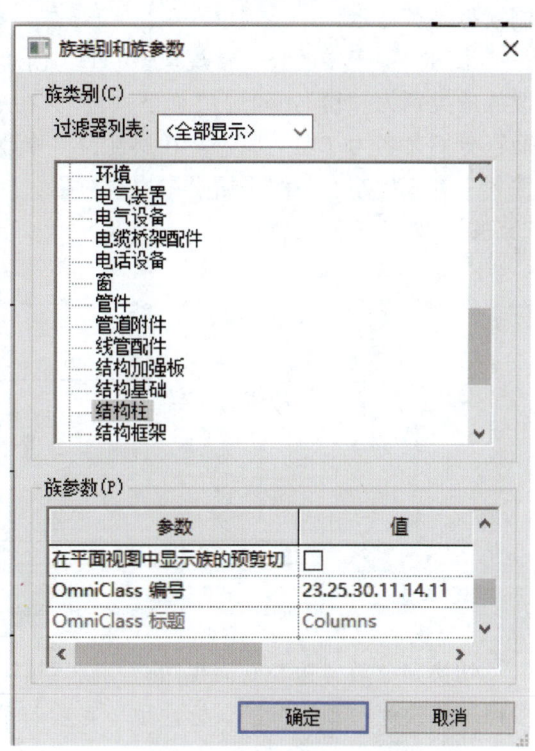

图 25.23 修改族类型参数

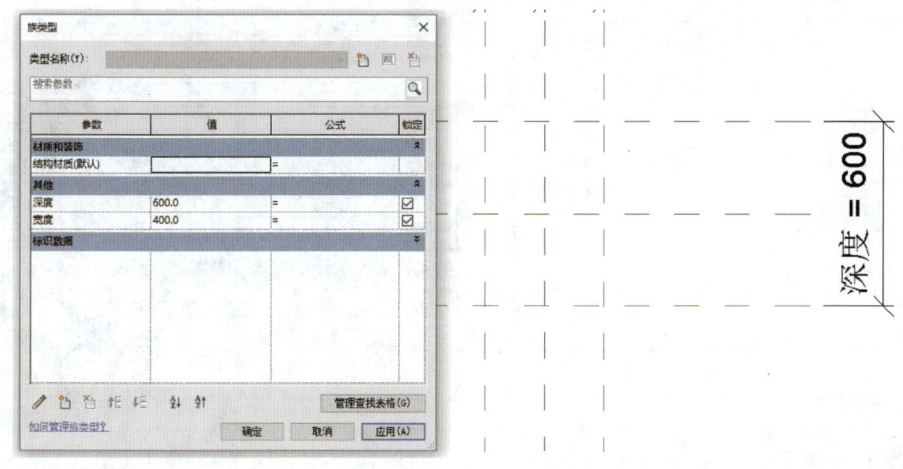

图 25.24 族类型编辑

25.7 创建窗族

接下来创建一个简单的窗族。在这个族中，除了能调整窗的宽度、高度以外，还能控制横梃是否显示。

采用"基于墙的公制常规模型.rft"创建新族，打开"族类别和族参数"对话框，修改族的类别为"窗"，勾选"总是垂直"。在中心参照平面左右两侧分别创建新的参照平面，分别命名为"左""右"，在属性窗口修改其"是参照"分别为"左""右"。采用尺寸注释工具，将左右参照平面沿中心线对称，标注左右参照平面间的距离，将其标签设置为"宽度"，如图 25.25 所示。

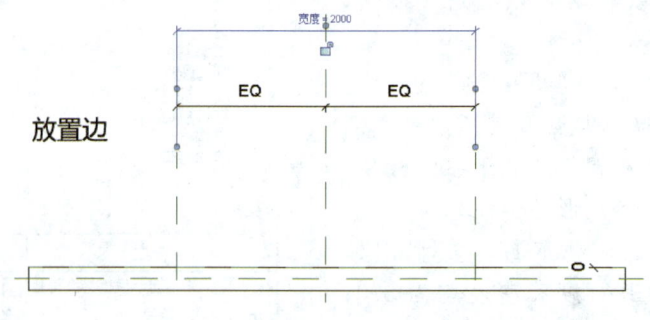

图 25.25 设置"宽度"标签

切换到"放置边"立面视图，绘制"顶""底"参照平面，在属性窗口分别将其"是参照"修改为"顶""底"。标注顶、底参照平面间的距离，将其标签设置为"高度"，如图 25.26 所示。

只有为尺寸标注线添加了标签，才可以将其作为族参数使用。打开族类型对话框，如图 25.27 所示，测试高度和宽度的驱动是否成功。

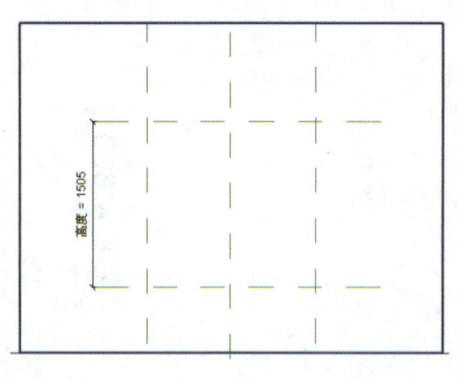

图 25.26 设置"高度"标签

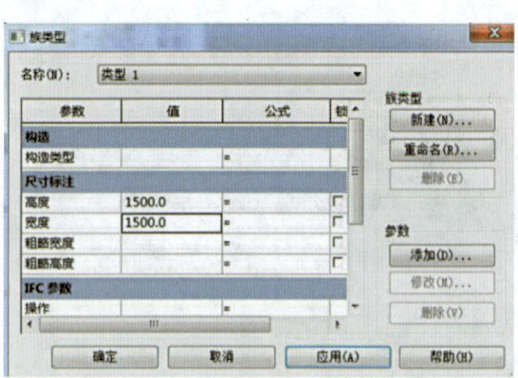

图 25.27 测试"宽度""高度"

标注底参照平面与参照标高间的距离，选中标注，点击标签栏后的"创建参数"，创建标签"默认窗台高"如图 25.28 所示，并将其置为标注的标签。在"族类型"对话框

25.7 创建窗族

中，将默认窗台高设置为 900，如图 25.29 所示。

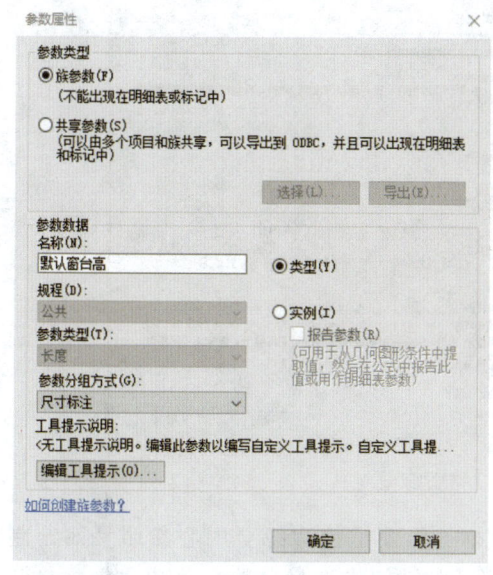

图 25.28 创建"默认窗台高"

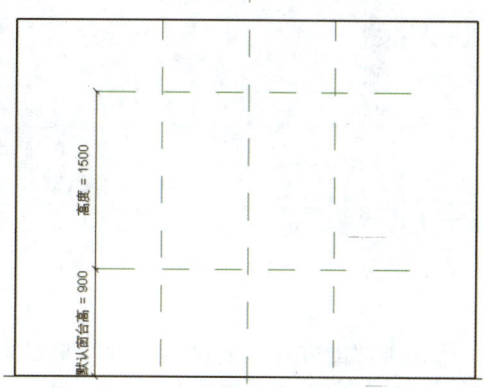

图 25.29 设置"默认窗台高"

使用"创建—洞口"工具，沿洞口边界绘制矩形，完成洞口边界创建。切换到三维视图，可以看到已经为窗创建了剪切洞口。在族类型对话框中修改相关参数，查看洞口的参数化驱动是否有效，如图 25.30 所示。

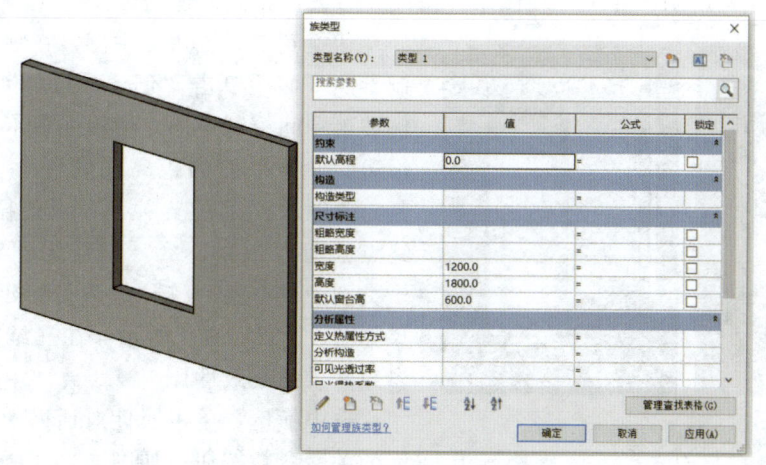

图 25.30 测试"洞口"参数化驱动

切换到"放置边"视图，单击菜单"创建—拉伸"，沿洞口边缘绘制矩形，采用拾取线方式、设置偏移量为 60，使用 Tab 键切换选择，拾取草图线轮廓在其内部创建与其平行的矩形轮廓；修改拉伸起点为"-30"、拉伸终点为"30"，设置子类别为"框架/竖挺"；点击"材质"后面的参数关联按钮，新建如图 25.31 所示"窗框材质"参数，点击确认完成窗框的创建。

第25章 族与项目样板

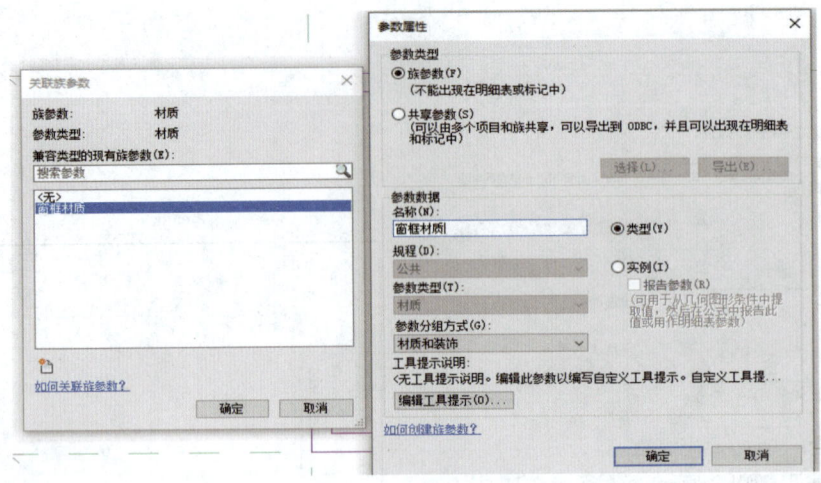

图 25.31 创建"材质窗框"

采用类似的方式，创建窗内部左侧的窗扇框：沿窗框内边缘至中心参照平面绘制矩形，采用拾取线方式、设置偏移量为40，使用 Tab 键切换选择，拾取草图线轮廓在其内部创建与其平行的矩形轮廓，修改拉伸起点、拉伸终点，设置子类别为"框架/竖挺"、材质为"窗框材质"。同理，创建右侧窗扇框。

创建玻璃：沿两侧窗扇框内部分别绘制矩形，拉伸终点 3，拉伸起点－3，子类别为"玻璃"；因为两侧的玻璃不相交，可以同时绘制两个不相交的拉伸草图。完成创建，结果如图 25.32（左）所示。在三维视图中，修改族参数，测试创建是否成功。

图 25.32 创建玻璃

切换到"放置边"视图，在顶、底中间绘制参照平面，单击"创建—拉伸"，在左右两侧玻璃中间绘制矩形，使用注释工具将矩形上下边距参照平面的距离均设置为20，并锁定其与参照平面的位置关系；设置拉伸的起点、终点分别为－20、20，材质为"窗框材质"，子类别为"框架/竖挺"；完成横挺的创建，结果如图 25.32（右）所示。在三维视图中测试参数联动的有效性。

选中横挺，单击属性对话框中"可见"后面的关联参数按钮，如图 25.33 所示，创建新的参数"横挺可见"。载入项目后，单击"参数属性"窗口中编辑类型，通过勾选来控制横挺的可见性。不勾选时结果如图 25.34 所示。

使用窗族时，在平面视图中需要将窗简化为两条平行的线，因此需要对窗的可见性进行设置。

选中所有的窗框、竖挺、横挺、玻璃，点击属性窗口中"可见性/图形替换"，如图 25.35 所示设置窗族的可见性，使其在平面及天花板视图中不可见。返回"参照标高"

234

25.7 创建窗族

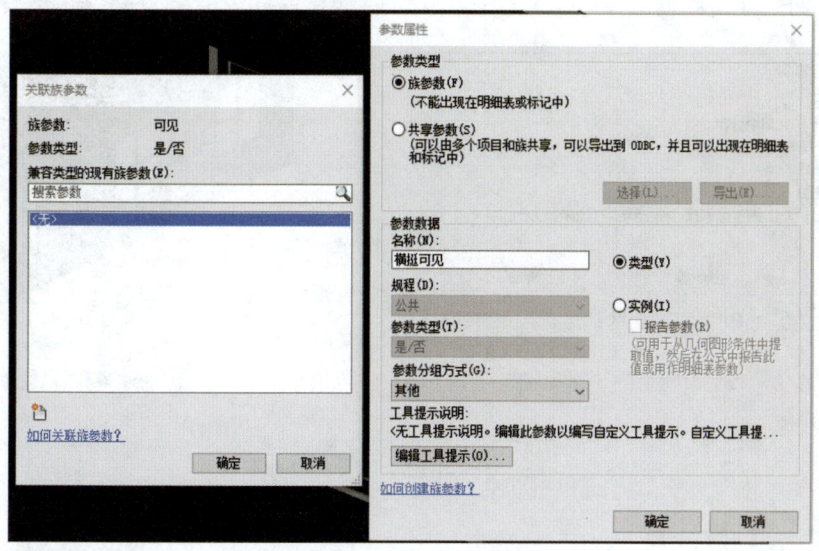

图 25.33 创建"横梃可见"

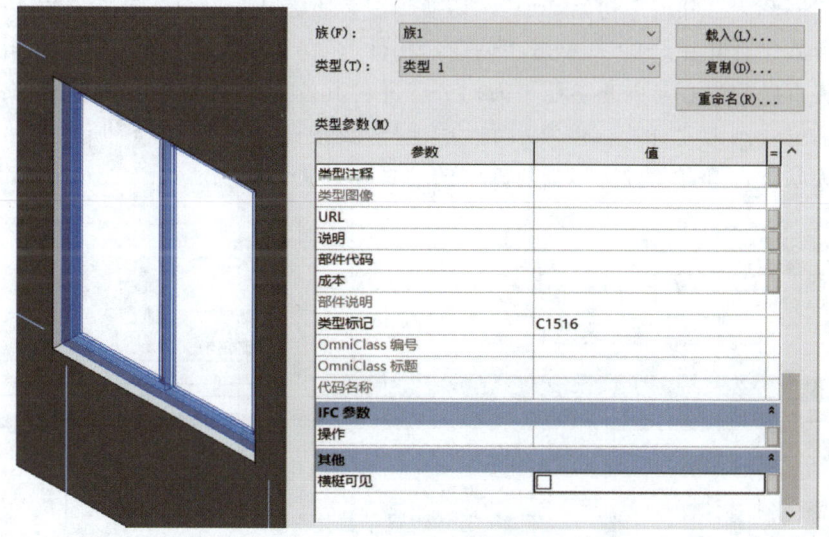

图 25.34 控制横梃可见性

视图,点击"注释—符号线",在窗的上下分别绘制符号线,符号线的子类别为"窗【截面】",采用注释、EQ工具将其在墙体内等分。载入项目后,实现了窗的简化表达形式。

使用窗时,还要涉及内外的反转,单击"创建—控件",选择控制点类型为"双向垂直"放置反转符号。该符号在族中不能进行预览,只有在项目中才能发挥作用。

Revit中,还可以在族中预定义类型。打开族类型对话框,修改参数值为"1500,1800,900",重命名为"C1518";新建"C0912",修改参数值为"900,1200,900",修改"横梃可见"为不可见。保存族文件为"双扇窗.rfa"。

创建一个空白的项目，载入"双扇窗.rfa"，测试窗族的创建效果，见图 25.36。

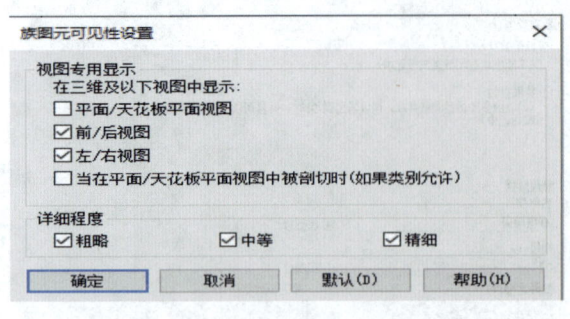

图 25.35 设置窗的"可见性"

图 25.36 测试"窗类型"

25.8 嵌 套 族

Revit 提供嵌套族，用于将一个或者多个简单族组合形成复杂族。接下来将使用嵌套族创建一个百叶窗，并使用公式控制百叶的数量。

打开"嵌套族百叶窗_初始.rfa"，切换到"参照标高"视图，单击"插入—载入族"载入"嵌套族_百叶片.rfa"；单击"创建—构件"，在视图的任意位置放置百叶片，使用对齐工具将百叶片中心与中心参照平面对齐，并将其位置关系锁定；选定百叶片，打开类型属性对话框，点击"百叶长度"后面的关联参数按钮，如图 25.37 所示，将其与"宽度"参数关联；也将百叶材质与当前族中的"百叶材质"关联。

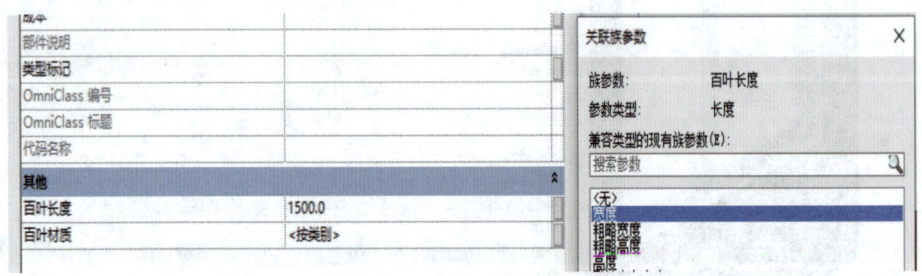

图 25.37 设置参数关联

切换到"外部"视图，绘制参照平面"百页底"，"是参照"修改为"弱参照"；修改"百页底"至底部边缘的距离为 90，使用对齐尺寸标注方式标注，并锁定位置关系。同样，在距离顶部边缘 90 的位置绘制"百叶顶"参照平面，锁定其与顶部边缘的位置关系。使用对齐工具，将百叶片的底部对齐至"百页底"，锁定位置关系；返回"参照标高"，将百叶中心对齐到墙中心线，锁定其位置关系。

切换到"外部"立面视图，选中百叶片，使用阵列工具，如图 25.38 所示设置阵列参数，选择移动到"最后一个"，在"百页底"和"百叶顶"之间生成 6 个百叶片；使用对齐工具，将最顶部的百叶片与"百叶顶"的位置锁定。选中任一百叶片，使用 Tab 键选择阵列数量，使用"标签"命令，新建参数"百叶数量"，如图 25.39 添加"百叶数量"

25.9 嵌套族控制

参数。切换到三维视图,在"族类型"对话框中,修改"宽度"为1500、百叶数量为18,测试联动效果。

图 25.38 设置栏

接下来,将通过参数联动的方式控制百叶的数量。在"族类型"对话框中新建长度参数"百页间距",在"族类型"对话框中设定其数值为50,将"百叶数量"的公式设置为"(高度-180)/百页间距",查看修改结果。

新建空白项目,绘制墙体,载入百叶窗族,复制创建类型,分别放置C1518、C0912百叶窗,将其材质分别修改为"木板-层压面-象牙白,粗面"和"樱桃木",查看放置效果见图25.40。

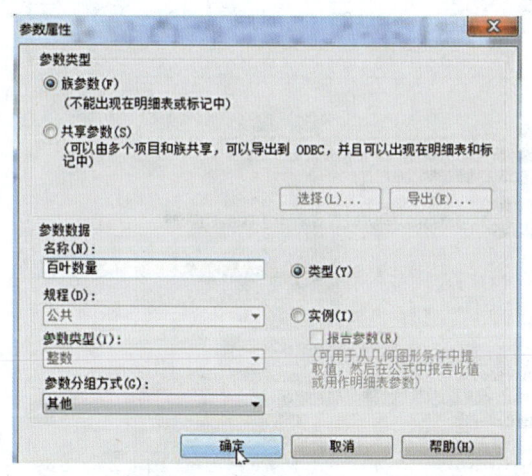

图 25.39 添加"百叶数量"参数

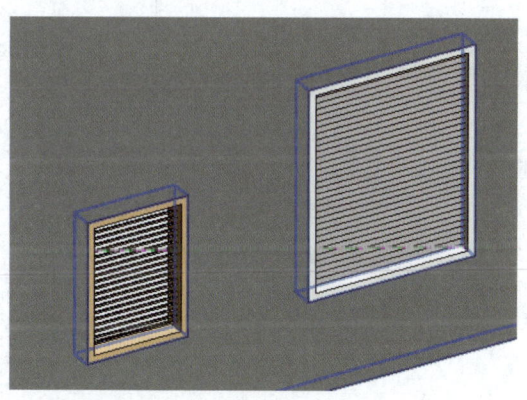

图 25.40 创建百叶窗效果图

25.9 嵌套族控制

使用嵌套族时,如果载入的族中包含多个类型,可以通过族类型参数选择使用的族类型。接下来,将以门联窗为例,说明如何使用族类型参数。

打开"门联窗_初始.rfa",单击"插入—载入族"载入"双扇窗.rfa";切换到"参照标高"视图,单击"创建—构件"在门的右侧放置该窗。将窗的左侧边缘与门的右侧边缘对齐,锁定其位置关系;切换到"外部"立面视图,将窗的顶部与门的顶部对齐,并锁定。选定窗图元,添加"窗类型"标签参数。

切换到"参照标高"视图,使用"视图—剖面",在门中心线左侧绘制剖面,双击该剖面切换到剖面视图;单击"插入—载入族"载入"详图项目_过梁.rfa",点击"注释—详图构件",如图25.41所示,选定"参照平面:中心(左/右)";类型选择器中确定类型为刚载入的"过梁",鼠标移动到墙中心线位置放置过梁,将其对齐到门的顶部并锁定；同时，将其中心线与墙中心线对齐并锁定。选定过梁，单击"可见性设置"，如图 25.42 所示，设置为"仅当实例被剖切时显示"。在属性窗口，点击"可见性"后面的关联族参数按钮，如图 25.43 所示，添加"过梁可见"参数，完成关联设置。

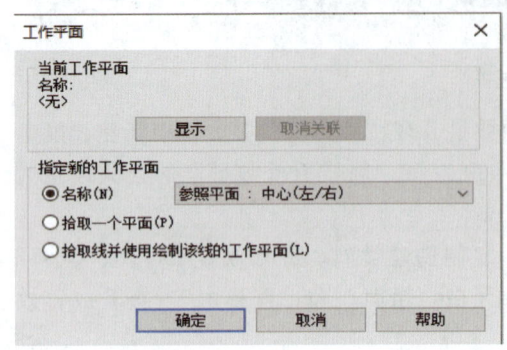

图 25.41 选定注释的工作平面　　　　图 25.42 可见性设置

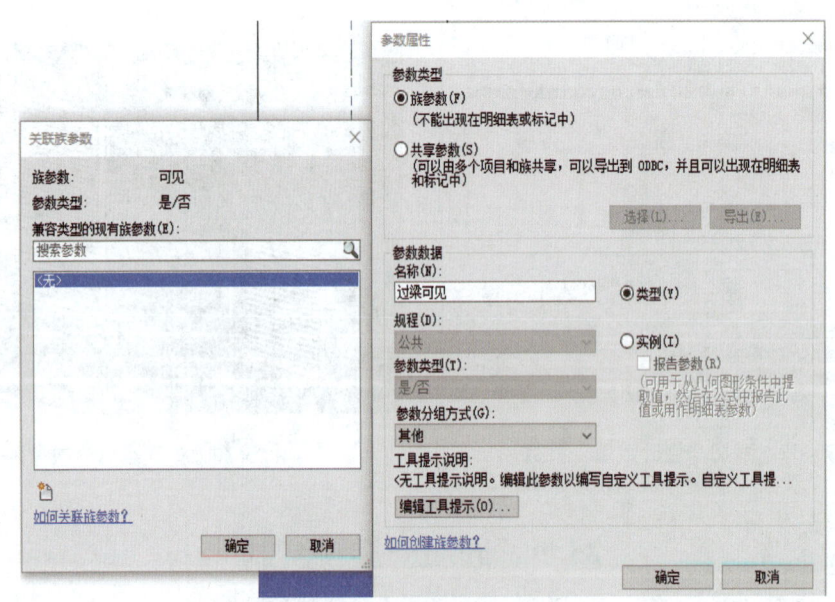

图 25.43 创建"过梁可见"参数

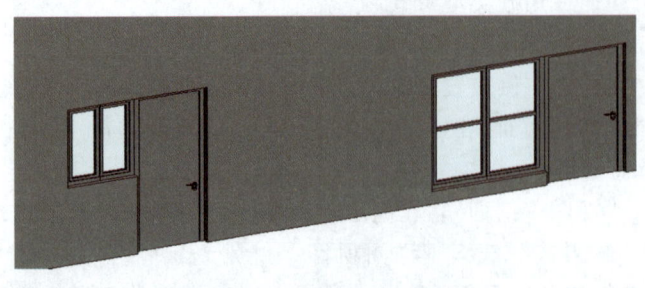

图 25.44 创建门联窗效果图

创建任意空白项目文件绘制墙体，将新创建的嵌套族载入到项目中，沿墙体放置门联窗。选择任意的门联窗，打开属性类型对话框，调节门的宽度、高度、窗的类型和是否显示过梁，效果见图 25.44。

25.10 外部数据驱动

Revit 中，任何族都可以通过外部数据来驱动族参数。要使用外部数据驱动族参数，必须将外部数据文件和所驱动的族放在同一路径下。

打开"双扇窗外部驱动.rfa"，并打开记事本创建外部文件，注意外部数据中输入的参数名称必须与族中所定义的名称一致，再保存文本文件，将其放置在与族文件相同的路径下，主文件名与族名称相同，如图 25.45 所示。在 Revit 中，关闭当前族。

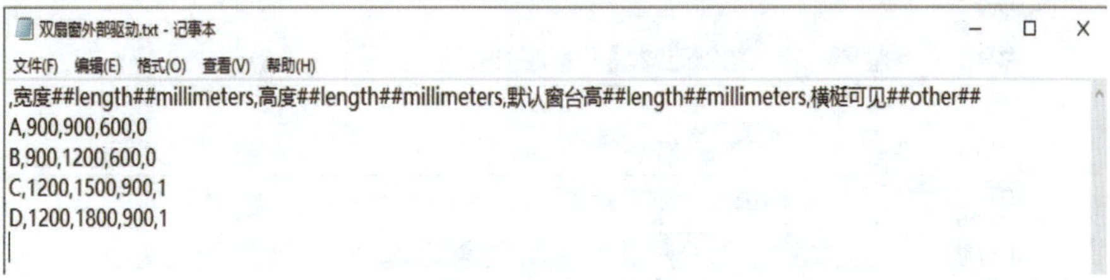

图 25.45 外部驱动数据

新建空白项目，绘制墙体，载入"双扇窗外部驱动.rfa"，由于事先创建了需要的外部文件，系统弹出"指定类型"对话框，如图 25.46 所示，选定所有类型载入。

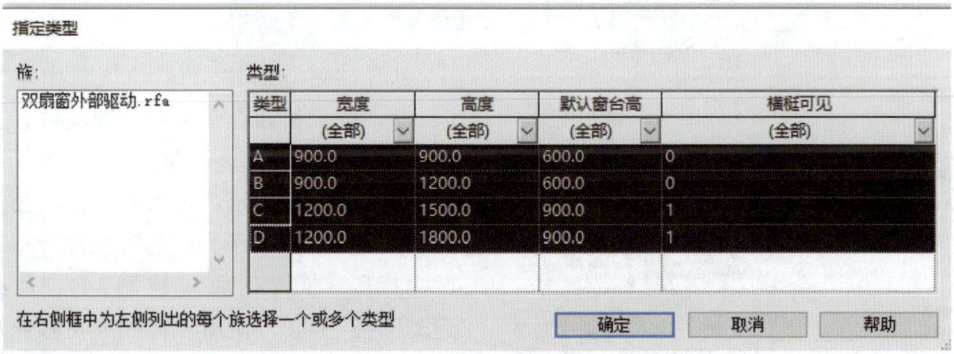

图 25.46 创建窗类型

使用窗工具放置窗时，A、B、C、D 四种类型均可选择，查看效果见图 25.47。

图 25.47 创建窗效果图

在族编辑器中，Revit 提供"导入族类型"工具，以方便将外部定义的类型导入到当前模型中。

25.11 报告参数

Revit 中所有的实例参数,均可以定义为报告参数。所谓报告参数,是指该参数将根据模型的实际位置和尺寸自动计算得到长度的结果,用于驱动族中其他的参数对象。例如,对于样条曲线上的任意一点,可以定义该点与原点的距离为报告参数,这样修改样条曲线时,Revit 会根据新的样条曲线的形状自动计算出该点距离原点新的距离值,并用该值驱动族中其他的构件,达到使用图形控制参数化的结果。

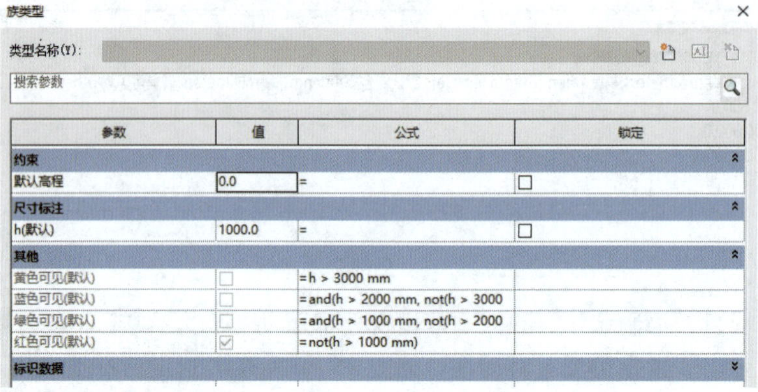

图 25.48 以变量控制可见性

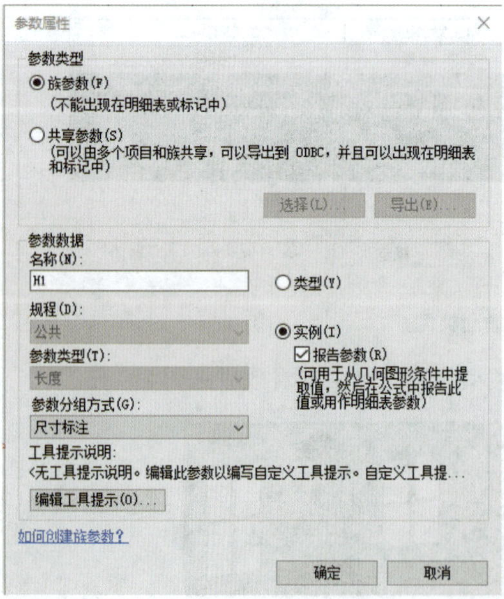

打开"迷幻圆柱.rfa",该族中定义了红、绿、蓝、黄四个子类别的圆柱体,其位置完全重合在一起,打开"族类型"对话框,如图 25.48 所示,可以看到使用公式方式以 h 为变量控制子类别的可见性。

打开"参数化曲线控制.rfa",载入"迷幻圆柱.rfa",使用"构件"在参照平面交点处依次放置 9 个圆柱,选择第一个尺寸标注线,添加标签参数"H1"如图 25.49 所示,添加标签参数"H1";依次定义标签参数 H2 到 H9。将①至⑨圆柱体的"h"分别关联到 H1 到 H9。

切换到三维视图,观察控制点数据变化导致曲线形状变化时,圆柱高度和颜色的变化。

图 25.49 创建族参数

第 26 章 水工建筑物建模示例

建模技术在建筑行业的应用已相对成熟，水利、市政等行业也在探索 BIM 技术在工程建设、运行及管理方面的应用。本章通过完成图 26.1 给出的进水闸闸室段模型的创建，说明 Revit 软件在水利工程建模中的应用情况。因软件命令在前述章节已有详细介绍，本章主要介绍建模思路和模型创建过程。对于更复杂的结构，读者可参照前述章节的方法尝试完成。

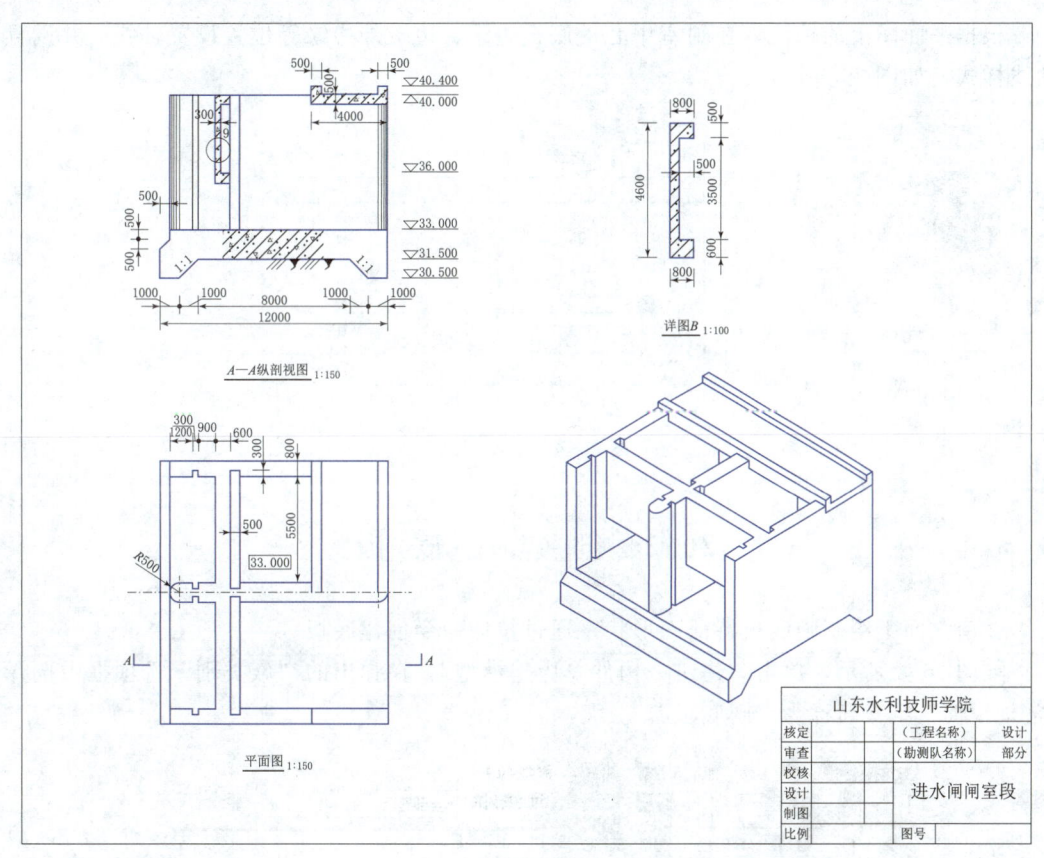

图 26.1 水工建筑物建模示例

26.1 创建标高和轴网

根据立面图上的标注，分别设置 30.500、31.500、33.000、36.000、40.000、40.400 等 6 个标高，如图 26.2 所示修改标高名称以方便使用。

图 26.2　创建标高

根据平面图上的标注,在闸室中心、底板边缘、边墩外边缘等位置设置轴线,并设置轴线样式,如图 26.3 所示。

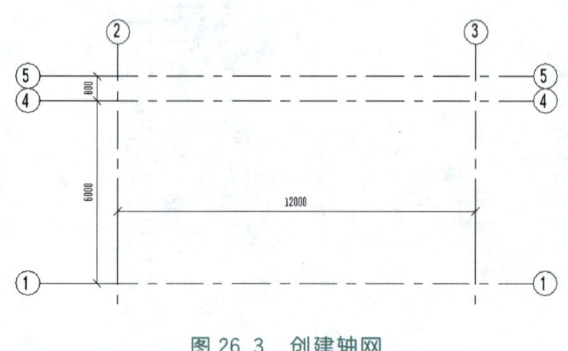

图 26.3　创建轴网

26.2　创建闸底板

在南立面上绘制闸底板特征面形状,通过拉伸命令创建底板。

如图 26.4 所示,单击"建筑—构件—内建模型",在弹出的"族类别"选项框中选择"常规模性"定义名称为"闸底板"。

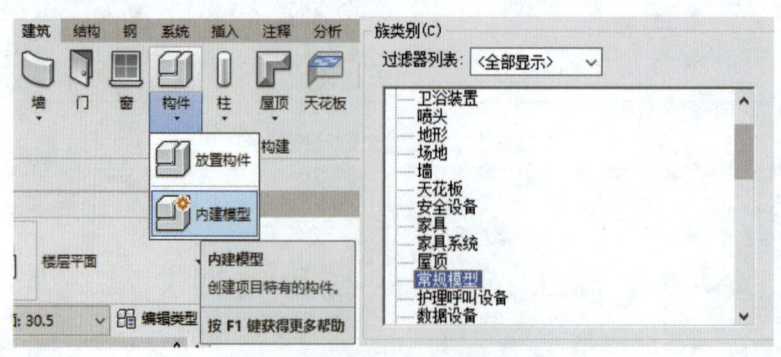

图 26.4　内建模型"闸底板"

单击"创建—拉伸"后,设置并拾取一个工作平面(1号或者5号轴线所在的位置),转换到南立面,如图26.5所示,绘制闸底板的特征面形状,完成编辑模式;切换到楼层平面30.5,将模型拉伸到1轴和5轴之间。在属性窗口设置材质为"混凝土砌块",完成模型创建,调整视觉样式为"真实",结果见图26.6。

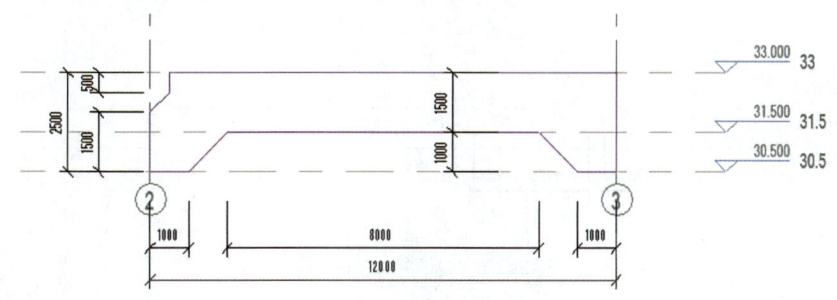

图 26.5 闸底板特征面形状

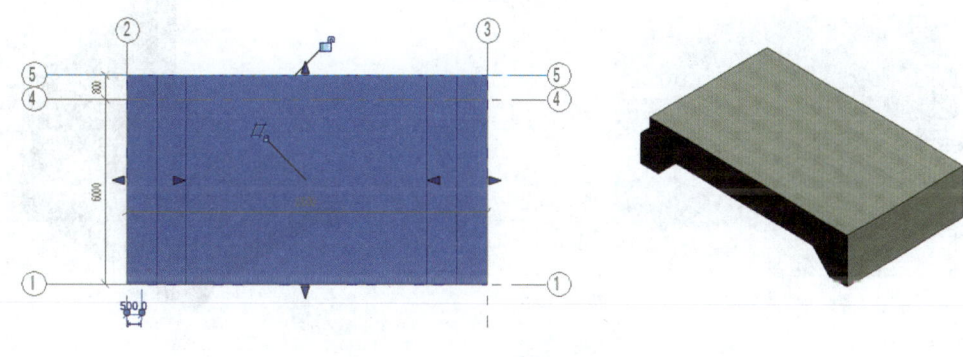

图 26.6 拉伸闸底板

切换到楼层平面30.5,以轴1为对称轴,如图26.7所示,将闸底板进行镜像。单击"修改—连接",将镜像生成的部分与创建的部分进行连接,完成闸底板创建,结果见图26.8。

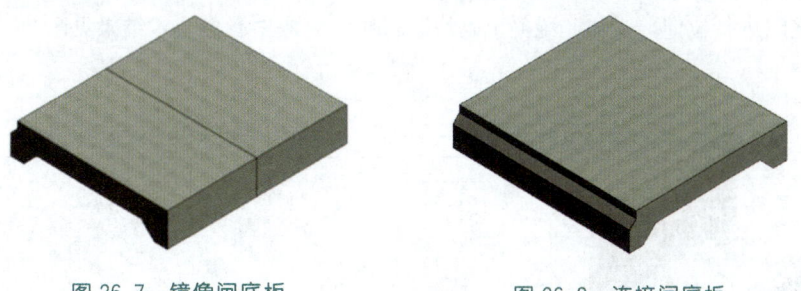

图 26.7 镜像闸底板　　　　　图 26.8 连接闸底板

26.3 创建边墩和中墩

使用"内建模型"在平面图上创建边墩和中墩的特征面图形,直接做出闸门槽,并在高程 33.000~40.000 进行拉伸。

切换到楼层平面 33，内建模型"边墩"，使用"拉伸"命令，如图 26.9 所示绘制边墩的特征面形状；切换到南立面，在高程 33.000~40.000 进行拉伸，添加"混凝土砌块"材质，完成一个边墩创建，结果见图 26.10。

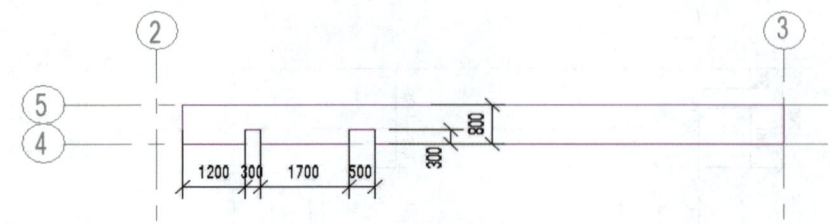

图 26.9 边墩特征面形状

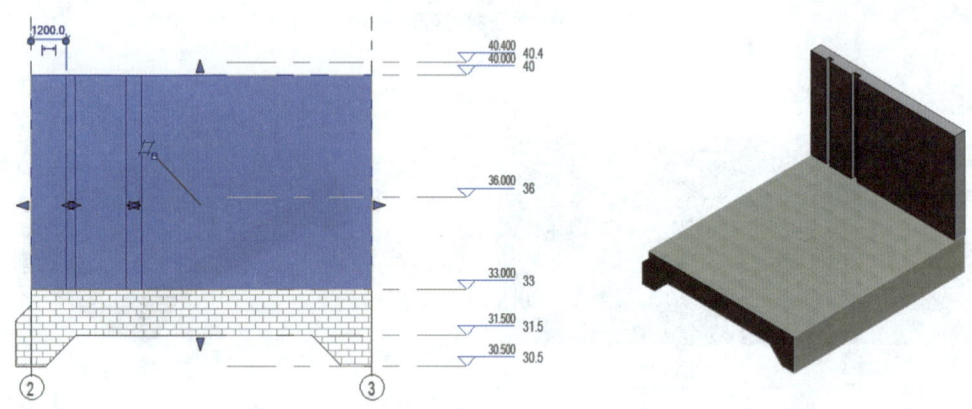

图 26.10 拉伸边墩

以轴 1 为对称轴进行镜像，完成边墩创建，显示三维效果见图 26.11。

切换到楼层平面 33，内建模型"中墩"，使用"拉伸"命令，如图 26.12 所示绘制中墩的特征面形状（注意：利用边墩上闸槽的位置定位中墩闸槽）；切换到三维视图，在高程 33.000 到 40.000 之间进行拉伸，添加"混凝土砌块"材质，完成中墩创建，结果见图 26.13。

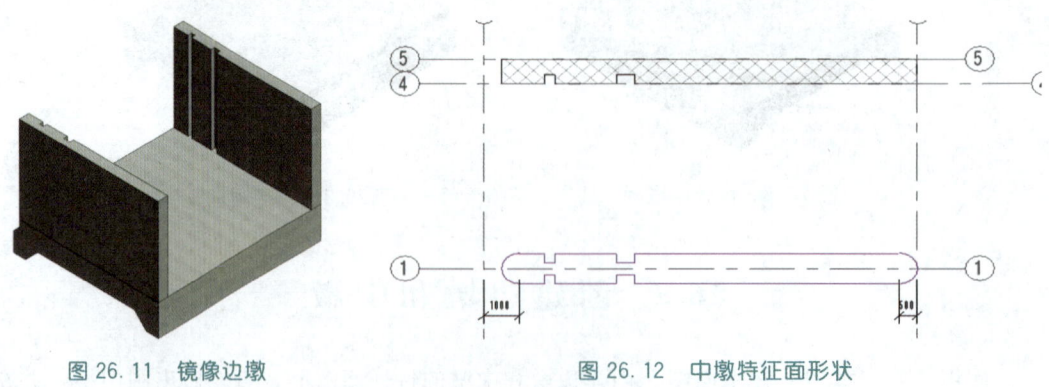

图 26.11 镜像边墩　　　　　图 26.12 中墩特征面形状

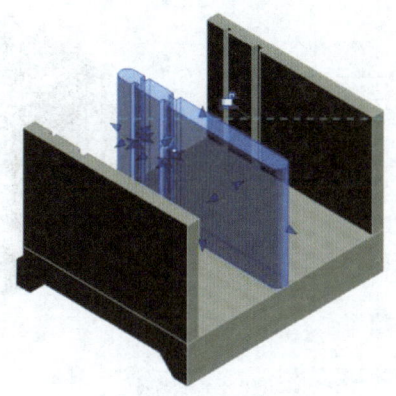

图 26.13 拉伸中墩

26.4 创 建 胸 墙

使用"内建模型"在立面图上创建胸墙的特征面图形,并在中墩与边墩之间进行拉伸。

内建模型"胸墙",拾取轴线 4 为工作平面并转换到南立面,使用"拉伸"命令,如图 26.14 所示绘制胸墙的特征面形状;切换到楼层平面 36,在平面图上拉伸胸墙至中墩和边墩交接处,见图 26.15;添加"混凝土材质",并以 1 号轴为对称轴对创建的胸墙进行镜像,连接胸墙与闸墩,结果见图 26.16。

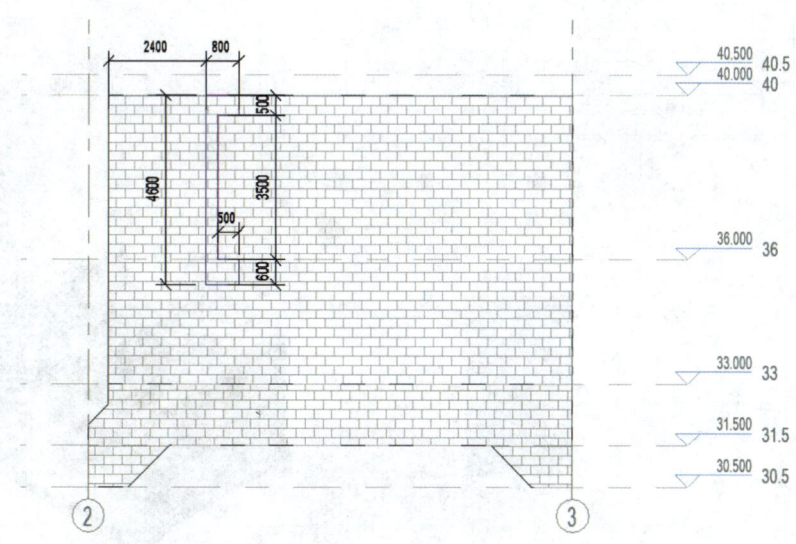

图 26.14 胸墙特征面形状

245

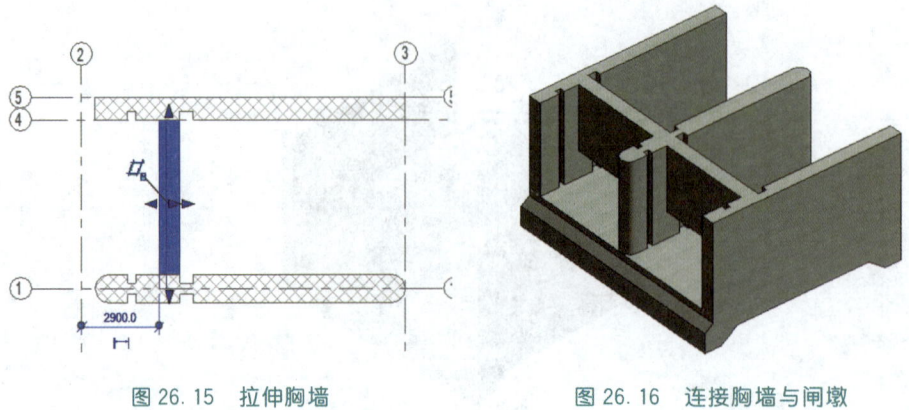

图 26.15 拉伸胸墙　　　　　图 26.16 连接胸墙与闸墩

26.5 创 建 盖 板

使用"内建模型"在立面图上创建盖板的特征面图形,进行拉伸创建。

内建模型"盖板",拾取轴线 5 为工作平面并转换到南立面,使用"拉伸"命令,如图 26.17 所示绘制盖板的特征面形状；切换到楼层平面 40,如图 26.18、图 26.19 所示,在平面图上拉伸、镜像盖板；添加"混凝土材质",完成盖板创建。

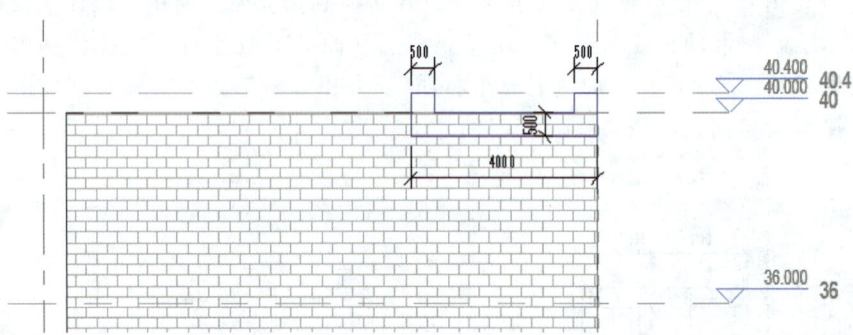

图 26.17 盖板特征面形状

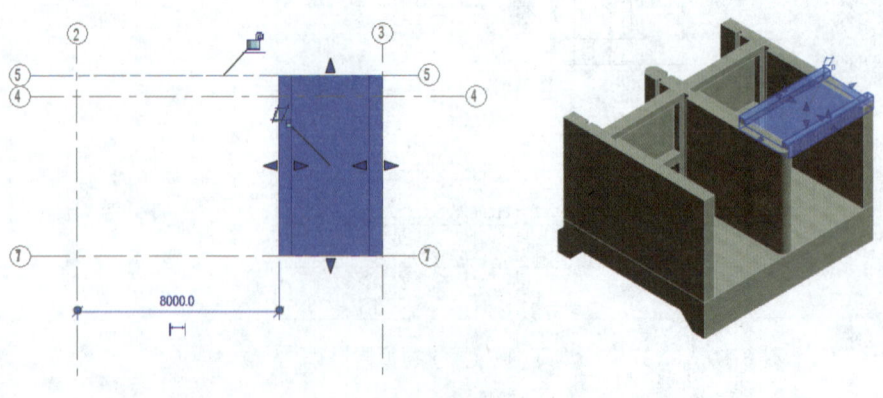

图 26.18 拉伸盖板

26.5 创 建 盖 板

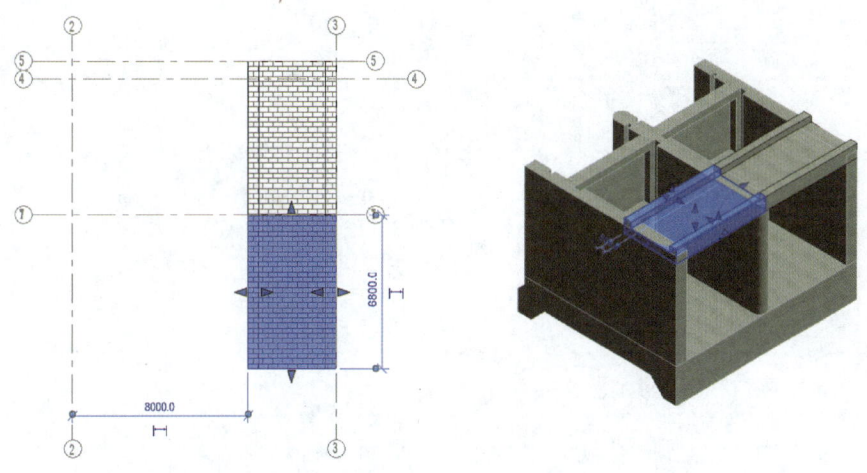

图 26.19 镜像盖板

单击"修改—剪切",从闸墩中剪切掉盖板,结果如图 26.20 所示。将镜像生成的盖板与创建的部分进行连接,最终完成闸室建模,见图 26.21。

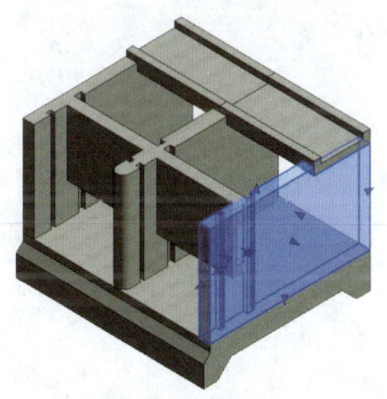

图 26.20 剪切盖板

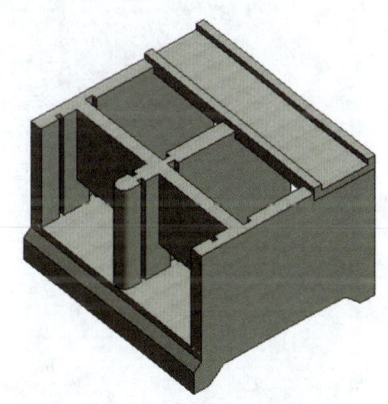

图 26.21 连接盖板